普通高等院校土建类应用型人才培养系列教材
"十三五"江苏省高等学校重点教材
编号：2020-1-080

工程估价（第2版）
——建筑工程概预算

主　编　刘泽俊　蒋　洋
副主编　李秀华　赵　静
　　　　李锦柱　刘　杰

北京理工大学出版社
BEIJING INSTITUTE OF TECHNOLOGY PRESS

内 容 简 介

本书按照高等院校人才培养目标及专业教学改革的需要,依据《建设工程工程量清单计价规范》(GB 50500—2013)、《建筑安装工程费用项目组成》(建标〔2013〕44号)等规范进行编写。全书共分为九章,主要包括概论、建设项目投资组成、工程估价依据、工程量清单计价方法、投资估算、设计概算、施工图预算、建设项目施工阶段工程造价的计价与控制、建设工程竣工结算和决算等内容。

本书可作为高等院校土木工程、工程管理等相关专业的教材,也可作为函授和自考辅导用书,还可供建筑工程相关技术和管理人员参考使用。

版权专有　侵权必究

图书在版编目(CIP)数据

工程估价:建筑工程概预算 / 刘泽俊,蒋洋主编. --2版. --北京:北京理工大学出版社,2022.1(2022.2重印)
ISBN 978-7-5763-0875-4

Ⅰ.①工… Ⅱ.①刘… ②蒋… Ⅲ.①建筑造价-估价　Ⅳ.① TU723.32

中国版本图书馆 CIP 数据核字(2022)第 016956 号

出版发行 /	北京理工大学出版社有限责任公司
社　　址 /	北京市海淀区中关村南大街5号
邮　　编 /	100081
电　　话 /	(010)68914775(总编室)
	(010)82562903(教材售后服务热线)
	(010)68944723(其他图书服务热线)
网　　址 /	http://www.bitpress.com.cn
经　　销 /	全国各地新华书店
印　　刷 /	北京紫瑞利印刷有限公司
开　　本 /	787毫米×1092毫米　1/16
印　　张 /	18
字　　数 /	437千字
版　　次 /	2022年1月第2版　2022年2月第2次印刷
定　　价 /	56.00元

责任编辑 / 高　芳
文案编辑 / 李　硕
责任校对 / 刘亚男
责任印制 / 李志强

图书出现印装质量问题,请拨打售后服务热线,本社负责调换

前 言

建筑业的持久繁荣促进了工程估价学科框架、知识体系与技术方面的不断完善和发展，国内外业界与理论界都基于工程实践进行了大量的探索，从而推动工程估价方面的改革日益深化，进一步规范市场计价行为和秩序，促进建筑业可持续发展。

工程估价是工程管理、土木工程等专业的主修课程之一，也是造价工程师、建造师、监理工程师等执业资格考试的核心内容。本书可为读者提供基础性的知识和综合性的能力训练，从而能够胜任工程估价领域的相关工作。本书依据《建设工程工程量清单计价规范》（GB 50500—2013）、《建筑安装工程费用项目组成》（建标〔2013〕44号）等内容，结合营改增实施编写，从而适应不同地区读者学习和工程估价管理改革的需要。

本书的特点如下：

（1）体现工程估价领域的新政策和研究成果。本书在阐述传统工程估价理论的基础上，尽力做到介绍工程估价领域的新发展动态和研究成果，并反映我国工程估价领域政策法规的最新变革。

（2）恰当衔接工程管理、土木工程等专业其他课程。本书以工程建设程序为主线，结构明晰，在覆盖工程估价相关知识点的基础上，着重体现关键内容。

（3）实现了理论性和实践性的统一。本书涵盖工程估价领域知识体系，全面系统地分析和阐述了工程估价的理论、方法和发展趋势，既有基本原理和基本知识，又有许多探索性和创新性的观点和方法，并配备了实际案例。

（4）提高解题能力，增加了大量的模拟试题，结合资格考试题目，突出计价中索赔管理的重要性。

（5）本次修订增加了二维码，学生可以扫描二维码观看老师讲解视频。

本书由刘泽俊、蒋洋担任主编，李秀华、赵静、李锦柱、刘杰担任副主编，陆荣、石素美、刘婷婷、刘明参加本书部分章节编写工作。全书由董云、支凤生主审。

在编写本书的过程中，编者参阅和引用了不少专家、学者论著中的有关资料，在此一并感谢。

本书力图向全国工程造价专业和其他工程类专业的教师、学生及从事工程估价工作的读者奉献一本既有一定理论水平又有较高实用价值的教材，但是限于编者水平和经验，错误和疏漏之处在所难免，恳请读者提出宝贵意见，以使本书不断完善。

编 者

目 录

第一章 概论 ... 1
- 第一节 工程估价概述 ... 1
- 第二节 工程估价的历史和发展 ... 4
- 第三节 工程估价相关职业资格 ... 5

第二章 建设项目投资组成 ... 7
- 第一节 建设项目投资组成概述 ... 7
- 第二节 设备、工器具购置费的组成和计算 ... 8
- 第三节 建筑安装工程费用项目的组成 ... 13
- 第四节 建筑安装工程费用参考计算方法 ... 28
- 第五节 建筑安装工程费用计算程序 ... 35
- 第六节 工程建设其他费用组成 ... 43
- 第七节 预备费、建设期利息、铺底流动资金 ... 48

第三章 工程估价依据 ... 51
- 第一节 建设工程定额概述 ... 51
- 第二节 工程定额体系 ... 53
- 第三节 建安工程人工、材料、机械台班定额基础 ... 57
- 第四节 预算定额 ... 68
- 第五节 概算定额与概算指标 ... 72
- 第六节 估算指标 ... 74

第七节 施工定额 ... 76

第四章 工程量清单计价方法 ... 78

第一节 工程量清单概述 ... 78
第二节 工程量清单的编制 ... 80
第三节 招标控制价与投标报价的编制 ... 85
第四节 工程量计算规则 ... 89
第五节 建筑面积计算 ... 90
第六节 土石方工程量计算 ... 96
第七节 桩基工程量计算 ... 101
第八节 混凝土及钢筋混凝土工程量计算 ... 105
第九节 砌体工程量计算 ... 110
第十节 措施项目 ... 113

第五章 投资估算 ... 119

第一节 投资估算概述 ... 119
第二节 投资估算的编制方法 ... 123

第六章 设计概算 ... 129

第一节 设计概算概述 ... 129
第二节 设计概算的编制方法 ... 131
第三节 设计概算的审查 ... 133

第七章 施工图预算 ... 137

第一节 施工图预算概述 ... 137
第二节 施工图预算的编制 ... 139
第三节 施工图预算的审查 ... 142

第八章 建设项目施工阶段工程造价的计价与控制 ... 147

第一节 工程变更与合同价款调整 ... 147

第二节　工程索赔 ……………………………………………… 153
　　第三节　建设工程价款结算 …………………………………… 162

第九章　建设工程竣工结算和决算 …………………………………… 177
　　第一节　竣工结算编制与审核 ………………………………… 177
　　第二节　竣工决算 ……………………………………………… 183

附件　编制某传达室工程（土建）施工图预算书 …………………… 189
模拟试题 ………………………………………………………………… 229
模拟试题答案 …………………………………………………………… 270
参考文献 ………………………………………………………………… 278

第一章 概 论

第一节 工程估价概述

工程估价概述

一、工程估价的概念

工程估价是指针对建设项目决策、设计、交易、施工和结算等阶段的工程成本所进行的预测、判断和确定。其工作内容与方法在建设项目生命周期的不同阶段各不相同。按照我国的基本建设程序，在项目建议书及可行性研究阶段，对建设项目投资所做的预算称为估算；在初步设计、技术设计阶段，对建设项目投资所做的预算称为概算；在施工图设计阶段，对建设项目投资所做的预算称为施工图预算；在工程招标投标阶段，承包商与业主签订合同时形成的价格称为合同价；在合同实施阶段，承包商与业主结算工程价款时形成的价格称为结算；工程竣工验收后，实际的工程造价称为决算；将投资估算、设计概算、施工图预算、合同价、结算价、竣工决算价统称为工程造价。

建设工程是指建造新的或改造原有的固定资产，是固定资产再生产过程中形成综合生产能力或发挥工程效益的工程项目。

建设工程项目的分类有多种形式：按建设工程性质划分，可分为新建、扩建、改建、迁建、重建、技术改造工程项目等建设项目；按建设项目规模划分，可分为大型、中型、小型建设项目；按建设工程投资用途划分，可分为生产性和非生产性建设项目；按建设工程建设阶段划分，可分为筹建、施工、竣工和建成投产项目；按建设工程资金来源和投资渠道划分，可分为国家预算内拨款、国家预算内贷款、自筹资金、国内合资、中外合资等建设项目。

二、建设项目总投资

建设项目总投资是指进行某项工程建设所花费的全部费用。生产性建设项目总投资包括建设投资和铺底流动资金两部分。建设工程费用也称建设投资，由建筑安装工程费、设备工器具购置费、工程建设其他费用、预备费和建设期货款利息组成。建设项目总投资是指项目建设期用于建设项目的建设投资、建设期贷款利息和流动资金的总和。建设项目总投资的各项费用按资产属性分别形成固定资产、无形资产和其他资产。

建设投资可以分为静态投资和动态投资两部分。静态投资是指建设项目在不考虑物价上涨、建设期贷款利息等动态因素情况下估算的建设投资。静态投资由建筑安装工程费、设备及工、器具购置费、工程建设其他费用和基本预备费构成。动态投资是指在建设期内，因建设期利息和国家新批准的税费、汇率、利率变动及建设期价格变动引起的建设投资增加额。动态投资适应了市场价格运行机制的要求，使投资的计划、估算、控制更加符合实际。

设备及工、器具购置费是指按照建设项目设计文件要求，建设单位或其委托单位购置或自制达到固定资产标准的设备和新扩建项目配置的工、器具及生产家具所需的费用。设备及工、器具购置费由设备原价、工器具原价和运杂费组成。

建筑安装工程费由建筑工程费和安装工程费两部分组成。在工程建设中，建筑安装工程是创造价值的活动。建筑安装工程费作为建筑安装工程价值的货币表现，也称为建筑安装工程造价。建筑工程费是指项目涉及范围内的建筑物、构筑物、场地平整、土石方工程费用等。安装工程费是指主要生产、辅助生产等单项工程中需要安装的机械设备、电气设备、仪器仪表等设备的安装及配件工程费，以及工艺、供水等各种管道、配件和供电外线安装工程费用等。

工程建设其他费用是指从工程筹建起到工程竣工验收交付生产或使用止的整个建设期间，除建筑安装工程费用和设备及工、器具购置费用外的，为保证工程建设顺利完成和交付使用后能够正常发挥效益或效能而发生的各项费用。

【例1-1】建设工程费用由哪几部分组成？

【答案】建设工程费用由建筑安装工程费、设备工器具购置费、工程建设其他费用、预备费和建设期贷款利息组成。

三、工程估价的特征

1．单件性

建设项目只能通过特殊的程序，对每个项目单独估算、计算其投资。每个建设工程都有其特定的用途、功能、规模，每项工程的结构、空间分割、设备配置和内外装饰都有不同的要求。建设工程必须在结构、造型等方面适应工程所在地的气候、地质、水文等自然条件，这就导致了建设项目的实物形态千差万别。另外，不同地区构成投资费用的各种要素的差异，最终导致建设项目投资的千差万别。从时间、空间上讲，其有着单件独特性，不同于某些产品，可以成批量生产，且各项指标相同。产品的差异性决定了工程估价的单件性。

2．多次性

建设项目周期长、造价高、规模大，按照基本程序需要分阶段进行，相应地也要在不同阶段进行多次估价，以保证工程造价控制的科学性。多次性估价是由不准确到准确，逐步深入的过程。其过程如图 1-1 所示。

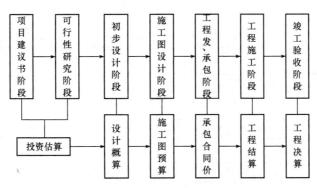

图 1-1　工程多次性估价示意

3．复杂性

建设项目投资的估价依据复杂，种类繁多，在不同的阶段有不同的估价依据。不同行业使用不同的定额，如水利工程，一般用水利定额。各种定额又相互影响，如预算定额是概算定额编制的基础，概算定额又是估算指标编制的基础。反之，估算指标控制概算定额的水平，概算定额又控制预算定额的水平。计价依据的复杂性如图 1-2 所示。

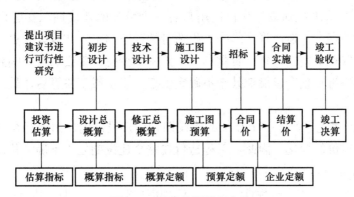

图 1-2　计价依据的复杂性

4．组合性

建设项目投资的计算是分部组合而成的，这与建设项目的组合性有关，一个建设项目是一个过程的综合体。

按照一个总体设计进行建设的各个单项工程汇集的总体为一个建设项目。在建设项目中，具有独立的设计文件，竣工后可以独立发挥生产能力或工程效益的工程为单项工程，也可将它理解为具有独立存在意义的完整项目。各单项工程又可以分解为能独立施工的单位工程，但竣工后不可以独立发挥生产能力。考虑到组成单位工程的各部分是由不同工人用不同工具和材料完成的，又可以将单位工程进一步分解为分部工程。还可按照不同的施工方法、构造及规格，将分部工程更细致地分解为分项工程。

计算建设项目投资时，往往从点到面、从局部到整体，需要分别计算分部分项工程投资、单位工程投资、单项工程投资，最后汇总成建设项目总投资，如图 1-3 所示。

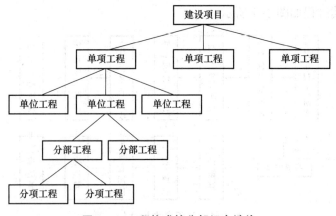

图 1-3 工程构成的分部组合计价

5．动态性

每个建设项目都有一个较长的建设期，从立项到竣工，会出现一些不可预测的变化因素对建设项目投资产生影响，如设计变更，材料、人工费上涨，国家利率调整等，但不可抗力出现或因承包方、发包方原因造成的索赔事件出现等，必然要引起建设项目投资的变动。因此，建设项目投资在整个建设期内都是不确定的，需要随时进行动态跟踪、调整。

任何一项工程从决策到竣工交付使用都有一个较长的建设期。在建设期内，往往由于不可控制因素的存在，造成许多影响工程造价的动态因素。如设计变更，材料、设备价格，工资标准及取费费率的调整，贷款利率、汇率的变化，都必然会影响到工程造价的变动。因此，工程造价在整个建设期处于不确定状态，直至竣工决算后才最终确定工程的实际造价。

【例 1-2】工程建设都有一个较长的建设期。在建设期内，由于存在许多不可控制的因素，影响工程造价的变化，因此，工程造价在整个建设期处于不确定状态，这体现了工程造价（　　）的特点。

A．个别性　　　　B．差异性　　　　C．层次性　　　　D．动态性

【答案】D

第二节　工程估价的历史和发展

工程估价的发展历程从属于建设行业乃至人类社会的发展，体现了人类认识世界、改造世界的普遍规律与趋势。经历了从自发到自觉、从被动适应到主动干预的过程。

一、国际工程估价的发展历程

1．发展历程

（1）17 世纪：设计与施工分离，对已完成工程进行计价。

（2）19 世纪：招标投标，根据图纸估价，1881 年英国皇家测量师学会成立。
（3）20 世纪：设计前期进行计价。

2．发展特点

（1）从事后算账发展到事前算账。
（2）从被动反映设计和施工，发展到能动影响设计和施工。
（3）逐步发展成一个独立的专业。
例如：英国：工料测量师（QS）；美国：成本工程师；中国：造价工程师。

二、我国工程估价的历史沿革

（1）20 世纪 80 年代，国家计委成立了基本建设标准定额研究所和标准定额局。
（2）20 世纪 90 年代后期，我国先后实施了全国造价工程师执业资格考试与认证工作。
（3）2003 年 7 月 1 日起，原建设部要求执行工程量清单计价方法。2021 年 10 月，造价编制仍依据《建设工程工程量清单计价规范》（GB 50500—2013）、《建筑安装工程费用项目组成》（建标〔2013〕44 号）等内容编写，结合营改增实施。

第三节　工程估价相关职业资格

随着我国市场经济的进一步完善和经济全球化进程的加快，职业资格制度得到了长足的发展，其中，涉及工程估价方面的执业资格主要有造价工程师、建造师（一、二级）、监理工程师、咨询工程师、房地产估价师、资产评估师等。

1．造价工程师考试科目

（1）工程造价管理基础理论与相关法规。
（2）工程造价计价与控制。
（3）建设工程技术与计量（土建或安装）。
（4）工程造价案例分析。
造价工程师报名条件：工程类本科毕业，从事造价业务工作满 4 年。

2．一级建造师考试科目

（1）建设工程经济。
（2）建设工程项目管理。
（3）建设工程法规及相关知识。
（4）专业工程技术和管理（案例）。

3．二级建造师考试科目

（1）建设工程施工管理。
（2）建设工程法规及相关知识。
（3）专业工程管理与实务。

4. 注册监理工程师考试科目

（1）建设工程监理基本理论与相关法规。

（2）建设工程合同管理。

（3）建设工程质量、投资、进度控制。

（4）建设工程监理案例分析。

思考题

1. 建设工程费用由哪几部分组成？

2. 投资估算、设计概算、施工图预算、合同价、结算价、竣工决算价的区别有哪些？

3. 工程估价的相关职业资格有哪些？其职业范围有何区别？工程估价人员应具备的基本素质与能力有哪些？

第二章 建设项目投资组成

第一节 建设项目投资组成概述

一、我国现行建设项目投资组成

我国现行建设项目投资组成,如图 2-1 所示。

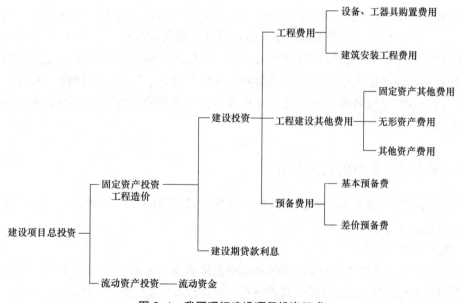

图 2-1 我国现行建设项目投资组成

二、世行建设项目投资组成

世行建设项目投资组成,如图 2-2 所示。

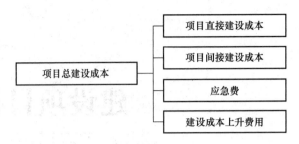

图 2-2 世行建设项目投资组成

第二节 设备、工器具购置费的组成和计算

设备、工器具购置费用是由设备购置费和工具、器具及生产家具购置费用组成。在工业建设项目中，设备及工、器具购置费用与资本的有机构成相联系，该项费用占投资费用的比例大小意味着生产技术的进步和资本有机构成的程度，它是固定资产投资中的积极部分。在生产性工程建设中，设备及工、器具购置费用占工程造价比重的增大，意味着生产技术的进步和资本有机构成的提高。

设备购置费是指为建设项目购置或自制的达到固定资产标准的设备、工具、器具的费用。所谓固定资产标准，是指使用年限在一年以上，单位价值在国家或各主管部门规定的限额以上。新建设项目和扩建项目的新建车间购置或自制的全部设备、工具、器具，无论是否达到固定资产标准均计入设备及工、器具购置费中。设备购置费包括设备原价和设备运杂费，即

$$设备购置费 = 设备原价 + 设备运杂费 \tag{2-1}$$

上式中，设备原价是指国产标准设备及国产非标准设备的原价和进口设备的抵岸价；设备运杂费是指设备原价中未包括的包装和包装材料费、运输费、装卸费、采购费及仓库保管费、供销部门手续费等。如果设备是由成套公司供应的，成套公司的服务费也应计入设备运杂费中。

一、国产设备原价的构成及计算

国产设备原价一般是指设备制造厂的交货价或订货合同价，分别为国产标准设备原价和国产非标准设备原价。

1. 国产标准设备原价

国产标准设备是指按照主管部门颁发的标准图纸和技术要求，由设备生产厂批量生产的符合国家质量检验标准的设备。国产标准设备原价是指设备制造厂的交货价，即出厂价。如设备是由成套公司供应的，则以订货合同价为设备原价。有的设备有两种出厂价，即带有备件的出厂价和不带有备件的出厂价。在计算设备原价时，一般按带有备件的出厂价计算。

2. 国产非标准设备原价

国产非标准设备是指国家尚无定型标准，各设备生产厂不能在工艺过程中采用批量生产只能按一次订货，并根据具体的设备图纸制造设备。国产非标准设备原价有多种不同的计算方

法,如成本计算估价法、系列设备插入估价法、分部组合估价法、定额估价法等。但无论采用哪种方法都应该使国产非标准设备原价的准确度接近实际出厂价,并且计算方法要简便。

二、进口设备抵岸价的构成及计算

进口设备的原价是指进口设备的抵岸价,即抵达买方边境港口或边境车站,且交完关税以后的价格。进口设备抵岸价的构成与设备的交货方式有关。

1. 进口设备的交货方式及特点

进口设备的交货方式可分为内陆交货类、目的地交货类和装运港交货类。

(1) 内陆交货类,即卖方在出口国内陆的某个地点完成交货任务。其特点:在交货地点,卖方及时提交合同规定的货物有关凭证,并承担交货前的一切费用和风险;买方按时接收货物,交付货款,承担接货后的一切费用和风险,并自行办理出口手续和装运出口。货物的所有权也在交货后由卖方转移给买方。

(2) 目的地交货类,即卖方要在进口国的港口或内地交货,包括目的港船上交货价、目的港船边交货价(FOS)、目的港码头交货价(关税已付)及完税后交货价(进口国目的地的指定地点)。其特点:买卖双方承担的责任、费用和风险是以目的地约定交货点为分界线,只有当卖方在交货点将货物置于买方控制下方算交货,方能向买方收取货款。这类交货价对卖方来说承担的风险较大,在国际贸易中卖方一般不愿采用这类交货方式。

(3) 装运港交货类,即卖方在出口国装运港完成交货任务,主要有:装运港船上交货价(FOB),也称为离岸价;运费在内价(CFR);运费、保险费在内价(CIF),也称为到岸价。其特点:卖方按照约定的时间在装运港交货,只要卖方将合同规定的货物装船后提供货运单据便算完成交货任务,并可凭单据收回货款。装运港船上交货价(FOB)是我国进口设备采用最多的一种货价。

2. 进口设备抵岸价的构成及计算

进口设备采用最多的是装运港船上交货价(FOB),其抵岸价构成可概括为

$$进口设备抵岸价 = 货价 + 国外运费 + 国外运输保险费 + 银行财务费 + 外贸手续费$$
$$+ 进口关税 + 增值税 + 消费税 + 海关监管手续费 \tag{2-2}$$

(1) 进口设备的货价一般采用下列公式计算:

$$货价 = 离岸价(FOB) \times 人民币外汇牌价 \tag{2-3}$$

(2) 国外运费,即从装运港(站)到达我国抵达港(站)的运费。我国进口设备大部分采用海洋运输方式,小部分采用铁路运输方式,个别采用航空运输方式。进口设备国际运费的计算公式如下:

$$国际运费(海、陆、空) = 上交货价(FOB) \times 运费费率$$
$$国外运费 = 离岸价 \times 运费费率 \tag{2-4}$$

或

$$国际运费(海、陆、空) = 运量 \times 单位运价$$
$$国外运费 = 运量 \times 单位运价 \tag{2-5}$$

式中，运费费率或单位运价参照有关部门或进出口公司的规定。计算进口设备抵岸价时再将国外运费换算为人民币。

（3）国外运输保险费，对外贸易货物运输保险是由保险人（保险公司）与被保险人（出口人或进口人）订立保险契约，在被保险人交付议定的保险费后，保险人根据保险契约的规定对货物在运输过程中发生的承保责任范围内的损失给予经济上的补偿。这是一种财产保险。

中国人民保险公司收取的海运保险费约为货价的 0.266%，铁路运输保险费约为货价的 0.35%，空运保险费约为货价的 0.455%。其计算公式如下：

$$国际运输保险费 = （离岸价 + 国外运费）\times 国外保险费费率 \qquad (2-6)$$

$$国际运输保险费 = \frac{（离岸价 + 国外运费）}{1 - 国际运输保险费费率} \times 国际运输保险费费率$$

计算进口设备抵岸价时，再将国外运输保险费换算为人民币。

（4）银行财务费，一般是指中国银行手续费。其计算公式如下：

$$银行财务费 = 离岸价 \times 人民币外汇牌价 \times 银行财务费费率 \qquad (2-7)$$

银行财务费费率一般为 0.4% ~ 0.5%。

（5）外贸手续费，是指按原外经贸部规定的外贸手续费费率计取的费用，外贸手续费费率一般取 1.5%。其计算公式如下：

$$外贸手续费 = 进口设备到岸价 \times 人民币外汇牌价 \times 外贸手续费费率 \qquad (2-8)$$

$$外贸手续费 = [货价（FOB）+ 国际运费 + 运输保险费] \times 外贸手续费费率$$

式中

$$进口设备到岸价（CIF）= 离岸价（FOB）+ 国外运费 + 国外运输保险费 \qquad (2-9)$$

（6）进口关税，是由海关对进出国境的货物和物品征收的一种税，属于流转课税。其计算公式如下：

$$进口关税 = 到岸价 \times 人民币外汇牌价 \times 进口关税税率 \qquad (2-10)$$

$$进口关税 = [货价（FOB）+ 国际运费 + 运输保险费] \times 进口关税税率$$

（7）增值税，即我国政府对从事进口贸易的单位和个人，在进口商品报关进口后征收的税种。我国增值税条例规定，进口应税产品均按组成计税价格，依税率直接计算应纳税额，不扣除任何项目的金额或已纳税额。即

$$进口产品增值税额 = 组成计税价格 \times 增值税税率 \qquad (2-11)$$

$$组成计税价格 = 到岸价 \times 人民币外汇牌价 + 进口关税 + 消费税 \qquad (2-12)$$

或 $$组成计税价格 = 关税完税价格 + 进口关税 + 消费税$$

式中，增值税基本税率为 17%。增值税税率根据规定的税率计算。

（8）消费税，对部分进口产品（如轿车等）征收。其计算公式如下：

$$消费税 = \frac{到岸价 \times 人民币外汇牌价 + 关税}{1 - 消费税税率} \times 消费税税率 \qquad (2-13)$$

（9）海关监管手续费，是指海关对发生减免进口税或实行保税的进口设备实施监管和提供服务收取的手续费。全额收取关税的设备，不收取海关监管手续费。海关监管手续费

的计算公式如下：

海关监管手续费 = 到岸价 × 人民币外汇牌价 × 海关监管手续费费率 　　　（2-14）

三、设备运杂费的构成及计算

1. 设备运杂费的构成

国产标准设备运杂费是指由设备制造厂交货地点起至工地仓库（或施工组织设计指定的需要安装设备的堆放地点）止所发生的运费和装卸费。进口设备运杂费是指由我国到岸港口、边境车站起至工地仓库（或施工组织设计指定的需要安装设备的堆放地点）止所发生的运费和装卸费。

设备运杂费通常由以下几项构成：

（1）运费和装卸费。

（2）包装费。在设备出厂价格中没有包含的设备包装和包装材料器具费；在设备出厂价或进口设备价格中如已包含了此项费用，则不应重复计算。

（3）供销部门的手续费。按有关部门规定的统一费率计算。

（4）采购与仓库保管费。建设单位（或工程承包公司）的采购与仓库保管费。它是指采购、验收、保管和收发设备所发生的各种费用，包括设备采购、保管和管理人员工资、工资附加费、办公费、差旅交通费、设备供应部门办公和仓库所占固定资产使用费、工具用具使用费、劳动保护费、检验试验费等。这些费用可按主管部门规定的采购保管费费率计算。

2. 设备运杂费的计算

设备运杂费按设备原价乘以设备运杂费费率计算。其计算公式如下：

设备运杂费 = 设备原价 × 设备运杂费费率 　　　（2-15）

其中，设备运杂费费率按各部门及省、市等的规定计取。

一般来讲，沿海和交通便利的地区，设备运杂费费率相对低一些；内地和交通不是很便利的地区，设备运杂费费率就会相对高一些；偏远省份则更高一些。对于非标准设备来讲，应尽量就近委托设备制造厂，以大幅度降低设备运杂费费率。进口设备由于原价较高，国内运距较短，因而设备运杂费费率应适当降低。

四、案例分析

背景：某项目由国外引进工艺设备和技术，硬件费为 600 万美元，软件费为 60 万美元。

条件：计算关税的项目 45 万美元，不计算关税的项目 15 万美元；

外汇牌价：1 美元 = 8.3 元人民币；

海运费费率为 6%；

海运保险费费率为 0.35%；

外贸手续费费率为 1.5%；

中国银行财务手续费费率为 0.5%；

增值税税率和关税税率均为 17%；

国内供销手续费费率为0.4%；

运输、装卸和包装费费率为0.1%；

采购保管费费率为1%。

问题：（1）引进工艺设备和技术的价格由哪些费用组成？

（2）计算该案例工艺设备和技术投资的估算价格。

【解析】

（1）引进工艺设备和技术的抵岸价包括以下费用：货价、从属费用（含国外运输费、国外运输保险费、外贸手续费、银行财务费、关税、增值税）。全部投资的估算价格还包括设备运杂费。

（2）引进工艺设备和技术抵岸价的计算规定如下：

①货价＝合同中硬、软件的离岸价外币金额×外汇牌价（合同生效，第一次付款日期的兑汇牌价）。

②国外运输费＝合同中硬件货价×国外运输费费率（海运费费率为6%，空运费费率为8.5%，铁路运输费费率为1%）。

③国外运输保险费＝（合同中硬件货价＋国外运费）×运输保险费费率÷（1－运输保险费费率）（海运保险费费率为0.35%，空运保险费费率为4.55%，路运保险费费率为2.66%）。

④关税：

硬件关税＝（合同中硬件货价＋国外运费＋国外运输保险费）×关税税率＝合同中硬件到岸价×关税税率。

软件关税＝合同中应计关税软件的货价×关税税率，（计关税的软件是指设计费、技术秘密、专利许可证、专利技术等）。

⑤增值税＝（硬件到岸价＋应计关税软件的货价＋关税）×增值税税率（增值税税率取17%）。

⑥消费税＝［（到岸价＋关税）÷（1－消费税税率）］×消费税税率（进口车辆才有此税，越野车、小汽车取5%，小轿车取8%，轮胎取10%）。

⑦银行财务费＝合同中硬、软件的货价×银行财务税税率）（银行财务税税率取0.4%～0.5%）。

⑧外贸手续费＝（合同中硬件到岸价＋关税软件的货价）×外贸手续费费率（外贸手续费费率取1.5%）。

⑨海关监管手续费＝减免关税部分的到岸价×海关监管手续费费率（海关监管手续费费率取0.3%）。

（3）引进工艺设备和技术抵岸价的计算如下：

①货价＝600×8.3+60×8.3＝4 980+498＝5 478（万元）

②国外运输费：海运费＝4 980×6%＝298.8（万元）

③国外运输保险费：海运保险费＝（4 980+298.8）×0.35%/（1-0.35%）＝18.54（万元）

④关税：硬件关税＝（4 980+298.8+18.54）×17%＝5 297.34×17%＝900.55（万元）

软件关税＝45×8.3×17%＝373.5×17%＝63.50（万元）

关税合计＝900.55+63.50＝964.05（万元）

⑤增值税 =（5 297.34+373.5+964.05）×17%=1 127.93（万元）
⑥银行财务费 = 5 478 ×0.5%=27.39（万元）
⑦外贸手续费 =（5 297.34+373.5）×1.5%=85.06（万元）
⑧引进设备和技术的抵岸价 = ① + ② + ③ + ④ + ⑤ + ⑥ + ⑦ =7 999.77（万元）
　国内运杂费 = 7 999.77×（0.4%+0.1%+1%）=120.00（万元）
　引进设备购置和技术投资 = 7 999.77+120.00=8 119.77（万元）

五、工器具及生产家具购置费

在项目新建或扩建时就已经初步设计的，未达到固定资产标准并能保证初期正常生产时采购的设备、仪器、工卡模具、器具、生产家具和备品备件等的购置费用，属于工器具及生产家具购置费。

工器具及生产家具购置费 = 设备购置费 × 定额费费率

第三节　建筑安装工程费用项目的组成

江苏省根据《建设工程工程量清单计价规范》（GB 50500—2013）及其9本计算规范和《建筑安装工程费用项目组成》（建标〔2013〕44号）等有关规定，结合实际情况，编制了《江苏省建设工程费用定额》（以下简称《费用定额》，即苏建价〔2014〕299号）。《费用定额》规定江苏省建筑安装工程费用包括分部分项工程费、措施项目费、其他项目费、规费和税金。

建筑安装工程费用项目组成如图2-3、图2-4所示。

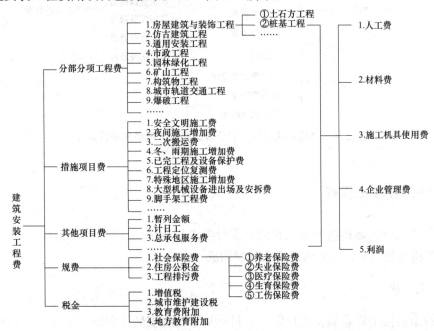

图2-3　按造价形成划分建筑安装工程费用项目组成

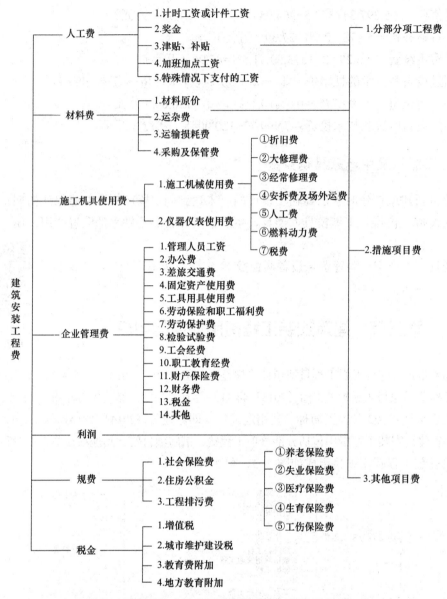

图 2-4　按费用构成要素划分建筑安装工程费用项目组成

一、分部分项工程费

分部分项工程费是指各专业工程的分部分项工程应予列支的各项费用，由人工费、材料费、施工机具使用费、企业管理费和利润构成。

（一）人工费

人工费是指按工资总额构成规定，支付给从事建筑安装工程施工的生产工人和附属生产单位工人的各项费用。

1. 人工单价的组成

(1) 计时工资或计件工资：是指按计时工资标准和工作时间或对已做工作按计件单价支付给个人的劳动报酬。

(2) 奖金：是指对超额劳动和增收节支支付给个人的劳动报酬，如节约奖、劳动竞赛奖等。

(3) 津贴、补贴：是指为了补偿职工特殊或额外的劳动消耗和因其他特殊原因支付给个人的津贴，以及为了保证职工工资水平不受物价影响支付给个人的物价补贴，如流动施工津贴、特殊地区施工津贴、高温（寒）作业临时津贴、高空津贴等。

(4) 加班加点工资：是指按规定支付的在法定节假日工作的加班工资和在法定节假日工作时间外延时工作的加点工资。

(5) 特殊情况下支付的工资：是指根据国家法律、法规和政策规定，因病、工伤、产假、计划生育假、婚丧假、事假、探亲假、定期休假、停工学习、执行国家或社会义务等原因按计时标准或计时工资标准的一定比例支付的工资。

【例 2-1】（单选）根据现行《建筑安装工程费用项目组成》（建标〔2013〕44 号），下列费用中应计入分部分项工程费的是（　　）。

A. 安全文明施工费　　　　　　　B. 二次搬运费
C. 大型机械设备进出场及安拆费　　D. 施工机械使用费

【答案】D

【解析】分部分项工程费、措施项目费、其他项目费包含人工费、材料费、施工机具使用费、企业管理费、利润。

【例 2-2】（多选）根据《建筑安装工程费用项目组成》（建标〔2013〕44 号），按造价形成划分，属于措施项目费的有（　　）。

A. 特殊地区施工增加费　　　　　B. 工程定位复测费
C. 安全文明施工费　　　　　　　D. 仪器仪表使用费
E. 脚手架工程费

【答案】ABCE

【解析】D 属于施工机具使用费。

【例 2-3】（单选）根据《建筑安装工程费用项目组成》（建标〔2013〕44 号），对超额劳动和增收节支而支付给个人的劳动报酬，应计入建筑安装工程费用人工费项目中的（　　）。

A. 奖金
B. 计时工资或计件工资
C. 津贴补贴
D. 特殊情况下支付的工资

【答案】A

【解析】奖金是指对超额劳动和增收节支支付给个人的劳动报酬，如节约奖、劳动竞赛奖等。

【例2-4】（单选）根据《建筑安装工程费用项目组成》（建标〔2013〕44号），因病而按计时工资标准的一定比例支付的工资属于（　　）。

A. 特殊情况下支付的工资
B. 津贴补贴
C. 医疗保险费
D. 职工福利费

【答案】A

【解析】特殊情况下支付的工资是指根据国家法律、法规和政策规定，因病、工伤、产假、计划生育假、婚丧假、事假、探亲假、定期休假、停工学习、执行国家或社会义务等原因按计时标准或计时工资标准的一定比例支付的工资。

【例2-5】（单选）根据《建筑安装工程费用项目组成》（建标〔2013〕44号），施工项目墙体砌筑用砂在运输过程中不可避免的耗损，应计入（　　）。

A. 企业管理费　　　　B. 二次搬运费
C. 材料费　　　　　　D. 措施费

【答案】C

【解析】材料费包括材料原价、材料运杂费、运输损耗费和采购及保管费。其中，运输损耗费是指材料在运输装卸过程中不可避免的损耗。

【例2-6】（单选）某施工企业为某施工机械按国家规定缴纳的保险费及年检费属于（　　）。

A. 企业管理费　　　　B. 社会保险费
C. 税金　　　　　　　D. 施工机具使用费

【答案】D

【解析】施工机具使用费是指施工作业所发生的施工机械、仪器仪表使用费或其租赁费。其中，施工机械使用费包括税费，税费是指施工机械按照国家规定应缴纳的车船使用税、保险费及年检费等。

【例2-7】（单选）根据《建筑安装工程费用项目组成》（建标〔2013〕44号），施工企业对建筑及材料、构件和建筑安装物进行一般鉴定、检查所发生的费用，应计入建筑安装工程费用项目中的（　　）。

A. 措施费　　　　　　B. 规费
C. 材料费　　　　　　D. 企业管理费

【答案】D

【解析】检验试验费是指施工企业按照有关标准规定，对建筑及材料、构件和建筑安装物进行一般鉴定、检查所发生的费用，包括自设试验室进行试验所耗用的材料等费用。检验试验费属于企业管理费。

2. 人工费的计算

（1）施工企业投标报价时自主确定人工费，通常人工费等于工日消耗量乘以日工资单价。

$$人工费 = \sum (工日消耗量 \times 日工资单价) \quad (2-16)$$

$$日工资单价 = \frac{生产工人平均月工资（计时、计件）+ 平均月（资金 + 津贴补贴 + 特殊情况下支付的工资）}{年平均每月法定工作日} \quad (2-17)$$

（2）工程造价管理机构编制计价定额时确定定额人工费，人工费等于工程工日消耗量乘以日工资单价。

$$人工费 = \sum (工程工日消耗量 \times 日工资单价)$$

日工资单价是指施工企业平均技术熟练程度的生产工人在每个工作日（国家法定工作时间内）按规定从事施工作业应得的日工资总额。

工程造价管理机构确定日工资单价应通过市场调查，根据工程项目的技术要求，参考工程所在地人力资源和社会保障部门所发布的最低工资标准和实物工程量人工单价综合分析确定。

工程计价定额不可只列一个综合工日单价，应根据工程项目技术要求和工种差别适当划分多种日人工单价，确保各分部工程人工费的合理构成。

（二）材料费

1. 材料预算价的组成

材料预算价是指施工过程中耗费的原材料、辅助材料、构配件、零件、半成品或成品、工程设备的费用。其内容包括：

（1）材料原价：是指材料、工程设备的出厂价格或商家供应价格。

（2）运杂费：是指材料、工程设备从源地运至工地仓库或指定堆放地点所发生的全部费用。

（3）运输损耗费：是指材料在运输装卸过程中不可避免的损耗。

（4）采购及保管费：是指为组织采购、供应和保管材料、工程设备的过程中所需要的各项费用。其包括采购费、仓储费、工地保管费和仓储损耗。

工程设备是指房屋建筑及其配套的构成或计划构成永久工程一部分的机电设备、金属结构设备、仪器装置等建筑设备，包括附属工程中电气、采暖、通风空调、给水排水、通信及建筑智能等为房屋功能服务的设备，不包括工艺设备。具体划分标准见《建设工程计价设备材料划分标准》（GB/T 50531—2009），明确由建设单位提供的建筑设备，其设备费用不作为计取税金的基数。

2. 材料费的计算

（1）根据影响材料价格的因素，可以得到材料预算单价的计算公式，即

$$材料单价 = \{（材料原价 + 运杂费）\times [1 + 运输损耗率（\%）]\} \times [1 + 采购保管费费率（\%）] \quad (2-18)$$

（2）材料的消耗量和材料单价确定后，材料费用便可以根据下式计算：

$$材料费 = \sum [材料消耗量 \times 材料预算单价] \quad (2-19)$$

【例2-8】（单选）某施工企业采购一批材料，出厂价为3 000元/t，运杂费是材料采

购价的 5%，运输中材料的损耗率为 1%，保管费费率为 2%，则该批材料的单价应为（　　）元 /t。

  A. 3 150.00   B. 3 240.00   C. 3 244.50   D. 3 245.13

【答案】D

【解析】材料单价 ={（材料原价 + 运杂费）×[1+ 运输损耗率（%）]}×[1+ 采购保管费费率（%）]

$$= [（3\,000+3\,000×5\%）×（1+1\%）]×（1+2\%）=3\,245.13（元/t）。$$

（三）施工机具使用费

施工机具使用费是指施工作业所发生的施工机械、仪器仪表使用费或其租赁费。施工机具使用费是用施工机械台班耗用量乘以施工机械台班单价表示。仪器仪表使用费是指工程施工所需使用的仪器仪表的摊销及维修费用。

1. 施工机械台班单价的组成

（1）折旧费：是指施工机械在规定的使用年限内，陆续收回其原值的费用。

（2）大修理费：是指施工机械按规定的大修理间隔台班进行必要的大修理，以恢复其正常功能所需的费用。

（3）经常修理费：是指施工机械除大修理外的各级保养和临时故障排除所需的费用。经常修理费包括为保障机械正常运转所需替换设备与随机配备工具附具的摊销和维护费用，机械运转中日常保养所需润滑与擦拭的材料费用及机械停滞期间的维护和保养费用等。

（4）安拆费、场外运费：安拆费是指施工机械（大型机械除外）在现场进行安装与拆卸所需的人工、材料、机械和试运转费用，以及机械辅助设施的折旧、搭设、拆除等费用；场外运费是指施工机械整体或分体自停放地点运至施工现场或由一施工地点运至另一施工地点的运输、装卸、辅助材料及架线等费用。

（5）人工费：是指机上司机（司炉）和其他操作人员的人工费。

（6）燃料动力费：是指施工机械在运转作业中所消耗的各种燃料及水、电等。

（7）税费：是指施工机械按照国家规定应缴纳的车船使用税、保险费及年检费等。

2. 施工机具使用费的计算

施工机械台班单价 = 台班折旧费 + 台班大修理费 + 台班经常修理费 + 台班安拆费及场外运费 + 台班人工费 + 台班燃料动力费 + 台班车船税费   （2-20）

施工机具使用费 =∑（工程施工中消耗的施工机械台班量 × 机械台班单价）

仪器仪表使用费 = 工程使用的仪器仪表摊销费 + 维修费   （2-21）

【例 2-9】（单选）某施工机械预算价格为 300 万元，折旧年限为 6 年，残值率为 2%，年平均工作 200 个台班，则该机械台班折旧费为（　　）元。

  A. 2 450   B. 1 000   C. 1 560   D. 1 590

【答案】A

【解析】耐用总台班数 = 折旧年限 × 年工作台班 =200×6=1 200；台班折旧费 =[机械预算价格 ×（1- 残值率）]/ 耐用总台班数 =[300 0000×（1-2%）]/1 200=2 450（元）。

【例2-10】（单选）某施工机械预算价格为80万元，折旧年限为10年，年平均工作250个台班，一次大修理费为18万元，每两年大修一次，则该机械台班大修理费为（　　）元。

A. 320　　　　B. 288　　　　C. 240　　　　D. 264

【答案】B

【解析】台班大修理费=（一次大修理费×大修次数）/耐用总台班数=（18×4）/（10×250）=288（元）

建筑安装工程费用组成（下）

（四）企业管理费

企业管理费是指建筑安装企业组织施工生产和经营管理所需的费用。

1. 企业管理费的组成

（1）管理人员工资：是指按规定支付给管理人员的计时工资、奖金、津贴补贴、加班加点工资及特殊情况下支付的工资等。

（2）办公费：是指企业管理办公用的文具、纸张、账表、印刷、邮电、书报、办公软件、现场监控、会议、水电、烧水和集体取暖、降温（包括现场临时宿舍取暖、降温）等费用。

（3）差旅交通费：是指职工因公出差、调动工作的差旅费、住勤补助费，市内交通费和误餐补助费，职工探亲路费，劳动力招募费，职工退休、退职一次性路费，工伤人员就医路费，工地转移费，以及管理部门使用的交通工具的油料、燃料等费用。

（4）固定资产使用费：是指管理和试验部门及附属生产单位使用的属于固定资产的房屋、设备、仪器等的折旧、大修、维修或租赁费。

（5）工具用具使用费：是指企业施工生产和管理使用的不属于固定资产的工具、器具、家具、交通工具和检验、试验、测绘、消防用具等的购置、维修和摊销费。

（6）劳动保险和职工福利费：是指由企业支付的职工退职金、按规定支付给离休干部的经费，集体福利费、夏季防暑降温补贴、冬季取暖补贴、上下班交通补贴等。

（7）劳动保护费：是指企业按规定发放的劳动保护用品的支出，如工作服、手套、防暑降温饮料及在有碍身体健康的环境中施工的保健费用等。

（8）检验、试验费：是指施工企业按照有关标准规定，对建筑及材料、构件和建筑安装物进行一般鉴定、检查所发生的费用，包括自设试验室进行试验所耗用的材料等费用，不包括新结构、新材料的试验费，对构件做破坏性试验及其他特殊要求检验、试验的费用和建设单位委托检测机构进行检测的费用，对此类检测发生的费用，由建设单位在工程建设其他费用中列支。但对施工企业提供的具有合格证明的材料进行检测不合格的，该检测费用由施工企业支付。

（9）工会经费：是指企业按《中华人民共和国工会法》规定的全部职工工资总额比例计提的工会经费。

（10）职工教育经费：是指按职工工资总额的规定比例计提，企业为职工进行专业技术和职业技能培训，专业技术人员继续教育、职工职业技能鉴定、职业资格认定及根据需要对职工进行各类文化教育所发生的费用。

（11）财产保险费：是指施工管理所用财产、车辆等的保险费用。

（12）财务费：是指企业为施工生产筹集资金或提供预付款担保、履约担保、职工工资支付担保等所发生的各种费用。

（13）税金：是指企业按规定缴纳的房产税、车船使用税、土地使用税、印花税等。

（14）工程定位复测费：是指工程施工过程中进行全部施工测量放线和复测工作的费用。建筑物沉降观测由建设单位直接委托有资质的检测机构完成，费用由建设单位承担，不包含在工程定位复测费中。

（15）意外伤害保险费：是指企业为从事危险作业的建筑安装施工人员支付的意外伤害保险费。

（16）非建设单位所为四小时以内的临时停水、停电费用。

（17）企业技术研发费：即建筑企业为转型升级、提高管理水平所进行的技术转让、科技研发、信息化建设等费用。

（18）其他：包括技术转让费、技术开发费、投标费、业务招待费、绿化费、广告费、公证费、法律顾问费、审计费、咨询费、保险费等。

2. 企业管理费的计算

根据住房和城乡建设部办公厅《关于做好建筑业营改增建设工程计价依据调整准备工作的通知》（建办标〔2016〕4号）规定的企业管理费组成内容中增加第（19）条附加税：国家税法规定的应计入建筑安装工程造价内的城市建设维护税、教育费附加及地方教育附加。

工程费用取费标准及有关规定，企业管理费和利润为：

（1）取费基础：人工费+除税施工机具使用费。

（2）取费标准：建筑工程：按工程类别划分；

装饰工程：不分企业资质。

【例2-11】（单选）江苏省规定，危险作业意外伤害保险作为商业保险应列入（　　）中。

A. 规费　　　　　　　　　　B. 其他项目费用

C. 措施项目费用　　　　　　D. 管理费

【答案】D

【例2-12】（单选）施工企业按规定为建筑材料、构配件质量检验、试验所进行的试样制作、封样所发生的费用应列入（　　）。

A. 现场经费　　　　　　　　B. 研究试验费

C. 企业检验、试验费　　　　D. 按质论价费

【答案】C

【例2-13】（多选）企业管理费费率的计算基础可以是（　　）。

A. 人工费　　　　　　　　　B. 机械费

C. 人工费与机械费之和　　　D. 分部分项工程费

E. 人工费、材料费与机械费之和

【答案】ACD

【解析】企业管理费费率的计算基础可以是分部分项工程费、人工费、人工费和机械费合计三种情况。

【例2-14】（单选）某施工企业的企业管理费费率以人工费和机械费合计为计算基础，其生产工人年平均管理费为30 000元，年有效施工天数为300天，人工单价为350元/天，每工日机械使用费为300元，则该企业的企业管理费费率为（　　）。

A. 18.75%　　　　B. 17.78%　　　　C. 15.40%　　　　D. 4.69%

【答案】C

【解析】企业管理费费率的计算以人工费和机械费合计为计算基础：

企业管理费费率（%）=生产工人年平均管理费/[年有效施工天数×（人工单价+每工日机械使用费）]×100% = 30 000/[300×（300+350）]×100% = 15.4%

（五）利润

利润是指施工企业完成所承包工程获得的营利。施工企业根据企业自身需求并结合建筑市场实际自主确定，列入报价中。工程造价管理机构在确定计价定额中利润时，根据不同的专业工程（或单位工程），以"人工费"或"人工费+施工机具使用费（除税）"作为计算基数，通过费用定额规定了不同的利润率。利润应列入分部分项工程和措施项目中。计列到材料费中也要除税。

二、措施项目费

措施项目费是指为完成建设工程施工，发生于该工程施工前和施工过程中的技术、生活、安全、环境保护等方面的费用。

根据现行工程量清单计算规范，措施项目费分为单价措施项目和总价措施项目。

1. 单价措施项目

单价措施项目是指在现行工程量清单计算规范中有对应工程量计算规则，按人工费、除税材料费、除税施工机具使用费、管理费和利润形式组成综合单价的措施项目。单价措施项目根据专业不同，包括项目如下：

（1）建筑与装饰工程：脚手架工程，混凝土模板及支架（撑），垂直运输，超高施工增加，大型机械设备进、出场及安拆，施工排水、降水。

（2）安装工程：吊装加固；金属抱杆安装、拆除、移位；平台铺设、拆除；顶升、提升装置安装、拆除；大型设备专用机具安装、拆除；焊接工艺评定；胎（模）具制作、安装、拆除；防护棚制作、安装、拆除；特殊地区施工增加；安装与生产同时进行施工增加；在有害身体健康环境中施工增加；工程系统检测、检验；设备、管道施工的安全、防冻和焊接保护；焦炉烘炉、热态工程；管道安拆后的充气保护；隧道内施工的通风、供水、供气、供电、照明及通信设施；脚手架搭拆；高层施工增加；大型机械设备进、出场及安拆；其他措施（工业炉烘炉、设备负荷试运转、联合试运转、生产准备试运转及安装工程设备场外运输）。

（3）市政工程：脚手架工程，混凝土模板及支架，围堰，便道及便桥，洞内临时设施，大型机械设备进出场及安拆，施工排水、降水，地下交叉管线处理、监测、监控。

（4）仿古建筑工程：脚手架工程，混凝土模板及支架，垂直运输，超高施工增加，大型机械设备进、出场及安拆，施工降水、排水。

（5）园林绿化工程：脚手架工程，模板工程，树木支撑架、草绳绕树干、搭设遮阴（防寒）棚工程，围堰、排水工程。

（6）房屋修缮工程中土建、加固部分单价措施项目设置同建筑与装饰工程，安装部分单价措施项目设置同安装工程。

（7）城市轨道交通工程：围堰及筑岛，便道及便桥，脚手架，支架，洞内临时设施，临时支撑，施工监测、监控，大型机械设备进、出场及安拆，施工排水、降水，设施、处理、干扰及交通导行（混凝土模板及安拆费用包含在分部分项工程中的混凝土清单中）。

单价措施项目中各措施项目的工程量清单项目设置、项目特征、计量单位、工程量计算规则及工作内容均按现行工程量清单计算规范执行。

2．通用总价措施项目

总价措施项目是指在现行工程量清单计算规范中无工程量计算规则，以总价（或计算基础乘费率）计算的措施项目。其中，各专业都可能发生的通用的总价措施项目如下：

（1）安全文明施工费：为满足安全、文明、绿色施工及环境保护、职工健康生活所需要的各项费用。安全文明施工费为不可竞争费用，主要用于施工现场降低噪声、控制扬尘、垃圾清运和排污等环境保护费用；施工现场围挡、美化，改善施工人员的工作、生活条件等文明施工费用；施工现场安全防护、设施保护、工人安全防护等安全施工费用；施工现场废弃物回收利用、节电节水、有毒有害物质和气体的防护等绿色施工费用。

【例 2-15】设建筑工程项目的分部分项工程费为 180 万元，其中，人工费为 45 万元，可计量的措施项目费为 65 万元，安全文明施工费以定额基价为计算基础，费率为 2.25%，则该项目的安全文明施工费是多少？

【解】安全文明施工费 =（180+65）×2.25%
　　　　　　　　　　=5.512（万元）

【例 2-16】某施工项目分部分项工程费为 1 200 万元，其中，人工费为 450 万元，机械费为 300 万元，可计量的措施项目费为 400 万元，该施工项目的安全文明施工费以人工费和机械费为计算基础，费率为 2%，则该施工项目的安全文明施工费是多少？

【解】安全文明施工费 =（450+300）×2%
　　　　　　　　　　=15（万元）

（2）夜间施工费：规范、规程要求正常作业而发生的夜班补助、夜间施工降效、夜间照明设施的安拆、摊销、照明用电，以及夜间施工现场交通标志、安全标牌、警示灯安拆等费用。

（3）二次搬运费：由于施工场地限制而发生的材料、成品、半成品等一次运输不能到达堆放地点，必须进行的二次或多次搬运费用。

（4）冬、雨期施工费：在冬、雨期施工期间所增加的费用，包括冬期作业、临时取暖、建筑物门窗洞口封闭及防雨措施、排水、工效降低、防冻等费用，不包括设计要求混凝土内添加防冻剂的费用。

（5）地上、地下设施、建筑物的临时保护设施费：在工程施工过程中，对已建成的地上、地下设施和建筑物进行的遮盖、封闭、隔离等必要保护措施所发生的费用。在园林绿化工程中，还包括对已有植物进行保护措施所发生的费用。

（6）已完工程及设备保护费：对已完工程及设备采取的覆盖、包裹、封闭、隔离等必要保护措施所发生的费用。

（7）临时设施费：施工企业为进行工程施工所必需的生活和生产用的临时建筑物、构筑物和其他临时设施的搭设、使用、拆除等费用。临时设施包括：

1）临时宿舍、文化福利及公用事业房屋与构筑物、仓库、办公室、加工场等。

2）建筑、装饰、安装、修缮、古建园林工程规定范围内（建筑物沿边起 50 m 以内，多幢建筑两幢间隔 50 m 内）围墙、临时道路、水电、管线和轨道垫层等。

3）市政工程施工现场在定额基本运距范围内的临时给水、排水、供电、供热线路（不包括变压器、锅炉等设备）、临时道路，不包括交通疏解分流通道、现场与公路（市政道路）的连接道路、道路工程的护栏（围挡），也不包括单独的管道工程或单独的驳岸工程施工需要的沿线简易道路。

建设单位同意在施工就近地点临时修建混凝土构件预制场所发生的费用，应向建设单位结算。

（8）赶工措施费：在现行工期定额滞后的情况下，施工合同约定工期比江苏省现行工期定额提前超过 30%，施工企业为缩短工期所发生的费用。如施工过程中，发包人要求实际工期比合同工期提前时，由发承包双方另行约定。

（9）工程按质论价：施工合同约定质量标准超过国家规定，施工企业完成工程质量达到经有权部门鉴定或评定为优质工程所必须增加的施工成本费。

（10）特殊条件下施工增加费：地下不明障碍物、铁路、航空、航运等交通干扰而发生的施工降效费用。

3. 总价措施项目

总价措施项目中，除通用措施项目外，各专业措施项目如下：

（1）建筑与装饰工程。

1）非夜间施工照明：为保证工程施工正常进行，在如地下室、地宫等特殊施工部位施工时所采用的照明设备的安拆、维护、摊销及照明用电等费用。

2）住宅工程分户验收：按《住宅工程质量分户验收规程》（DGJ32/TJ103—2010）的要求对住宅工程进行专门验收（包括蓄水、门窗淋水等）发生的费用。室内空气污染测试不包含在住宅工程分户验收费用中，由建设单位直接委托检测机构完成，建设单位承担费用。

（2）安装工程。

1）非夜间施工照明：为保证工程施工正常进行，在如地下（暗）室、设备及大口径管道内等特殊施工部位施工时所采用的照明设备的安拆、维护及照明用电、通风等费用；在地下（暗）室等施工引起的人工工效降低及由于人工工效降低引起的机械降效等费用。

2）住宅工程分户验收：按《住宅工程质量分户验收规程》（DGJ32/TJ103—2010）的要求对住宅工程安装项目进行专门验收发生的费用。

（3）市政工程。行车、行人干扰：由于施工受行车、行人的干扰导致的人工、机械降效以及为了行车、行人安全而现场增设的维护交通与疏导人员的费用。

（4）仿古建筑及园林绿化工程。

1）非夜间施工照明：为保证工程施工正常进行，仿古建筑工程在地下室、地宫等，园林绿化工程在假山石洞等特殊施工部位施工时所采用的照明设备的安拆、维护及照明用电等。

2）反季节栽植影响措施：因反季节栽植在增加材料、人工、防护、养护、管理等方面采取的种植措施以及保证成活率措施。

江苏省 2014 建设工程费用定额规定，总价措施项目中以费率计算的措施项目有：安全文明施工措施费、夜间施工费，非夜间施工照明、冬雨期施工费，已完工程及设备保护费、临时设施费、赶工措施费、按质论价费、住宅分户验收费。计算基础＝分部分项工程费＋单价措施项目费－工程设备费，费率标准由费用定额规定。其他总价措施项目按项计取，综合单价按实际或可能发生的费用进行计算。

三、其他项目费

其他项目费包括暂列金额、暂估价、计日工和总承包服务费。

1. 暂列金额

暂列金额是指建设单位在工程量清单中暂定并包括在工程合同价款中的一笔款项。用于施工合同签订时尚未确定或不可预见的所需材料、工程设备、服务的采购，施工中可能发生的工程变更、合同约定调整因素出现时的工程价款调整，以及发生的索赔、现场签证确认等费用。由建设单位根据工程特点，按有关计价规定估算；施工过程中由建设单位掌握使用，扣除合同价款调整后如有余额，归建设单位。

（1）已签约合同价中的暂列金额由发包人掌握使用。

（2）发包人按照合同的规定作出支付后，如有剩余，则暂列金额余额归发包人所有。

【例 2-17】（单选）根据《建设工程工程量计价规范》（GB 50500—2013），关于暂列金额的说法，正确的是（　　）。

A. 已签约合同中的暂列金额应由发包人掌握使用

B. 已签约合同中的暂列金额应由承包人掌握使用

C. 发包人按照合同规定将暂列金额作出支付后，剩余金额归承包人所有

D. 发包人按照合同规定将暂列金额作出支付后，剩余金额由发包人和承包人共同所有

【答案】A

【解析】本题考查暂列金额的定义。已签约合同价中的暂列金额由发包人掌握使用。

发包人按照合同的规定作出支付后，如有剩余，则暂列金额余额归发包人所有。

2. 暂估价

暂估价是指建设单位在工程量清单中提供的用于支付必然发生但暂时不能确定价格的材料的单价及专业工程的金额。暂估价包括材料暂估价和专业工程暂估价。其中，材料暂估价在清单综合单价中考虑，不计入暂估价汇总。

（1）依法必须招标的暂估价项目。

第1种方式：对于依法必须招标的暂估价项目，由承包人招标。

1）承包人应当根据施工进度计划，在招标工作启动前14天将招标方案通过监理人报送发包人审查，发包人收到承包人报送的招标方案7天内批准或提出修改意见。承包人应当按照经过发包人批准的招标方案开展招标工作。

2）承包人应当根据施工进度计划，提前14天将招标文件通过监理人报送发包人审批，发包人应当在收到承包人报送的相关文件7天内完成审批或提出修改意见。发包人有权确定招标控制价并参加评标。

3）承包人与供应商、分包人在签订暂估价合同前，应当提前7天将确定的中标候选人的资料报送发包人，发包人应在收到资料后3天内与承包人共同确定中标人。承包人应当在签订合同后7天内，将暂估价合同副本报送发包人留存。

【例2-18】（单选）对于依法必须招标且由承包人进行招标的暂估价项目，以下说法错误的是（　　）。

A. 承包人应当根据施工进度计划，在招标工作启动前14天将招标方案通过监理人报送发包人审查

B. 发包人收到承包人报送的招标方案7天内批准或提出修改意见

C. 承包人与供应商、分包人在签订暂估价合同前，应当提前7天将确定的中标候选人的资料报送发包人

D. 承包人应当在签订合同后14天内，将暂估价合同副本报送发包人留存

【答案】D

【解析】承包人应当在签订合同后7天内，将暂估价合同副本报送发包人留存。

第2种方式：对于依法必须招标的暂估价项目，由发包人和承包人共同招标确定。

承包人应按照施工进度计划，在招标工作启动前14天通知发包人，并提交暂估价招标方案和工作分工。发包人应在收到后7天内确认。确定中标人后，由发包人、承包人与中标人共同签订暂估价合同。

（2）不属于依法必须招标的暂估价项目。

第1种方式：对于不属于依法必须招标的暂估价项目，按本项约定确认和批准：

1）承包人应根据施工进度计划，在签订暂估价项目的采购合同、分包合同前28天向监理人提出书面申请。监理人应当在收到申请后3天内报送发包人，发包人应当在收到申请后14天内给予批准或提出修改意见，发包人逾期未批准或提出修改意见的，视为该书面申请已获得同意。

2）发包人认为承包人确定的供应商、分包人无法满足工程质量或合同要求的，发包人

可以要求承包人重新确定暂估价项目的供应商、分包人。

3）承包人应当在签订暂估价合同后 7 天内，将暂估价合同副本报送发包人留存。

【例2-19】（单选）对于不属于依法必须招标的暂估价项目，以下说法错误的是（　　）。

A．承包人应根据施工进度计划，在签订暂估价项目的采购合同、分包合同前 28 天向监理人提出书面申请

B．发包人应当在收到申请后 7 天内给予批准或提出修改意见

C．发包人认为承包人确定的供应商、分包人无法满足工程质量或合同要求的，发包人可以要求承包人重新确定暂估价项目的供应商、分包人

D．承包人应当在签订暂估价合同后 7 天内，将暂估价合同副本报送发包人留存

【答案】 B

【解析】 发包人应当在收到申请后 14 天内给予批准或提出修改意见。

第 2 种方式：承包人按照"依法必须招标的暂估价项目"约定的"由承包人招标"的方式确定暂估价项目。

第 3 种方式：承包人直接实施的暂估价项目。因发包人原因导致暂估价合同订立和履行迟延的，由此增加的费用和（或）延误的工期由发包人承担，并支付承包人合理的利润。因承包人原因导致暂估价合同订立和履行迟延的，由此增加的费用和（或）延误的工期由承包人承担。

3．计日工

计日工是指在施工过程中，施工企业完成建设单位提出的施工图纸以外的零星项目或工作所需的费用。

4．总承包服务费

总承包服务费是指总承包人为配合、协调建设单位进行的专业工程发包，对建设单位自行采购的材料、工程设备等进行保管以及施工现场管理、竣工资料汇总整理等服务所需的费用。总承包服务范围由建设单位在招标文件中明示，并且发承包双方在施工合同中约定。

四、规费、税金

1．规费

规费是指有权部门规定必须缴纳的费用。

（1）工程排污费：包括废气、污水、固体、扬尘及危险废物和噪声排污费等内容。

（2）社会保险费：企业应为职工缴纳的养老保险、医疗保险、失业保险、工伤保险和生育保险五项社会保障方面的费用。为确保施工企业各类从业人员社会保障权益落到实处，省、市有关部门可根据实际情况制定管理办法。

（3）住房公积金：企业应为职工缴纳的住房公积金。

2．税金

（1）一般计税方法：根据住房和城乡建设部办公厅《关于做好建筑业营改增建设工程

计价依据调整准备工作的通知》(建办标〔2016〕4号)规定的税金定义及包含内容调整为：税金是指根据建筑服务销售价格，按规定税率计算的增值税销项税额。

(2) 简易计税方法："营改增"后，采用简易计税方式的建设工程费用组成中，分部分项工程费、措施项目费、其他项目费的组成，均与《江苏省建设工程费用定额》(2014年)原规定一致，包含增值税可抵扣进项税额。税金定义及包含内容调整为：税金包含增值税应纳税额、城市建设维护税、教育费附加及地方教育附加。

【例2-20】(多选) 江苏省规定实行工程量清单计价工程项目，不可竞争费包括(   )。

A. 现场安全文明施工措施费　　　　B. 临时设施
C. 税金　　　　　　　　　　　　　D. 企业管理费
E. 利润

【答案】AC

【例2-21】(单选) 社会保险费和住房公积金的计算基础是(   )。

A. 定额人工费
B. 定额机械费
C. 定额人工费和定额机械费合计
D. 分部分项工程费

【答案】A

【解析】社会保险费和住房公积金应以定额人工费为计算基础，根据工程所在地省、自治区、直辖市或行业建设主管部门规定的费率计算。

【例2-22】(单选) 建筑安装工程造价内增值税销项税额的计算方法是税前造价乘以增值税销项税额。其中，税前造价为人工费、材料费、机械费、企业管理费、利润、规费之和，对于一般纳税人而言，增值税销项税税率为(   )。

A. 6%　　　　　　　　　　　　　B. 10%
C. 11%　　　　　　　　　　　　　D. 17%

【答案】B

【解析】当采用一般计税方法时，建筑业增值税税率为10%。

【例2-23】某教学楼框架为5层，建筑面积为15 000 m^2，檐口高度为19.5 m，现已知该教学楼分部分项工程费中人工费为120万，材料费为450万，机械费为100万，该工程措施项目费为250万，暂列金额为20万，暂估价为20万元，依据江苏建筑与装饰工程费用计算规则计算工程造价（其中，工程排污费费率为0.1%，社会保障费费率为3%，住房公积金费率为0.5%，税率为3.477%）。

【解】(1) 求分部分项工程费。

管理费 =（人工费 + 机械费）× 管理费费率
　　　 =（120+100）×26%=57.2（万元）

利润 =（人工费 + 机械费）× 利润率
　　 =（120+100）×12%=26.4（万元）

分部分项工程费 = 人工费 + 材料费 + 机械费 + 管理费 + 利润
=120+450+100+57.2+26.4=753.6（万元）

（2）措施项目费 =250（万元）

（3）其他项目费 = 暂列金额 + 暂估价 =40（万元）

（4）规费 =［（1）+（2）+（3）］×（0.1%+3%+0.5%）=37.57（万元）

（5）税金 =［（1）+（2）+（3）+（4）］×3.477%=37.59（万元）

（6）工程造价 =1 118.76（万元）

单方造价 = 工程造价 / 建筑面积 =745.84（元 /m²）

第四节 建筑安装工程费用参考计算方法

一、各费用构成要素参考计算方法

（一）人工费

公式1：
$$人工费 = \Sigma（工日消耗量 \times 日工资单价）$$

$$日工资单价 = \frac{生产工人平均月工资（计时、计件）+ 平均月（资金 + 津贴补贴 + 特殊情况下支付的工资）}{年平均每月法定工作日} \qquad (2-22)$$

注：公式1主要适用施工企业投标报价时自主确定人工费，也是工程造价管理机构编制计价定额确定定额人工单价或发布人工成本信息的参考依据。

公式2：
$$人工费 = \Sigma（工程工日消耗量 \times 日工资单价） \qquad (2-23)$$

日工资单价是指施工企业平均技术熟练程度的生产工 程项目的技术要求，参考实物工程量人工单价综合分析确定，最低日工资单价不得低于工程所在地人力资源和社会保障部门所发布的最低工资标准的：普工1.3倍、一般技工2倍、高级技工3倍。

工程计价定额不可只列一个综合工日单价，应根据工程项目技术要求和工种差别适当划分多种日人工单价，确保各分部工程人工费的合理构成。

注：公式2适用工程造价管理机构编制计价定额时确定定额人工费，是施工企业投标报价的参考依据。

（二）材料费与工程设备费

1. 材料费

$$材料费 = \Sigma（材料消耗量 \times 材料单价） \qquad (2-24)$$

$$材料单价 = \{[(材料原价 + 运杂费) \times [1+ 运输损耗率(\%)]]\} \\ \times [1+ 采购保管费费率(\%)] \quad (2-25)$$

2. 工程设备费

$$工程设备费 = \sum(工程设备量 \times 工程设备单价) \quad (2-26)$$

$$工程设备单价 = (设备原价 + 运杂费) \times [1+ 采购保管费费率(\%)] \quad (2-27)$$

（三）施工机具使用费与仪器仪表使用费

1. 施工机具使用费

施工机具使用费 = $\sum$（施工机械台班消耗量 × 机械台班单价）

机械台班单价 = 台班折旧费 + 台班大修费 + 台班经常修理费 + 台班安拆费及场外运费 + 台班人工费 + 台班燃料动力费 + 台班车船税费

注：工程造价管理机构在确定计价定额中的施工机械使用费时，应根据《建筑施工机械台班费用计算规则》结合市场调查编制施工机械台班单价。施工企业可以参考工程造价管理机构发布的台班单价，自主确定施工机械使用费的报价，如租赁施工机械，公式为：施工机械使用费 = $\sum$（施工机械台班消耗量 × 机械台班租赁单价）。

2. 仪器仪表使用费

仪器仪表使用费 = 工程使用的仪器仪表摊销费 + 维修费

（四）企业管理费费率

（1）以分部分项工程费为计算基础。

$$企业管理费费率（\%）= \frac{生产工人年平均管理费}{年有效施工天数 \times 人工单价} \times 人工费占分部分项工程费比例（\%） \quad (2-28)$$

（2）以人工费和机械费合计为计算基础。

$$企业管理费费率（\%）= \frac{生产工人年平均管理费}{年有效施工天数 \times (人工单价 + 每一工日机械使用费)} \times 100\% \quad (2-29)$$

（3）以人工费为计算基础。

$$企业管理费费率（\%）= \frac{生产工人年平均管理费}{年有效施工天数 \times 人工单价} \times 100\% \quad (2-30)$$

注：上述公式适用施工企业投标报价时自主确定管理费，是工程造价管理机构编制计价定额确定企业管理费的参考依据。

工程造价管理机构在确定计价定额中企业管理费时，应以定额人工费或定额人工费 + 定额机械费作为计算基数，其费率根据历年工程造价积累的资料，辅以调查数据确定，列入分部分项工程和措施项目中。

（五）利润

（1）施工企业根据企业自身需求并结合建筑市场实际自主确定，列入报价中。

(2)工程造价管理机构在确定计价定额中的利润时，应以定额人工费或（定额人工费+定额机械费）作为计算基数，其费率根据历年工程造价积累的资料，并结合建筑市场实际确定，以单位（单项）工程测算，利润在税前建筑安装工程费的比重可按不低于5%且不高于7%的费率计算。利润应列入分部分项工程和措施项目中。

（六）规费

1. 社会保险费和住房公积金

社会保险费和住房公积金应以定额人工费为计算基础，根据工程所在地省、自治区、直辖市或行业建设主管部门规定费率计算。

社会保险费和住房公积金 = ∑（工程定额人工费 × 社会保险费和住房公积金费率） （2-31）

式中，社会保险费和住房公积金费率可以每万元发承包价的生产工人人工费和管理人员工资含量与工程所在地规定的缴纳标准综合分析取定。

2. 工程排污费

工程排污费等其他应列而未列入的规费应按工程所在地环境保护等部门规定的标准缴纳，按实计列入。

（七）税金

税金的计算公式为

$$税金 = 税前造价 \times 综合税税率（\%） \quad (2-32)$$

综合税率：

（1）纳税地点在市区的企业。

$$综合税税率（\%）= \frac{1}{1-3\%-(3\%\times7\%)-(3\%\times3\%)-(3\%\times2\%)} - 1$$

（2）纳税地点在县城、镇的企业。

$$综合税税率（\%）= \frac{1}{1-3\%-(3\%\times5\%)-(3\%\times3\%)-(3\%\times2\%)} - 1$$

（3）纳税地点不在市区、县城、镇的企业。

$$综合税税率（\%）= \frac{1}{1-3\%-(3\%\times1\%)-(3\%\times3\%)-(3\%\times2\%)} - 1$$

（4）实行营业税改增值税的，按纳税地点现行税率计算。

二、建筑安装工程计价参考公式

（一）分部分项工程费

$$分部分项工程费 = \sum（分部分项工程量 \times 综合单价） \quad (2-33)$$

式中，综合单价包括人工费、材料费、施工机具使用费、企业管理费和利润以及一定范围的风险费用（下同）。

【例 2-24】（多选）根据《建设工程工程量清单计价规范》（GB 50500—2013），分部分项工程清单项目的综合单价包括（　　）。

A. 其他项目费　　B. 企业管理费　　C. 规费　　D. 利润　　E. 税金

【答案】 BD

【解析】 综合单价 = 人工费 + 材料费 + 施工机具使用费 + 管理费 + 利润。

（二）措施项目费

（1）国家计量规范规定应予计量的措施项目的计算公式为

$$措施项目费 = \sum (措施项目工程量 \times 综合单价) \qquad (2-34)$$

（2）国家计量规范规定不宜计量的措施项目的计算方法如下：

1）安全文明施工费。

$$安全文明施工费 = 计算基数 \times 安全文明施工费费率（\%） \qquad (2-35)$$

式中，计算基数应为定额基价（定额分部分项工程费 + 定额中可以计量的措施项目费）、定额人工费或（定额人工费 + 定额机械费），其费率由工程造价管理机构根据各专业工程的特点综合确定。

2）夜间施工增加费。

$$夜间施工增加费 = 计算基数 \times 夜间施工增加费费率（\%） \qquad (2-36)$$

3）二次搬运费。

$$二次搬运费 = 计算基数 \times 二次搬运费费率（\%） \qquad (2-37)$$

4）冬雨期施工增加费。

$$冬雨期施工增加费 = 计算基数 \times 冬雨期施工增加费费率（\%） \qquad (2-38)$$

5）已完工程及设备保护费。

$$已完工程及设备保护费 = 计算基数 \times 已完工程及设备保护费费率（\%） \qquad (2-39)$$

上述 2）~ 5）项措施项目的计费基数应为定额人工费或（定额人工费 + 定额机械费），其费率由工程造价管理机构根据各专业工程特点和调查资料综合分析后确定。

【例 2-25】（单选）根据《建筑安装工程费用项目组成》（建标〔2013〕44 号），不可以作为安全文明施工费计算基数的是（　　）。

A. 定额分部分项工程费 + 定额中可以计量的措施项目费

B. 定额人工费

C. 定额人工费 + 定额机械费

D. 定额分部分项工程费 + 定额中可以计量的措施项目费 + 企业管理费

【答案】 D

【解析】 安全文明施工费的计算基数应为定额基价（定额分部分项工程费 + 定额中可以计量的措施项目费）、定额人工费或定额人工费 + 定额机械费，其费率由工程造价管理机构根据各专业工程的特点综合确定。

【例 2-26】（单选）某建筑工程项目的分部分项工程费为 180 万元，其中，人工费为 45 万元，可计量的措施项目费为 65 万元，安全文明施工费以定额基价为计算基础，费率为2.25%，则该项目的安全文明施工费为（　　）万元。

A. 1.46　　　　B. 2.48　　　　C. 4.05　　　　D. 5.51

【答案】D

【解析】安全文明施工费的计算公式为：安全文明施工费＝计算基数×安全文明施工费费率（%）。根据题意，计算基数为定额基价：定额基价＝定额分部分项工程费＋定额中可以计量的措施项目费＝180＋65＝245（万元），安全文明施工费＝245×2.25%＝5.51（万元），故正确选项为D。

【例2-27】（单选）某施工项目分部分项工程费为1 200万元，其中，人工费为450万元，机械费为300万元，可计量的措施项目费为400万元，该施工项目的安全文明施工费以人工费和机械费为计算基础，费率为2%，则该施工项目的安全文明施工费为（　　）万元。

A. 32　　　　B. 24　　　　C. 23　　　　D. 15

【答案】D

【解析】安全文明施工费的计算公式为：安全文明施工费＝计算基数×安全文明施工费费率（%）。式中，计算基数应为定额基价（定额分部分项工程费＋定额中可以计量的措施项目费）、定额人工费或定额人工费＋定额机械费，其费率由工程造价管理机构根据各专业工程的特点综合确定。根据题意，该施工项目的安全文明施工费以人工费和机械费为计算基础，则安全文明施工费＝（人工费＋机械费）×费率＝（450＋300）×2%＝15（万元），故正确选项为D。

（三）其他项目费

（1）暂列金额由建设单位根据工程特点，按有关计价规定估算，施工过程中由建设单位掌握使用、扣除合同价款调整后如有余额，归建设单位。

（2）计日工由建设单位和施工企业按施工过程中的签证计价。

（3）总承包服务费由建设单位在招标控制价中根据总承包服务范围和有关计价规定编制，施工企业投标时自主报价，施工过程中按签约合同价执行。

【例2-28】（单选）在施工过程中，暂列金额由建设单位掌握使用，扣除合同价款调整后如有余额，归（　　）。

A. 建设单位　　B. 施工单位　　C. 监理单位　　D. 总承包单位

【答案】A

【解析】暂列金额由建设单位根据工程特点，按有关计价规定估算，施工过程中由建设单位掌握使用，扣除合同价款调整后如有余额，归建设单位。

（四）规费和税金

建设单位和施工企业均应按照省、自治区、直辖市或行业建设主管部门发布标准计算规费和税金，不得作为竞争性费用。

相关问题的说明如下：

（1）各专业工程计价定额的编制及其计价程序，均按《建筑安装工程费用项目组成》（建标〔2013〕44号）实施。

（2）各专业工程计价定额的使用周期原则上为5年。

（3）工程造价管理机构在定额使用周期内，应及时发布人工、材料、机械台班价格信息，实行工程造价动态管理，如遇国家法律、法规、规章或相关政策变化及建筑市场物价波动较大时，应适时调整定额人工费、定额机械费以及定额基价或规费费率，使建筑安装工程费能反映建筑市场实际。

（4）建设单位在编制招标控制价时，应按照各专业工程的计量规范和计价定额以及工程造价信息编制。

（5）施工企业在使用计价定额时除不可竞争费用外，其余仅作参考，由施工企业投标时自主报价。

【例2-29】某水利枢纽工程所用钢筋从一大型钢厂供应，火车整车运输。普通A3光圆钢筋 $\phi16\sim\phi18$ 占35%，低合金20MnSi螺纹钢筋 $\phi20\sim\phi25$ 占65%。

（1）出厂价见表2-1。

表2-1 出厂价

名称及规格	单位	出厂价/元
A3 ϕ10以下	t	3 250.00
A3 ϕ16～ϕ18		3 150.00
20MnSi ϕ25以外		3 350.00
20MnSi ϕ20～ϕ25		3 400.00

（2）运输方式及距离如图2-5所示。

图2-5 运输方式及距离

（3）运价。

1）铁路。

①铁路（整车100%）。

②运价号：钢筋整车运价号为表2-2中的5号。

表2-2 铁路运价

类别	运价号	发到基价		运行基价	
		单位	标准	单位	标准
整车	4	元/t	6.80	元/(t·km)	0.311
	5	元/t	7.60	元/(t·km)	0.034 8

③铁路建设基金：0.025元/(t·km)，上站费：1.8元/t。

④其他：装载系数为0.9，整车卸车费为1.15元/t。

2）公路。

①汽车运价为 0.55 元 /（t·km）；

②转运站费用为 4.00 元 /t；

③汽车装车费为 2.00 元 /t，卸车费为 1.60 元 /t。

3）运输保险费费率：8‰；

4）毛重系数为 1。

5）钢筋在总仓库和分仓库储存后再根据施工进度运往各施工现场。

计算钢筋预算价格。

【解】（1）材料原价 =3 150.00×35%+3 400.00×65%=3 312.50（元 /t）

（2）运杂费。

1）铁路运杂费：

$$铁路运杂费 =1.80+[7.60+（0.034\ 8+0.025）×490]÷0.9+1.15=43.95（元/t）$$

2）公路运杂费：

$$公路运杂费 =4.00+0.55×（10+8）+（2.00+1.60）×2=21.10（元/t）$$

$$综合运杂费 =（43.95+21.10）×1=65.05（元/t）$$

（3）运输保险费 =3 312.50×8‰ =26.50（元 /t）

（4）钢筋预算价格 =（原价 + 运杂费）×（1+ 采购及保管费费率）+ 运输保险费

$$=（3\ 312.50+65.05）×（1+3\%）+26.50$$

$$=3\ 505.38（元/t）$$

【例 2-30】一辆火车货车车厢标记质量为 50 t，装 2# 岩石铵锑炸药 1 420 箱（每箱装炸药 24 kg，箱重为 0.6 kg）。假定炸药原价为 4 600.00 元 /t（未含 17% 的增值税和 8% 的管理费），需运输 500 km，装、卸车费均为 10.00 元 /t，全部为整车。发到基价为 9.60 元 /t，运行基价为 0.043 7 元 /（t·km），炸药运价在此基础上扩大 50%，运输保险费费率为 8‰。

问题：

计算：（1）计费重量；（2）毛重系数；（3）装载系数；（4）该炸药的预算价格。

【解】（1）该车货物的实际运输重量 =1 420×（24+0.6）/1 000=34.93（t）

（2）毛重系数 = 毛重 ÷ 净重 =（24+0.6）÷24=1.03

（3）装载系数 = 实际运输重量 ÷ 运输车辆标记重量 =34.93÷50=0.70

（4）计算炸药预算价格：

炸药原价 =4 600.00×（1+17%）×（1+8%）=5 812.56（元 /t）

运杂费 =（9.60+0.0 437×500）×（1+50%）/0.7+10.00×2=87.39（元 /t）

运输保险费 =5 812.56×8‰ =46.50（元 /t）

炸药预算价格 =（原价 + 运杂费）×（1+ 采购及保管费费率）+ 运输保险费

$$=（5\ 812.56+87.39×1.03）×（1+3\%）+46.50=6\ 126.15（元/t）$$

【例 2-31】某施工机械出厂价为 120 万元（含增值税），运杂费费率为 5%，残值率为 3%，寿命台时为 10 000 小时，电动机功率为 250 kW，电动机台时电力消耗综合系数为 0.8，中级工为 5.62 元 / 工时，电价为 0.732 元 /（kW·h）。同类型施工机械台时费定额的数据：折旧费为108.10元、修理及替换设备费为44.65元、安装拆卸费为1.38元、中级工为2.4工时。问题：(1)编制该施工机械一类费用；(2)编制该施工机械二类费用；(3)计算该施工机械台时费。

【解】(1)一类费用：

基本折旧费 =1 200 000×(1+5%)×(1-3%)÷10 000=122.22(元)

修理及替换设备费 =122.22÷108.10×44.65=50.48(元)

安装拆卸费 =122.22÷108.10×1.38=1.56(元)

一类费用 =122.22+50.48+1.56=174.26(元)

(2)二类费用：

机上人工费 =2.4×5.62=13.49(元)

动力、燃料消耗费 =250×1.0×0.8×0.732=146.40(元)

二类费用 =13.49+146.40=159.89(元)

(3)该补充施工机械台时费 =174.26+159.89=334.15(元)

第五节 建筑安装工程费用计算程序

一、新文件要求

根据财政部、国家税务总局《关于全面推开营业税改征增值税试点的通知》(财税〔2016〕36号)，江苏省建筑业自2016年5月1日起纳入营业税改征增值税(以下简称"营改增")试点范围。按照住房和城乡建设部办公厅《关于做好建筑业营改增建设工程计价依据调整准备工作的通知》(建办标〔2016〕4号)(以下简称"通知")要求，结合江苏省实际，按照"价税分离"的原则，建筑业实施"营改增"后建设工程计价定额及费用定额调整的有关内容和实施要求通知如下：

(1)本次调整后的建设工程计价依据适用于省行政区域内，合同开工日期为2016年5月1日以后(含2016年5月1日)的建筑和市政基础设施工程发、承包项目(以下简称"建设工程")。合同开工日期以《建筑工程施工许可证》注明的合同开工日期为准；未取得《建筑工程施工许可证》的项目，以承包合同注明的开工日期为准。

本通知调整内容是根据"营改增"的规定和要求修订的，不改变现行清单计价规范和计价定额的作用与适用范围。

(2)按照《关于全面推开营业税改征增值税试点的通知》(财税〔2016〕36号)的要求，"营改增"后，建设工程计价分为一般计税方法和简易计税方法。除清包工工程、甲供工程、合同开工日期在2016年4月30日前的建设工程可采用简易计税方法外，其他一般纳税人提供建筑服务的建设工程，采用一般计税方法。

(3)甲供材料和甲供设备费用不属于承包人销售货物或应税劳务而向发包人收取的全部价款和价外费用范围之内。因此，在计算工程造价时，甲供材料和甲供设备费用应在计取甲供材料和甲供设备的现场保管费后，在税前扣除。

（4）在一般计税方法下，建设工程造价＝税前工程造价×（1+11%），其中，税前工程造价中不包含增值税可抵扣进项税额，即组成建设工程造价的要素价格中，除无增值税可抵扣项的人工费、利润、规费外，材料费、施工机具使用费、管理费均按扣除增值税可抵扣进项税额后的价格（以下简称"除税价格"）计入。由于计费基础发生变化，费用定额中的管理费、利润、总价措施项目费、规费费率需相应调整。

同时，城市建设维护税、教育费附加及地方教育附加不再列入税金项目内，调整放入企业管理费中。

（5）在简易计税方法下，建设工程造价除税金费率、甲供材料和甲供设备费用扣除程序调整外，仍按"营改增"前的计价依据执行。

（6）由于一般计税方法和简易计税方法的建设工程计价口径不同，本通知发布之日后发布招标文件的招投标工程，应在招标文件中明确计税方法；合同开工日期在2016年5月1日以后的非招投标工程，应在施工合同中明确计税方法。对于不属于可采用简易计税方法的建设工程，不能采用简易计税方法。

（7）凡在江苏省行政区域内销售的计价软件，其定额和工料机数据库、计价程序、成果文件均应按本通知要求进行调整。

（8）各级造价管理机构要做好"营改增"后江苏省计价依据调整的宣贯实施工作，并及时调整材料指导价、信息价发布模板和指数指标价格。各级招投标监管机构应及时调整电子评标系统。

（9）2016年4月26日通知发布之日前已经开标的招投标工程或签订施工合同的非招投标工程，且合同开工日期在2016年5月1日以后的，如原投标报价或施工合同中未考虑"营改增"因素，应签订施工合同补充条款，明确"营改增"后的价款调整办法。

本通知发布之日前已经发出招标文件的尚未开标的招投标工程，应发布招标文件补充文件，按"营改增"调整后的计价依据执行。

本通知发布之日后发布招标文件的招投标工程或签订施工合同的非招投标工程，均应按本通知规定按"营改增"调整后的计价依据执行。

二、《江苏省建设工程费用定额》（2014年）营改增后调整内容

（一）建设工程费用组成

1．一般计税方法

（1）根据住房和城乡建设部办公厅《关于做好建筑业营改增建设工程计价依据调整准备工作的通知》（建办标〔2016〕4号）规定的计价依据调整要求，"营改增"后，采用一般计税方法的建设工程费用组成中的分部分项工程费、措施项目费、其他项目费、规费中均不包含增值税可抵扣进项税额。

（2）企业管理费组成内容中增加第（19）条附加税：国家税法规定的应计入建筑安装工程造价内的城市建设维护税、教育费附加及地方教育附加。

(3) 甲供材料和甲供设备费用应在计取现场保管费后，在税前扣除。

(4) 税金的定义及包含内容调整：税金是指根据建筑服务销售价格，按规定税率计算的增值税销项税额。

2．简易计税方法

(1) "营改增"后，采用简易计税方式的建设工程费用组成中，分部分项工程费、措施项目费、其他项目费的组成，均与《江苏省建设工程费用定额》（2014年）原规定一致，包含增值税可抵扣进项税额。

(2) 甲供材料和甲供设备费用应在计取现场保管费后，在税前扣除。

(3) 税金的定义及包含内容调整。税金包含增值税应纳税额、城市建设维护税、教育费附加及地方教育附加。

增值税计算的注意事项如下：

(1) 纳税人销售货物、劳务、有形动产租赁服务或进口货物，税率为16%。

(2) 纳税人销售交通运输、邮政、基础电信、建筑，不动产租赁服务，销售不动产，转让土地使用权，销售或进口以上货物，税率为10%。

(3) 纳税人销售服务、无形资产税率为6%。

(4) 纳税人出口货物，税率为零。但国务院另有规定的除外。

(5) 境内单位和个人跨境销售国务院规定范围内的服务、无形资产，税率为零。

税率的调整由国务院决定。纳税人兼营不同税率的项目，应当分别核算不同税率项目的销售额。未分别核算销售额的，从高适用税率。

增值税的计算方法如图2-6所示。

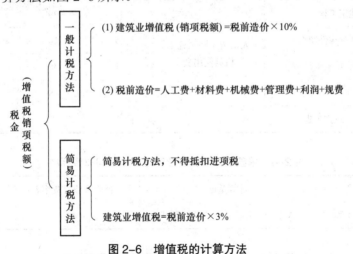

图2-6 增值税的计算方法

【例2-32】（单选）某施工企业（一般纳税人）承包一个工程项目，竣工后算得工程造价为1 000万元（不含税），那么施工企业需缴纳的增值税为（　　）元。

A．110万　　　　　　　B．1 100万

C．100万　　　　　　　D．1 000万

【答案】C

【解析】增值税＝税前造价×10%，则增值税＝1 000×10%=100（万元）。

【例 2-33】（单选）某施工工程人工费为 80 万元，材料费为 140 万元，施工机械使用费为 40 万元，企业管理费以人工费和机械费合计为计算基础，费率为 18%，利润率以人工费为计算基础，费率为 30%，规费为 30 万元，增值税税率为 10%，则该工程的含税造价为（　　）万元。

A. 316　　　　　　　　B. 369
C. 360　　　　　　　　D. 450

【答案】B

【解析】企业管理费以人工费和机械费合计为计算基础，则企业管理费＝（80+40）×18%=21.6（万元）。利润率以人工费为计算基础，则利润=80×30%=24（万元）。含税造价＝（人工费+材料费+机械费+管理费+利润+规费）×（1+增值税税率）＝（80+140+40+21.6+24+30）×（1+10%）=369（万元）。

（二）取费标准调整

1．一般计税方法

（1）企业管理费和利润取费标准见表 2-3～表 2-9。

表 2-3　建筑工程企业管理费和利润取费标准

序号	项目名称	计算基础	企业管理费费率 /%			利润率 /%
			一类工程	二类工程	三类工程	
一	建筑工程	人工费+除税施工机具使用费	32	29	26	12
二	单独预制构件制作		15	13	11	6
三	打预制桩、单独构件吊装		11	9	7	5
四	制作兼打桩		17	15	12	7
五	大型土石方工程		7			4

表 2-4　单独装饰工程企业管理费和利润取费标准

序号	项目名称	计算基础	企业管理费费率 /%	利润率 /%
一	单独装饰工程	人工费+除税施工机具使用费	43	15

表 2-5　安装工程企业管理费和利润取费标准

序号	项目名称	计算基础	企业管理费费率 /%			利润率 /%
			一类工程	二类工程	三类工程	
一	安装工程	人工费	48	44	40	14

表 2-6 市政工程企业管理费和利润取费标准

序号	项目名称	计算基础	企业管理费费率/%			利润率/%
			一类工程	二类工程	三类工程	
一	通用项目、道路、排水工程	人工费+除税施工机具使用费	26	23	20	10
二	桥梁、水工构筑物	人工费+除税施工机具使用费	35	32	29	10
三	给水、燃气与集中供热工程	人工费	45	41	37	13
四	路灯及交通设施工程	人工费		43		13
五	大型土石方工程	人工费+除税施工机具使用费		7		4

表 2-7 仿古建筑及园林绿化工程企业管理费和利润取费标准

序号	项目名称	计算基础	企业管理费费率/%			利润率/%
			一类工程	二类工程	三类工程	
一	仿古建筑工程	人工费+除税施工机具使用费	48	43	38	12
二	园林绿化工程	人工费	29	24	19	14
三	大型土石方工程	人工费+除税施工机具使用费		7		4

表 2-8 房屋修缮工程企业管理费和利润取费标准

序号	项目名称		计算基础/%	企业管理费费率/%	利润率/%
一	修缮工程	建筑工程部分	人工费+除税施工机具使用费	26	12
二		安装工程部分	人工费	44	14
三	单独拆除工程		人工费+除税施工机具使用费	11	5
四	单独加固工程			36	12

表 2-9 城市轨道交通工程企业管理费和利润取费标准

序号	项目名称	计算基础	企业管理费费率/%	利润率/%
一	高架及地面工程	人工费+除税施工机具使用费	34	10
二	隧道工程（明挖法）及地下车站工程		38	11
三	隧道工程（矿山法）		29	10
四	隧道工程（盾构法）		22	9
五	轨道工程		61	13
六	安装工程	人工费	44	14
七	大型土石方工程1	人工费+除税施工机具使用费	9	5
	大型土石方工程2	人工费+除税施工机具使用费	15	6

（2）措施项目费及安全文明施工措施费取费标准见表 2-10、表 2-11。

表 2-10 措施项目费取费标准

项目	计算基础	各专业工程费费率 /%							
		建筑工程	单独装饰	安装工程	市政工程	修缮土建（修缮安装）	仿古（园林）	城市轨道交通	
								土建轨道	安装
临时设施	分部分项工程费+单价措施项目费－除税工程设备费	1～2.3	0.3～1.3	0.6～1.6	1.1～2.2	1.1～2.1（0.6～1.6）	1.6～2.7（0.3～0.8）	0.5～1.6	
赶工措施		0.5～2.1	0.5～2.2	0.5～2.1	0.5～2.2	0.5～2.1	0.5～2.1	0.4～1.3	
按质论价		1～3.1	1.1～3.2	1.1～3.2	0.9～2.7	1.1～2.1	1.1～2.7	0.5～1.3	

注：本表中除临时设施、赶工措施、按质论价费率有调整外，其他费率不变。

表 2-11 安全文明施工措施费取费标准

序号	工程名称		计费基础	基本费费率 /%	省级标化增加费 /%
一	建筑工程	建筑工程	分部分项工程费+单价措施项目费－除税工程设备费	3.1	0.7
		单独构件吊装		1.6	—
		打预制桩/制作兼打桩		1.5/1.8	0.3/0.4
二		单独装饰工程		1.7	0.4
三		安装工程		1.5	0.3
四	市政工程	通用项目、道路、排水工程		1.5	0.4
		桥涵、隧道、水工构筑物		2.2	0.5
		给水、燃气与集中供热工程		1.2	0.3
		路灯及交通设施工程		1.2	0.3
五		仿古建筑工程		2.7	0.5
六		园林绿化工程		1.0	—
七		修缮工程		1.5	—
八	城市轨道交通工程	土建工程		1.9	0.4
		轨道工程		1.3	0.2
		安装工程		1.4	0.3
九		大型土石方工程		1.5	—

（3）其他项目取费标准。暂列金额、暂估价、总承包服务费中均不包括增值税可抵扣进项税额。

（4）规费取费标准见表 2-12。

表 2-12 社会保险费及公积金取费标准

序号	工程类别		计算基础	社会保险费费率/%	公积金费率/%
一	建筑工程	建筑工程	分部分项工程费＋措施项目费＋其他项目费－除税工程设备费	3.2	0.53
		单独预制构件制作、单独构件吊装、打预制桩、制作兼打桩		1.3	0.24
		人工挖孔桩		3	0.53
二	单独装饰工程			2.4	0.42
三	安装工程			2.4	0.42
四	市政工程	通用项目、道路、排水工程		2.0	0.34
		桥涵、隧道、水工构筑物		2.7	0.47
		给水、燃气与集中供热、路灯及交通设施工程		2.1	0.37
五	仿古建筑与园林绿化工程			3.3	0.55
六	修缮工程			3.8	0.67
七	单独加固工程			3.4	0.61
八	城市轨道交通工程	土建工程		2.7	0.47
		隧道工程（盾构法）		2.0	0.33
		轨道工程		2.4	0.38
		安装工程		2.4	0.42
九	大型土石方工程			1.3	0.24

（5）税金计算标准及有关规定。税金以除税工程造价为计取基础，费率为11%。

2．简易计税方法

税金包括增值税应缴纳税额、城市建设维护税、教育费附加及地方教育附加。

（1）增值税应缴纳税额＝包含增值税可抵扣进项税额的税前工程造价×适用税率。税率为3%。

（2）城市建设维护税＝增值税应纳税额×适用税率。税率：市区为7%、县镇为5%、乡村为1%。

（3）教育费附加＝增值税应纳税额×适用税率。税率为3%。

（4）地方教育附加＝增值税应纳税额×适用税率。税率为2%。

以上四项合计，以包含增值税可抵扣进项税额的税前工程造价为计费基础，税金费率：市区为3.36%、县镇为3.30%、乡村为3.18%。如各市另有规定的，按各市规定计取。

三、计算程序

1．一般计税方法

一般计税方法计算程序见表2-13。

表 2-13 一般计税方法计算程序（包工包料）

序号	费用名称		计算公式
一	分部分项工程费		清单工程量×除税综合单价
	其中	1. 人工费	人工消耗量×人工单价
		2. 材料费	材料消耗量×除税材料单价
		3. 施工机具使用费	机械消耗量×除税机械单价
		4. 管理费	（1+3）×费率或（1）×费率
		5. 利润	（1+3）×费率或（1）×费率
二	措施项目费		
	其中	单价措施项目	清单工程量×除税综合单价
		总价措施项目	（分部分项工程费＋单价措施项目费－除税工程设备费）×费率或以项计费
三	其他项目费		
四	规费		
	其中	1. 工程排污费	（一＋二＋三－除税工程设备费）×费率
		2. 社会保险费	
		3. 住房公积金	
五	税金		[一＋二＋三＋四－（除税甲供材料费＋除税甲供设备费）/1.01]×费率
六	工程造价		一＋二＋三＋四－（除税甲供材料费＋除税甲供设备费）/1.01＋五

2. 简易计税方法

包工不包料工程（清包工工程）可按简易计税方法计税。原计费程序不变。

【**例 2-34**】某施工工程为三类工程，人工费为 80 万元，材料费为 140 万元，施工机具使用费为 40 万元，企业管理费及利润以人工费和机械费合计为计算基础，规费为 30 万元，增值税税率为 10%，则该工程的含税造价是多少？

【**解**】因为该工程是三类工程，

所以，企业管理费费率为 26%，利润率为 12%。

管理费 =（80+40）×26%
　　　 =31.2（万元）

利润 =（80+40）×12%
　　　=14.4（万元）

分部分项工程费 =80 +140 +40 +31.2 +14.4
　　　　　　　 =305.6（万元）

税金 =（305.6+30）×10%
　　　=33.56（万元）

含税造价 =305.6+33.56 +30
　　　　 =369.16（万元）

第六节　工程建设其他费用组成

工程建设其他费用是应在建设项目的建设投资中开支的固定资产其他费用、无形资产费用和其他资产费用（递延资产）。

工程建设其他费用是指从工程筹建起到工程竣工验收交付使用为止的整个建设期间，除建筑安装工程费用和设备、工器具购置费用以外的，为保证工程顺利完成和交付使用后能够正常发挥效用而发生的各项费用。

一、固定资产其他费用

（一）建设管理费

建设管理费是指建设单位从项目筹建开始直至工程竣工验收合格或交付使用为止发生的项目建设管理费用。建设管理费内容包括建设单位管理费和工程监理费。

1. 建设单位管理费

建设单位管理费是指建设单位发生的管理性质的开支。建设单位管理费包括工作人员工资、工资性补贴、施工现场津贴、职工福利费、住房公基金、基本养老保险费、基本医疗保险费、失业保险费、工伤保险费、办公费、差旅交通费、劳动保护费、工具用具使用费、固定资产使用费、必要的办公及生活用品购置费、必要的通信设备及交通工具购置费、零星固定资产购置费、招募生产工人费、技术图书资料费、业务招待费、设计审查费、工程招标费、合同契约公证费、法律顾问费、咨询费、完工清理费、竣工验收费、印花税和其他管理性质开支。如建设管理采用总承包方式，其总承包管理费由建设单位与总承包单位根据总承包工作范围在合同中商定，从建设管理费中支出。建设单位管理费的计算公式如下：

$$建设单位管理费 = 工程费用 \times 建设单位管理费费率 \qquad (2-40)$$

2. 工程监理费

工程监理费是指建设单位委托工程监理单位实施工程监理的费用。

由于工程监理是受建设单位委托的工程建设技术服务，属建设管理范畴。如采用监理，则建设单位部分管理工作量转移至监理单位。工程监理费应根据委托的监理工作范围和监理深度在监理合同中商定或按当地或所属行业部门有关规定进行计算。

（二）可行性研究费

可行性研究费是指在建设项目前期工作中，编制和评估项目建议书（或预可行性研究报告）、可行性研究报告所需的费用。

（三）研究试验费

研究试验费是指为本建设项目提供或验证设计数据、资料等进行必要的研究试验，以及按照设计规定在建设过程中必须进行试验、验证所需的费用。研究试验费按照研究试验内容和要求进行编制。

研究试验费不包括以下项目：

（1）应由科技三项费用（新产品试制费、中间试验费和重要科学研究补助费）开支的项目。

（2）应在建设安装费用中列支的施工企业对建筑材料、构件和建筑物进行一般鉴定、检查所发生的费用及技术革新的研究试验费。

（3）应由勘察设计费或工程费用中开支的项目。

（四）勘察设计费

勘察设计费是指委托勘察设计单位进行工程水文地质勘察、工程设计所发生的各项费用。包括：

（1）工程勘察费。

（2）初步设计费（基础设计费）、施工图设计费（详细设计费）。

（3）设计模型制作费。

（五）环境影响评价费

环境影响评价费是指按照《中华人民共和国环境保护法》《中华人民共和国环境影响评价法》等规定，为全面、详细评价本建设项目对环境可能产生的污染或造成的重大影响所需的费用。其包括编制环境影响报告书（含大纲）、环境影响报告表和评估环境影响报告书（含大纲）、评估环境影响报告表等所需的费用。

（六）劳动安全卫生评价费

劳动安全卫生评价费是为预测和分析建设项目存在的职业危险、危险因素的种类和危险危害程度，并提出先进、科学、合理可行的劳动安全卫生技术和管理对策所需的费用。其包括编制建设项目劳动安全卫生预评价大纲和劳动安全卫生预评价报告书，以及为编制上述文件所进行的工程分析和环境现状调查所需的费用。

劳动安全卫生评价费依据劳动安全卫生预评价委托合同计列，或按照建设项目所在省（市、自治区）劳动行政部门规定的标准进行计算。

（七）场地准备及临时设施费

场地准备及临时设施费是指建设场地准备费和建设单位临时设施费。

1．建设场地准备费

建设场地准备费是指建设项目为达到工程开工条件所发生的场地平整和对建设场地余留的有碍于施工建设的设施进行拆除清理的费用。

2．建设单位临时设施费

建设单位临时设施费是指为满足施工建设需要而供到场地界区的、未列入工程费用的临时水、电、路、信、气等其他工程费用和建设单位的现场临时建（构）筑的搭设、维修、拆除、摊销或建设期间租赁费用，以及施工期间专用公路或桥梁的加固、养护、维修等费用。此项费用不包括已列入建筑安装工程费用中的施工单位临时设施费用。场地准备及临时设施应尽量与永久性工程统一考虑。建设场地的大型土石方工程应计入工程费用中的总图运输费用中。

新建项目的场地准备和临时设施费应根据实际工程量估算，或按工程费用的比例计算。改扩建项目一般只计拆除清理费。

$$\text{场地准备和临时设施费} = \text{工程费用} \times \text{费率} + \text{拆除清理费} \qquad (2\text{-}41)$$

发生拆除清理费时，可按新建同类工程造价或主材费、设备费的比例计算。凡可回收材料的拆除工程采用以料抵工方式冲抵拆除清理费。

（八）引进技术和进口设备其他费

引进技术和进口设备其他费是指引进技术和设备发生的未计入设备费的费用。其内容包括以下几个方面。

（1）出国人员费用，是指为引进技术和进口设备派出人员在国外培训和设计联络、设备检验等的差旅费、制装费、生活费等。这项费用根据设计规定的出国培训和工作的人数、时间及派往国家，按财政部、外交部规定的临时出国人员费用开支标准及中国民用航空公司现行国际航线票价等进行计算，其中，使用外汇部分应计算银行财务费用。

（2）国外工程技术人员来华费用，是指为安装进口设备、引进国外技术而聘用外国工程技术人员进行技术指导工作所发生的费用，包括技术服务费、外国技术人员的在华工资、生活补贴、差旅费、医药费、住宿费、交通费、宴请费、参观游览等招待费用。这项费用按每人每月费用指标进行计算。

（3）技术引进费，是指为引进国外先进技术而支付的费用，包括专利费、专有技术费（技术保密费）、国外设计及技术资料费、计算机软件费等。这项费用根据合同或协议的约定计算。

（4）分期或延期付款利息，是指利用出口信贷引进技术或进口设备采取分期或延期付款的办法所支付的利息。

（5）担保费，是指国内金融机构为买方出具保函的担保费。这项费用按有关金融机构规定的担保费费率（一般可按承保金额的 0.5%）进行计算。

（6）进口设备检验鉴定费，是指进口设备按规定付给商品检验部门的进口设备检验鉴定费。这项费用按进口设备货价的 0.3%～0.5% 进行计算。

（九）工程保险费

工程保险费是指建设项目在建设期间根据需要对建筑工程、安装工程、机器设备和人身安全进行投保而发生的保险费用。工程保险费包括建筑安装工程一切险、引进设备财产保险和人身意外伤害险等。工程保险费不包括已列入施工企业管理费中的施工管理用财产、车辆保险费。不投保的工程不计取此项费用。

不同的建设项目可根据工程特点选择投保险种,根据投保合同计列保险费用。编制投资估算和概算时可按工程费用的比例进行估算。

(十)联合试运转费

联合试运转费是指新建项目或新增加生产能力的工程,在交付生产前按照批准的设计文件所规定的工程质量标准和技术要求,进行整个生产线或装置的负荷联合试运转或局部联动试车所发生的费用净支出(试运转支出大于收入的差额部分费用)。试运转支出包括试运转所需原材料、燃料及动力消耗、低值易耗品、其他物料消耗、工具用具使用费、机械使用费、保险金、施工单位参加试运转人员工资及专家指导费等;试运转收入包括试运转期间的产品销售收入和其他收入。

联合试运转费不包括应由设备安装工程费用开支的调试及试车费用,以及在试运转中暴露出来的因施工原因或设备缺陷等发生的处理费用。

(十一)特殊设备安全监督检验费

特殊设备安全监督检验费是指在施工现场组装的锅炉及压力容器、压力管道、消防设备、燃气设备、电梯等特殊设备和设施,由安全监察部门按照有关安全监察条例和实施细则及设计技术要求进行安全检验,应由建设项目支付的、向安全监察部门缴纳的费用。

(十二)市政公用设施建设及绿化补偿费

市政公用设施建设及绿化补偿费是指使用市政公用设施的建设项目,按照项目所在地省一级人民政府有关规定建设或缴纳的市政公用设施建设配套费用,以及绿化工程补偿费用。按工程所在地人民政府规定标准计列,不发生或按规定免征项目不计取。

二、无形资产费用

(一)土地使用费

土地使用费是指按照《中华人民共和国土地管理法》(2004年修正)等规定建设项目,征用土地或租用土地应支付的费用。

土地使用费是指通过划拨方式取得土地使用权而支付的土地征用及迁移的补偿费,或者通过土地使用权出让方式取得土地使用权而支付的土地使用权出让金。

(二)土地征用及迁移补偿费

土地征用及迁移补偿费是指建设项目通过划拨方式取得有限期的土地使用权。

依照《中华人民共和国土地管理法》(2004年修正)等规定所支付的费用。其内容包括土地补偿费、安置补助费、地上附着物和青苗的补偿费、新菜地开发建设基金等。

1. 土地补偿费

土地补偿费是指建设用地单位取得土地使用权时,向土地集体所有单位支付有关开发、投入的补偿。土地补偿费标准同土地质量及年产值有关,根据规定,征收耕地的土地补偿费为该耕地被征收前三年平均产值的 6～10 倍。征收其他土地的土地补偿费，由省、自治区、直辖市参照征收耕地的土地补偿费的标准规定。

2．安置补助费

安置补助费是指用地单位向被征地单位支付的为安置好以土地为主要生产资料的农业人口生产、生活所需的补助费用。征用耕地的安置补助费按照需要安置的农业人口计算。需要安置的农业人口数按照被征用的耕地数量除以征地前被征用单位平均每人占有耕地的数量计算。每一个需要安置的农业人口的安置补助费标准为该耕地被征用前三年平均年产值的 4～6 倍。但是，每公顷被征用耕地的安置补助费最高不得超过被征用前三年平均年产值的 15 倍。

3．地上附着物和青苗的补偿费

地上附着物和青苗的补偿费标准，由省、自治区、直辖市规定。

4．新菜地开发建设基金

新菜地开发建设基金是指为了稳定菜地面积，保证城市居民吃菜，加强菜地开发建设，土地行政主管部门在办理征用城市郊区连续三年以上常年种菜的集体所有商品菜地和精养鱼塘征地手续时，向建设用地单位收取的用于开发、补充、建设新菜地的专项费用。

（三）土地使用权出让金

土地使用权出让金是指建设项目通过土地使用权出让方式，取得有限期的土地使用权，依照《中华人民共和国城镇国有土地使用权出让和转让暂行条例》规定，支付的土地使用权出让金。

（1）城市土地可采用协议、招标、公开拍卖等方式出让和转让。

1）协议方式适用于市政工程、公益事业用地，以及需要减免地价的机关、部队用地和需要重点扶持、优先发展的产业用地。

2）招标方式适用于一般工程建设用地。

3）公开拍卖方式适用于盈利高的行业用地。

（2）关于政府有偿出让土地使用权的年限，各地可根据时间、区位等各种条件作不同的规定，一般为 30～70 年。按照地面附属建筑物的折旧年限来看，以 50 年为宜。

三、其他资产费用（递延资产）

（一）生产准备及开办费

生产准备及开办费是指建设项目为保证正常生产（或营业、使用）而发生的人员培训费、提前进场费，投资使用必备的生产办公、生活家具用具及工、器具等购置费用。

（1）人员培训费、提前进场费。包括自行组织培训或委托其他单位培训的人员工资、工资性补贴、职工福利费、差旅交通费、劳动保护费、学习资料费等。

（2）为保证初期正常生产（或营业、使用）所必需的生产办公、生活家具用具及工、器具等购置费。

（3）为保证初期正常生产（或营业、使用）所必需的第一套不够固定资产标准的生产工具、器具、用具购置费，不包括备品备件费。

新建项目按设计定员为基数进行计算，改扩建项目按新增设计定员为基数进行计算，即

$$生产准备费 = 设计定员 \times 生产准备费指标（元/人） \qquad (2-42)$$

可采用综合的生产准备费指标进行计算，也可按费用内容的分类指标进行计算。

一般建设项目很少发生或一些具有明显行业特征的工程建设其他费用项目，如移民安置费、水资源费、水土保持评价费、地震安全性评价费、地质灾害危险性评价费、河道占用补偿费、超限设备运输特殊措施费、航道维护费、植被恢复费、种质检测费、引种测试费等，各省（市、自治区）、各部门可在实施办法中补充。

（二）生产准备费

生产准备费是指新建企业或新增生产能力的企业，为保证竣工交付使用进行必要的生产准备所发生的费用，与未来企业生产经营有关。其费用内容包括：

（1）生产人员培训费，包括自行培训、委托其他单位培训的人员的工资、工资性补贴、职工福利费、差旅交通费、学习资料费、学习费、劳动保护费等。

（2）生产单位提前进场参加施工、设备安装、调试及熟悉工艺流程、设备性能等人员的工资、工资性补贴、职工福利费、差旅交通费、劳动保护费等。

生产准备费一般根据需要培训和提前进厂人员的人数及培训时间按生产准备费指标进行估算。

【例2-35】（多选）工程建设其他费用是指从工程筹建起到工程竣工验收交付使用止的整个建设周期除（　　）以外的，为保证工程建设顺利完成和交付使用后能够正常发挥效用而发生的各项费用。

A．勘察设计费
B．建筑安装工程费
C．设备费
D．建设单位管理费
E．工器具购置费

【答案】BCE

第七节　预备费、建设期利息、铺底流动资金

一、预备费

按我国现行规定，预备费包括基本预备费和价差预备费。

1．基本预备费

基本预备费是在项目实施中可能发生难以预料的支出，需要预先预留的费用，又称不

可预见费。基本预备费主要是指设计变更及施工过程中可能增加工程量的费用。其计算公式如下：

基本预备费 =（设备及工器具购置费 + 建筑安装工程费 + 工程建设其他费用）×
基本预备费费率（%） (2-43)

2．价差预备费

价差预备费是指建设项目在建设初期由于价格等变化引起投资增加，需要事先预留的费用，即工程建设项目在建设期内利率、汇率或价格等因素的变化而预留的可能增加的费用。其包括建设项目在建设期内人工、设备、材料、施工机械价格和国家各省级政府发布的费率、利率、汇率调整等变化而引起工程造价变化的预测预留费用。

价差预备费以建筑安装工程费、设备工器具购置费之和为计算基数。其计算公式如下：

$$PC=\sum_{t=1}^{n} I_t [(1+f)-1] \quad (2-44)$$

式中　PC——价差预备费；
I_t——第 t 年的建筑安装工程费、设备及工器具购置费之和；
n——建设期；
f——建设期价格上涨指数。

二、建设期利息

建设期利息是指项目借款在建设期内发生并计入固定资产的利息。为了简化计算，在编制投资估算时通常假定借款均在每年的年中支用，借款第一年按半年计息，其余各年份按全年计息。其计算公式为

各年应计利息 =（年初借款本息累计 + 本年借款额 /2）× 年利率 (2-45)

【例 2-36】某新建项目，建设期为 3 年，共向银行贷款 1 300 万元，贷款时间：第一年为 300 万元，第二年为 600 万元，第三年为 400 万元。其年利率为 6%，计算建设期利息。

【解】在建设期，各年利息计算如下：

第一年应计利息 =1/2×300×6%=9（万元）

第二年应计利息 =（300+9+1/2×600）×6%=36.54（万元）

第三年应计利息 =（300+9+600+36.54+1/2×400）×6%=68.73（万元）

建设期利息总和 =9+36.54+68.73=114.27（万元）

三、铺底流动资金

铺底流动资金是指生产性建设项目为了保证生产和经营正常进行，按其所需流动资金的 30% 作为铺底流动资金计入建设项目总概算。竣工投产后计入生产流动资金，但不构成建设项目总造价。

【例 2-37】某建设项目在建设初期的建筑安装工程费和设备工、器具购置费为 45 000

万元。按本项目实施进度计划，项目建设期为3年，投资分年使用比例：第一年为25%，第二年为55%，第三年为20%，建设期内预计年平均价格总水平上涨率为5%。建设期贷款利息为395万元，建设项目其他费用为3 860万元，基本预备费费率为10%。试估算该项目的建设投资。

【解】（1）计算项目的涨价预备费：
第一年年末的涨价预备费 =45 000×25%×［（1+0.05）-1］=562.5（万元）
第二年年末的涨价预备费 =45 000×55%×［（1+0.05）×2-1］=2 549.25（万元）
第三年年末的涨价预备费 =45 000×20%×［（1+0.05）×3-1］=1 422（万元）
该项目建设期的涨价预备费 =562.5+2 549.25+1 422=4 533.75（万元）
（2）计算项目的建设投资：
建设投资 = 静态投资 + 建设期贷款利息 + 涨价预备费
 =（45 000+3 860）×（1+10%）+1 395+4 533.72=59 674.72（万元）

思考题

1. 简述我国现行建设项目投资构成。
2. 简述设备购置费用构成。
3. 简述建筑安装工程费用的构成。
4. 简述工程建设其他费用的构成。
5. 工程造价控制的重点阶段是哪个阶段？
6. 分部分项工程费的费用组成有哪些？如何计算？
7. 14 费用定额中措施项目费组成有哪些？如何取费？
8. 建筑工程费用的分类有哪些？
9. 工程类别划分指标如何设置？
10. 建筑与装饰工程造价计算程序（包工包料、包工不包料）是什么？

第三章

工程估价依据

第一节 建设工程定额概述

工程建设定额的
概念

一、建设工程定额的概念

建设工程定额是指在正常的生产建设条件下,完成单位合格建设工程产品所需人工、材料、机械等生产要素消耗的数量标准。

在理解建设工程定额的概念时,必须注意以下几个问题:

(1)建设工程定额属于生产消费定额的性质。建设工程是物质资料的生产过程,而物质资料的生产过程必然也是生产的消费过程。一个工程项目的建成,无论是新建、改建、扩建,还是恢复工程,都要消耗大量的人力、物力和财力,而工程建设定额所反映的正是在一定的生产力发展水平条件下,完成建设工程产品与相应生产消费之间的特定的数量关系。不同的产品有不同的质量要求,不能把定额看成单纯的数量关系,而应看成是质量和安全的统一体。只有考察总体生产过程中的各生产因素,归结出社会平均必需的数量标准,才能形成定额。

建设工程产品与相应生产消费之间的特定的数量关系,一经定额编制部门的确定,即成为建设工程中生产消费的限量标准。这种限量标准,一方面是定额编制部门对建设工程的实施单位在生产效率方面的一种要求;另一方面也是建设工程的管理单位用来编制工程建设计划、考核和评价建设工程成果的重要标准。

(2)建设工程定额的定额水平,必须与当时的生产力发展水平相适应。定额水平是规定在单位产品上消耗的劳动、机械和材料数量的多少,是指按照一定施工程序和工艺条件下规定的施工生产中活劳动和物化劳动的消耗水平。定额水平受一定的生产力发展水平的制约,一般来说,生产力发展水平高,则生产效率高,生产过程中的消耗就少,定额所规定的生产要素消耗量应相应地降低,称为定额水平高;反之,生产力发展水平低,则生产效率低,生产过程中的消耗就多,定额所规定的生产要素消耗量应相应地提高,称为定额水平低。在确定定额水平时,要考虑社会平均先进水平和社会平均水平两个因素。社会平均先进水平是指在正常生产条件下，大多数人经过努力能达到和超过，少数人可以接近的水平。一般而言，企业的施工定额应达到社会平均先进水平。预算定额则按照生产过程中所消耗的社会必要劳动时间确定定额水平，其水平以施工定额水平为基础。

建设工程定额的定额水平必须如实地反映当时的生产力发展水平，反映现实的生产效率水平。或者说，建设工程定额所规定的生产要素消耗的数量是在一定的生产力发展水平、一定的生产效率水平条件下的限量标准。定额不是一成不变的。

（3）建设工程定额所规定的生产要素消耗量，是指完成单位合格建设工程产品所需消耗生产要素的限量标准。这里所谓的工程建设产品是一个笼统的概念，是一种假设产品，其含义随不同的定额而改变，它可以指整个工程项目的建设过程，也可以指工程施工中的某个阶段，甚至可以指某个施工作业过程或某个施工工艺环节。一般来说，将工程建设产品称为建设工程定额的标定对象，不同的建设工程定额有不同的标定对象。

（4）建设工程定额反映的生产要素消耗量的内容包括为完成该工程建设产品的生产任务所需的所有消耗。建设工程是一项物质生产活动，为完成物质生产过程必须形成有效的生产能力，而生产能力的形成必须消耗劳动力、劳动对象和劳动工具，反映在工程建设过程中，即为人工、材料和机械三种消耗。

二、建设工程定额的作用

（1）在建设工程中，定额具有节约社会劳动和提高生产效率的作用。一方面，企业以定额作为促进工人节约社会劳动（工作时间、原材料等）和提高劳动效率、加快工作速度的手段，以增加市场竞争能力，获取更多的利润；另一方面，作为工程造价计算依据的各类定额，又促使企业加强管理——把社会劳动的消耗控制在合理的限度内。另外，作为项目决策依据的定额指标，又在更高的层次上促使项目投资者合理而有效地利用和分配社会劳动。这都证明了定额在建设工程中节约社会劳动和优化资源配置的作用。

（2）定额有利于建筑市场公平竞争。定额所提供的准确的信息为市场需求主体和供给主体之间的竞争，以及供给主体和供给主体之间的公平竞争，提供了有利条件。

（3）定额是对市场行为的规范。定额既是投资决策的依据，又是价格决策的依据，对于投资者来说，它除可以利用定额权衡自己的财务状况和支付能力，预测资金投入和预期回报外，还可以充分利用有关定额的大量信息，有效地提高其项目决策的科学性，优化其投资行为。对于承包商来说，企业在投标报价时，要考虑定额的构成，作出正确的价格决策，形成市场竞争优势，才能获得更多的工程合同。可见，定额规范了市场的经济行为。

（4）建设工程定额有利于完善市场的信息系统。定额管理是对大量市场信息的加工，也是对市场大量信息进行传递，同时也是市场信息的反馈。信息是市场体系中不可或缺的要素，它的指导性、标准性和灵敏性是市场成熟和市场效率的标志。在我国，以定额的形式建立和完善市场信息系统，具有以公有制经济为主体的社会主义市场经济的特色。

第二节　工程定额体系

工程定额体系涵盖了不同内容、编制程序、专业性质和用途的工程定额。各类建设工程的性质、内容和实物形态有其差异性，建设和管理的内容和要求也不同，工程管理中使用的定额种类也就各有差异。可以按照不同的原则和方法进行科学分类。

一、按管理权限分类

（1）全国统一定额。由国家建设行政主管部门综合全国工程建设的技术和施工组织管理水平编制，并在全国范围内执行的定额，如全国统一建筑工程基础定额、全国统一安装工程预算定额等。

（2）行业统一定额。由国务院行业行政主管部门制定发布的，一般只在本行业和相同专业性质的范围内使用，如冶金工程定额、水利工程定额等。

（3）地区统一定额。由省、自治区、直辖市建设行政主管部门制定发布的，在规定的地区范围内使用。一般考虑各地区不同的气候条件、资源条件、建设技术与施工管理水平等因素来编制。

（4）补充定额。随着新材料、新技术、新工艺和生产力水平的发展，现行定额不能满足实际需要的情况下，有关部门为了补充现行定额中变化和缺项部分而进行修改、调整和补充制定的定额。

（5）企业定额。由施工企业根据自身的管理水平、技术水平等情况制定的，只在企业内部使用，企业定额水平一般应高于国家和地区的现行定额。

二、按生产要素内容分类

（1）劳动消耗定额，简称劳动定额。劳动消耗定额是完成一定的合格产品（工程实体或劳务）规定活劳动消耗的数量标准。为了便于综合和核算，劳动定额大多采用工作时间消耗量来计算劳动消耗的数量。所以，劳动定额的主要表现形式是人工时间定额，但同时也表现为产量定额。

（2）机械台班消耗定额。我国机械消耗定额是以一台机械一个工作班为计量单位，所以又称为机械台班定额。机械消耗定额是指为完成一定合格产品（工程实体或劳务）所规定的施工机械消耗的数量标准。机械消耗定额的主要表现形式是机械时间定额，但同时也以产量定额表现。

（3）材料消耗定额，也称材料定额。材料消耗定额是指完成一定合格产品所需消耗材料的数量标准。材料是工程建设中使用的原材料、成品、半成品、构配件、燃料及水、电等资源的统称。材料作为劳动对象构成工程的实体，需用数量很大，种类繁多。因此，材料消耗量多少，消耗是否合理，不仅关系到资源的有效利用，影响市场供求状况，而且对建设工程的项目投资、建筑产品的成本控制都起着决定性影响。

三、按编制程序和用途分类

1. 施工定额

施工定额是以同一性质的施工过程为标定对象，表示生产产品数量与生产要素消耗综合关系的定额，由人工定额、材料消耗定额和机械台班定额所组成。

施工定额是建筑安装施工企业进行施工组织、成本管理、经济核算和投标报价的重要依据，属于企业定额性质。施工定额直接应用于施工项目的施工管理，用来编制施工作业计划、签发施工任务单、签发限额领料单、结算计价工资或计量奖励工资等。为了适应组织生产和管理的需要，施工定额的项目划分很细，是工程建设定额中分项最细、定额子目最多的一种定额，也是工程建设定额中的基础性定额。施工定额和施工生产结合紧密，施工定额的定额水平反映企业施工生产与组织的技术水平和管理水平。在预算定额的编制过程中，施工定额的劳动、机械、材料消耗的数量标准是计算预算定额中劳动、机械、材料消耗数量标准的重要依据。

2. 预算定额

预算定额是完成规定计量单位分项工程计价的人工、材料和机械台班消耗的数量标准。这是在编制施工图预算时，计算工程造价和计算工程中劳动、机械台班、材料需要量所使用的定额。预算定额主要是在施工定额的基础上进行综合扩大编制而成，其中的人工、材料和机械台班的消耗水平根据施工定额综合取定，定额项目的综合程度大于施工定额。预算定额是编制施工图预算的主要依据，是编制单位估价表确定工程造价、控制建设工程投资的基础和依据。预算定额是一种计价性的定额，在工程建设定额中占有很重要的地位。

与施工定额相比，预算定额是社会性的，而施工定额则是企业性的。

3. 概算定额

概算定额是以扩大的分部分项工程为对象编制的规定人工、材料和机械台班消耗的数量标准，是以预算定额为基础编制而成的。概算定额是编制初步设计概算的主要依据是确定建设工程投资的重要基础和依据。它的项目划分粗细与扩大初步设计的深度相适应。它一般是预算定额的综合扩大。

4. 概算指标

概算指标一般是以整个工程为对象，为更为扩大的计量单位规定所需要的人工、材料和机械台班的数量标准。概算指标的设定与初步设计深度相适应，以概算定额或预算定额为编制基础，比概算定额更加综合扩大，是编制与设计图纸深度相对应的设计概算的依据。概算指标是控制项目投资的有效工具，它所提供的数据也是计划工作的依据和参考。

5. 投资估算指标

投资估算指标通常是在项目建议书和可行性研究阶段编制投资估算、计算投资需要量时使用的一种定额,是项目建议书可行性研究阶段编制建设项目投资估算的主要依据。它非常概略,往往以独立的单项工程或完整的工程项目为计算对象。它的概略程度与可行性研究阶段相适应。投资估算指标往往根据历史的预、决算资料和价格变动等资料编制,但其编制基础仍然离不开预算定额、概算定额。

施工定额、预算定额、概算定额、概算指标、投资估算指标的对比,见表3-1。

表 3-1 五种定额或指标的对比

项目	施工定额	预算定额	概算定额	概算指标	投资估算指标
对象	施工过程或基本程序	分项工程和结构构件	扩大的分项工程或扩大的结构构件	单位工程	建设项目、单项工程、单位工程
用途	编制施工预算	编制施工图预算	编制扩大初步设计概算	编制初步设计概算	编制投资估算
项目划分	最细	细	较粗	粗	很粗
定额水平	平均先进	平均			
定额性质	生产性定额	计价性定额			

建设工程定额的分类如图3-1所示。

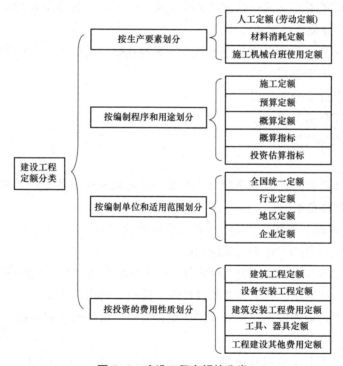

图 3-1 建设工程定额的分类

【例 3-1】(单选)下列不属于按投资的费用性质分类的是( )。

A. 建筑工程定额　　　　　　　　B. 预算定额
C. 设备安装工程定额　　　　　　D. 工具、器具定额

【答案】B

【解析】按照投资的费用性质划分,可将建设工程定额分为建筑工程定额、设备安装

工程定额、建筑安装工程费用定额、工具、器具定额及工程建设其他费用定额等。

【例3-2】（多选）按编制单位和适用范围划分，建设工程定额可以分为（　　）。

A. 全国统一定额

B. 人工定额

C. 企业定额

D. 材料消耗定额

E. 施工机械台班使用定额

【答案】AC

【解析】按编制单位和适用范围分类：全国统一定额；行业定额；地区定额；企业定额。B、D、E项属于按生产要素内容分类。

【例3-3】（单选）施工定额的研究对象是同一性质的施工过程，这里的施工过程是指（　　）。

A. 工序　　　　B. 分部工程　　　　C. 分项工程　　　　D. 整个建筑物

【答案】A

【解析】施工定额是以同一性质的施工过程——工序，作为研究对象，表示生产产品数量与时间消耗综合关系编制的定额。

【例3-4】（单选）预算定额是编制概算定额的基础，是以（　　）为对象编制的定额。

A. 同一性质的施工过程

B. 建筑物各个分部分项工程

C. 扩大的分部分项工程

D. 整个建筑物和构筑物

【答案】B

【解析】本题考查按编制程序和用途分类。预算定额是以建筑物或构筑物各个分部分项工程为对象编制的定额。

【例3-5】（单选）下列关于施工定额的说法正确的是（　　）。

A. 施工定额是以分项工程为对象编制的定额

B. 施工定额由劳动定额、材料消耗定额、施工机械台班消耗定额组成

C. 施工定额广泛适用于施工企业项目管理，具有一定的社会性

D. 施工定额由行业建设行政主管部门组织具有一定水平的专家编制

【答案】B

【解析】本题考查按编制程序和用途分类。施工定额是以同一性质的施工过程——工序，作为研究对象，故A选项不正确；施工定额是施工企业为组织生产和加强管理，而在企业内部使用的一种定额，属于企业定额的性质，故C、D选项不正确；施工定额由劳动定额、材料消耗定额、施工机械台班消耗定额组成，故B选项正确。

【例3-6】（多选）下列关于建设工程定额的说法正确的是（　　）。

A. 施工定额是以同一性质的施工过程——工序，作为研究对象

B. 施工定额的定额水平反映施工企业生产与组织的技术水平和管理水平

C. 预算定额是以施工定额为基础综合扩大编制的，同时也是编制概算定额的基础

D. 预算定额是企业性的，而施工定额则是社会性的

E. 概算定额是以扩大的分部分项工程为对象编制的

【答案】ABCE

【解析】施工定额是以同一性质的施工过程——工序，作为研究对象，故 A 项正确。施工定额和施工生产结合紧密，施工定额的定额水平反映施工企业生产与组织的技术水平和管理水平；施工定额也是编制预算定额的基础，故 B 项正确。预算定额是以建筑物或构筑物各个分部分项工程为对象编制的定额，预算定额是以施工定额为基础综合扩大编制的，同时也是编制概算定额的基础，故 C 项正确。预算定额是社会性的，而施工定额则是企业性的，故 D 项错误。概算定额是以扩大的分部分项工程为对象编制的。概算定额是编制扩大初步设计概算、确定建设项目投资额的依据，故 E 项正确。

第三节　建安工程人工、材料、机械台班定额基础

一、人工定额

人工定额也称劳动定额。人工定额是在正常的施工技术组织条件下，完成单位合格产品或完成一定量的工作所必需的人工消耗量标准。这个标准是国家和企业对生产工人在单位时间内的劳动数量和质量的综合要求，也是建筑施工企业内部组织生产，编制施工作业计划、签发施工任务单、考核工效、计算报酬的依据。

人工定额反映生产工人在正常施工条件下的劳动效率，表明每个工人生产单位合格产品所必需消耗的劳动时间，或者在一定的劳动时间内所生产的合格产品数量。

现行的《全国建筑安装工程统一劳动定额》是供各地区主管部门和企业编制施工定额的参考定额，是以建筑安装工程产品为对象，以合理组织现场施工为条件，按"实"计算。因此，定额规定的劳动时间或劳动量一般不变，其劳动工资单价可根据各地工资水平进行调整。

（一）人工定额的形式

人工定额按表现形式的不同，可分为时间定额和产量定额两种形式。

1. 时间定额

时间定额是某种专业、某种技术等级工人班组或个人在合理的生产组织和合理使用材料的条件下，完成单位合格产品所必需的工作时间，包括准备与结束时间、基本生产时间、辅助生产时间、不可避免的中断时间及工人必需的休息时间。由于劳动组织的缺点而停工、缺乏材料而停工、工作地点未准备好而停工、机具设备不正常而停工、产品质量不符合标准而停工、偶然停工（停水、停电、暴风雨）、违反劳动纪律造成的工作时间损失、

其他损失时间,都不属于劳动定额时间。

时间定额以"工日"为单位,即单位产品的工日,如工日/m、工日/m²、工日/m³、工日/t等。每个工日工作时间按 8 小时计算,用公式表示如下:

单位产品时间定额(工日)= 工作人数 × 工作时间 ÷ 工作时间内完成的产品数量
= 消耗的总工日数 ÷ 产品数量

2. 产量定额

产量定额是在合理的生产组织和合理使用材料的条件下,某种专业、某种技术等级的工人班组或个人在单位工日中所应完成的合格产品的数量。

产量定额的计量单位是以产品的单位计算即单位产品的工日,如 m/工日、m²/工日、m³/工日、t/工日等,用公式表示如下:

产量定额(每日产量)= 工作时间内完成的产品数量 ÷ [工作人数 × 工作时间] × 工作时间
= 产品数量 ÷ 消耗的总工日数

产量定额的计量单位有米(m)、平方米(m²)、立方米(m³)、吨(t)、块、根、件、扇等。

3. 时间定额与产量定额的关系

时间定额与产量定额互为倒数,即

时间定额 = 1 ÷ 产量定额

时间定额 × 产量定额 = 1

(二)人工定额的使用

时间定额和产量定额虽是同一劳动定额的不同表现形式,但其作用却不尽相同。时间定额以单位产品的工日数表示,便于计算完成某一分部(项)工程所需的总工日数、核算工资、编制施工进度计划和计算分项工期。如果已知工程量和施工人数,计算劳动量或确定施工天数时,通常使用时间定额。

【例 3-7】经查砌双面清水墙时间定额为 1.270 工日/m³,某包工包料工程砌墙班组砌墙工程量为 100 m³,需耗费多少定额人工?

【解】 所需总定额人工日 = 100×1.270 = 127(工日)

【例 3-8】某土方工程二类土,挖基槽的工程量为 450 m³,每天有 24 名工人负责施工,时间定额为 0.205 工日/m³,试计算完成该分项工程的施工天数。

【解】(1)计算完成该分项工程所需总人工工日:

总人工工日 = 总工程量 × 时间定额 = 450×0.205 = 92.25(工日)

(2)计算施工天数:

施工天数 = 总人工工日 ÷ 实际施工人数 = 92.25÷24 = 3.84(天)

即该分项工程需 4 天完成。

【例 3-9】某工程有 170 m³ 一砖混水内墙,每天有 14 名专业工人进行砌筑,试根据国家劳动定额计算完成该工程的施工天数。

【解】查《建设工程劳动定额（建筑工程）》，编号为 AD0022，时间定额为 1.02 工日 /m^3，故完成砌筑需要的总工日数 =170×1.02=173.40（工日）

需要的施工天数 =173.40÷14≈12.39（天）

即该工程需 13 天完成。

产量定额是以单位时间内完成的产品数量表示，便于小组分配施工任务，考核工人的劳动效率和签发施工任务单。如需施工企业给工人下达生产任务，考核工人劳动生产率时一般使用产量定额。

【例 3-10】矩形柱木模板产量定额为 0.394（10 m^2）/ 工日，10 名工人工作 1 天，应完成多少面积的模板工程量？

【解】 应完成的模板工程量 =10×0.394=3.94（10 m^2）

【例 3-11】某抹灰班组有 13 名工人，抹某住宅楼混砂墙面，施工 25 天完成任务。已知产量定额为 10.2 m^2/ 工日，试计算抹灰班完成的抹灰面积。

【解】 13 名工人施工 25 天的总工日数 =13×25=325（工日）

总抹灰面积工程量 = 总人工工日 × 产量定额 =325×10.2=3 315（m^2）

【例 3-12】有 140 m^3 二砖混水外墙，由 11 人砌筑小组负责施工，产量定额为 0.862 m^3/ 工日，试计算其施工天数。

【解】（1）计算小组每工日完成的工程量：

工程量 =11×0.862=9.48（m^3）

（2）计算施工天数：

施工天数 =140÷9.48=14.77（天）

即该混水外墙需 15 天完成。

【例 3-13】某砌砖班组 20 名工人，砌筑某住宅楼 1.5 砖混水外墙需要 5 天完成，试根据国家劳动定额确定班组完成的砌筑体积。

【解】查定额编号为 AD0028，时间定额为 1.04 工日 /m^3，则

产量定额 =1/ 时间定额 =1÷1.04=0.96（m^3/ 工日）

砌筑的总工日数 =20×5=100（工日）

砌筑体积 =100×0.96=96（m^3）

【例 3-14】（多选）下列方法中，可以用来制定人工定额的方法是（　　）。

A. 技术测定法　　　　B. 比较类推法

C. 经验估计法　　　　D. 理论计算法

E. 统计分析法

【答案】ABCE

【解析】制定人工定额的常用方法有技术测定法、统计分析法、比较类推法和经验估计法四种方法。理论计算法是用来确定材料净用量的，故答案 D 不正确。

【例 3-15】（单选）对于同类型产品规格多、工序重复、工作量小的施工过程，编制人工定额宜采用的方法是（　　）。

A. 经验估价法　　　B. 技术测定法　　　C. 统计分析法　　　D. 比较类推法

【答案】D

【解析】对于同类型产品规格多、工序重复、工作量小的施工过程,常采用比较类推法。

二、材料消耗定额

1. 材料消耗定额的概念与分类

建筑材料是建筑安装企业进行生产活动完成建筑产品的物质条件。建筑工程的原材料(包括半成品、成品等)品种繁多、耗用量大。在一般工业与民用建筑工程中,材料消耗占工程成本的60%~70%,材料消耗定额的任务,就在于利用定额这个经济杠杆,对材料消耗进行控制和监督,以达到降低物资消耗和工程成本的目的。建筑工程材料消耗定额是企业推行经济承包、编制材料计划、进行单位工程核算不可缺少的基础,是促进企业合理使用材料,实行限额领料和材料核算,正确核定材料需要量和储备量,考核、分析材料消耗,反映建筑安装生产技术管理水平的重要依据。

(1)材料消耗定额的概念。材料消耗定额是指在合理和节约使用材料的前提下,生产单位合格产品所必须消耗的建筑材料(半成品、配件、燃料、水、电)的数量标准。

材料的消耗量由材料的净用量和损耗量两部分组成。直接构成建筑安装工程实体的材料数量称为材料净用量;不可避免的施工废料和施工操作损耗称为材料损耗量。其关系如下:

$$材料消耗量 = 材料净用量 + 材料损耗量$$

$$材料损耗率 = 材料损耗量 \div 材料净用量 \times 100\%$$

$$材料消耗量 = 材料净用量 \times (1 + 材料损耗率)$$

(2)材料消耗定额的分类。

1)定额材料消耗指标的组成,按其使用性质、用途和用量大小划分为四类:

①主要材料,是指直接构成工程实体的材料。

②辅助材料,也是直接构成工程实体,但密度较小的材料。

③周转性材料,又称工具性材料,是指施工中多次使用但并不构成工程实体的材料,如模板、脚手架等。

④零星材料,是指用量小,价值不大,不便计算的次要材料,可用估算法计算。

【例3-16】(多选)材料消耗定额指标的组成,按其使用性质、用途和用量大小划分为( )。

A. 主要材料　　　　B. 周转性材料
C. 辅助材料　　　　D. 零星材料
E. 施工废料

【答案】ABCD

【解析】材料消耗定额指标的组成,按其使用性质、用途和用量大小划分为主要材料、辅助材料、周转性材料(又称工具性材料)和零星材料四类。

2)根据施工生产材料消耗工艺要求,建筑安装材料消耗定额分为非周转性材料和周转性材料两大类定额。

①非周转性材料也称直接性材料，是指在建筑工程施工中一次性消耗并直接构成工程实体的材料，如砖、砂、石、钢筋、水泥等。

②周转性材料是指在施工过程中能多次使用、逐渐消耗、不断补损的工具型材料，如各种模板、活动支架、脚手架、支撑等。

2．材料消耗定额的编制

（1）材料净用量的确定。材料净用量的确定，一般有以下几种方法。

1）理论计算法。理论计算法是根据设计图纸、施工规范和材料规格等，运用一定的理论计算公式制定材料消耗定额的方法。它主要适用于计算按件论块的现成制品材料。如砖墙的用砖数和砌砖砂浆的用量可用下列理论计算各自的净用量。

每 1 m³ 砖砌体材料消耗量的计算公式为

$$砖净用量（块）=（墙厚砖数\times 2）\div [墙厚\times（砖长+灰缝）\times（砖厚+灰缝）]$$

$$砖消耗量=砖净用量\times（1+损耗率）$$

$$砂浆消耗量（m^3）=（1-砖净用量\times每块砖体积）\times（1+损耗率）$$

式中，每块标准砖体积 $=0.24\times 0.115\times 0.053=0.001\,462\,8$（m³）；灰缝为 0.01 m。

【例 3-17】 已知标准砖尺寸为 240 mm×115 mm×53 mm，灰缝宽度为 1 cm，砖和砂浆的损耗率均按 1% 考虑。试计算每立方米 1 砖墙中标准砖和砂浆的消耗量。

【解】（1）净用量：

$$砖数=\frac{1}{（砖宽+灰缝）\times（砖厚+灰缝）\times 砖长}$$

$$=\frac{1}{（0.115+0.01）\times（0.053+0.01）\times 0.24}$$

$$=529.10（块）$$

$$砂浆用量=（1-529.10\times 0.24\times 0.115\times 0.053）\times 1.07=0.242（m^3）$$

（2）消耗量：

$$砖数=529.1\times（1+1\%）=534.39（块）$$

$$砂浆用量=0.242\times（1+1\%）=0.244（m^3）$$

2）现场观察法。在合理使用材料条件下，对施工中实际完成的建筑产品数量与所消耗的各种材料量进行现场观察测定的方法。

此法通常用于制定材料的损耗量。通过现场的观察，获得必要的现场资料，才能测定出哪些是施工过程中不可避免的损耗，应该计入定额内；哪些材料是施工过程中可以避免的损耗，不应计入定额内，在现场观测中，同时测出合理的材料损耗量，即可据此制定出相应的材料消耗定额。

3）试验室试验法。试验室试验法是专业材料试验人员，通过试验仪器设备确定材料消耗定额的一种方法。它只适用于在试验室条件下测定混凝土、沥青、砂浆、油漆涂料等材料的消耗定额。

由于试验室工作条件与现场施工条件存在一定的差别，施工中的某些因素对材料消耗量的影响不一定能充分考虑到,因此,对测出的数据还要用观察法进行校核修正。

4)统计分析法。统计分析法是指在现场施工中,对分部分项工程发出的材料数量、完成建筑产品的数量、竣工后剩余材料的数量等资料,进行统计、整理和分析,从而编制材料消耗定额的方法。这种方法主要是通过工地的工程任务单、限额领料单等有关记录取得所需要的资料,因而不能将施工过程中材料的合理损耗和不合理损耗区别开来,得出的材料消耗量准确性也不高。

【例 3-18】(单选)编制砖砌体材料消耗定额时,测定标准砖砌体中砖的净用量宜采用的方法是(　　)。

A. 图纸计算法　　　　B. 经验法
C. 理论计算法　　　　D. 测定法

【答案】C

【解析】理论计算法是根据设计、施工验收规范和材料规格等,从理论上计算材料的净用量。

(2)材料损耗量的确定。材料的损耗一般以损耗率表示。材料损耗率可以通过观察法或统计法计算确定。材料消耗量计算的公式如下

$$材料消耗量 = 材料净用量 + 材料损耗量 = 材料净用量 \times (1+材料损耗率)$$

$$材料损耗率 = 材料损耗量 \div 材料净用量 \times 100\%$$

3. 周转性材料消耗定额的编制

周转性材料是指在施工过程中多次使用、周转的工具性材料,如钢筋混凝土工程用的模板,搭设脚手架用的杆子、挖土方工程用的挡土板等。

周转性材料消耗一般与下列四个因素有关:

(1)第一次制造时的材料消耗(一次使用量);

(2)每周转使用一次材料的损耗(第二次使用时需要补充);

(3)周转使用次数;

(4)周转材料的最终回收及其回收折价。

定额中周转材料消耗量指标的表示,应当用一次使用量和摊销量两个指标表示。一次使用量是指周转材料在不重复使用时的一次使用量,供施工企业组织施工用;摊销量是指周转材料退出使用,应分摊每一计量单位的结构构件的周转材料消耗量,供施工企业成本核算或预算用。

例如,捣制混凝土结构木模板用量的计算公式如下

$$一次使用量 = 净用量 \times (1+操作损耗率)$$

$$周转使用量 = \frac{一次使用量 \times [1+(周转次数-1) \times 补损率]}{周转次数}$$

$$回收量 = \frac{一次使用量 \times (1-补损率)}{周转次数}$$

$$摊销量 = 周转使用量 - 回收量 \times 回收折价率$$

又如，预制混凝土构件的模板用量的计算公式如下

$$一次使用量 = 净用量 \times (1+ 操作损耗率)$$

$$摊销量 = \frac{一次使用量}{周转次数}$$

周转性材料在材料消耗定额中以摊销量表示。现以钢筋混凝土模板为例，介绍周转性材料摊销量计算。

（1）现浇钢筋混凝土模板摊销量。

1）材料一次使用量，是指为完成定额单位合格产品，周转性材料在不重复的周转性材料上的一次性用量，通常根据选定的结构设计图纸进行计算。

$$一次使用量 = （每 10 \text{ m}^3 混凝土和模板接触面积 \times 每 1 \text{ m}^2 接触面积模板用量）\times$$
$$（1+ 模板制作安装损耗率）$$

2）材料周转次数，是指周转性材料从第一次使用起，可以重复使用的次数。一般采用现场观测法或统计分析法来测定材料周转次数，或查相关手册。

3）材料补损量，是指周转使用一次后由于损坏需补充的数量，也就是在第二次和以后各次周转中为了修补难于避免的损耗所需要的材料消耗，通常用补损率来表示。补损率的大小主要取决于材料的拆除、运输、堆放的方法及施工现场的条件。在一般情况下，补损率要随周转次数增多而加大，所以，一般采取平均补损率来计算。

$$补损率 = 平均损耗率 / 一次使用量 \times 100\%$$

4）材料周转使用量，是指周转性材料在周转使用和补损条件下，每周转使用一次平均所需材料数量。一般应按材料周转次数和每次周转发生的补损量等因素计算生产一定计算单位结构构件的材料周转使用量。

$$周转使用量 = [一次使用量 + 一次使用量 \times （周转次数 -1） \times 补损率] \div 周转次数$$
$$= 一次使用量 \times [1+（周转次数 -1） \times 补损率] / 周转次数$$

5）材料回收量，是指在一定周转次数下，每周转使用一次平均可以回收材的数量。

$$回收量 = （一次使用量 - 一次使用量 \times 补损率）\div 周转次数$$
$$= 一次使用量 \times （1- 补损率）\div 周转次数$$

6）材料摊销量，是指周转性材料在重复使用条件下，应分摊到每一计量单位为结构构件的材料消耗量。这是应纳入定额的实际周转性材料消耗数量。

$$摊销量 = 周转使用量 - 回收量 \times 回收折价率$$

（2）预制构件模板计算。预制构件模板由于损耗很少，可以不考虑每次周转的补损率，按多次使用平均分摊的办法进行计算。

【例3-19】（多选）影响建设工程周转性材料消耗的因素有（　　）。

A. 第一次制造时的材料消耗

B. 施工工艺流程

C. 每周转使用一次时的材料损耗

D. 周转使用次数

E. 周转材料的最终回收及其回收折价

【答案】ACDE

【解析】周转性材料消耗一般与下列四个因素有关：

（1）第一次制造时的材料消耗（一次使用量）。

（2）每周转使用一次时的材料损耗（第二次使用时需要补充）。

（3）周转使用次数。

（4）周转材料的最终回收及其回收折价。

【例 3-20】（多选）建设工程定额中的周转材料消耗量指标应该用（　　）指标表示。

A. 一次使用量

B. 摊销量

C. 周转使用次数

D. 最终回收量

E. 理论净用量

【答案】AB

【解析】定额中周转材料消耗量指标的表示应当用一次使用量和摊销量两个指标表示。

【例 3-21】（单选）施工企业在投标报价时，周转性材料的消耗量应按（　　）计算。

A. 周转使用次数

B. 摊销量

C. 每周转使用一次的损耗量

D. 一次使用量

【答案】B

【解析】摊销量是指周转材料退出使用，应分摊到每一计量单位的结构构件的周转材料消耗量，供施工企业成本核算或投标报价使用。

【例 3-22】（多选）下列关于周转性材料消耗定额的编制说法正确的是（　　）。

A. 摊销量是指周转材料在不重复使用时的一次使用量，供施工企业组织施工用

B. 定额中周转材料消耗量指标，应当用一次使用量和摊销量两个指标表示

C. 一次使用量是指周转材料在不重复使用时的一次使用量，供施工企业组织施工用

D. 摊销量是指周转材料退出使用，应分摊到每一计量单位的结构构件的周转材料消耗量，供施工企业成本核算或投标报价使用

E. 周转性材料消耗与周转使用次数有关

【答案】BCDE

【解析】周转性材料消耗一般与下列四个因素有关：

（1）第一次制造时的材料消耗（一次使用量）。

（2）每周转使用一次时的材料损耗（第二次使用时需要补充）。

（3）周转使用次数。

（4）周转材料的最终回收及其回收折价。

定额中周转材料消耗量指标应当用一次使用量和摊销量两个指标表示，即 B 项正确；一次使用量是指周转材料在不重复使用时的一次使用量，供施工企业组织施工用，即 A 项

错误，C 项正确；摊销量是指周转材料退出使用，应分摊到每一计量单位的结构构件的周转材料消耗量，供施工企业成本核算或投标报价使用，即 D 项正确。

三、机械台班定额

机械台班消耗定额是指在正常的施工、合理的劳动组合和合理使用施工机械的条件下，生产单位合格产品所必需的一定品种、规格施工机械作业时间的消耗标准。它反映了合理、均衡地组织劳动和使用机械时该机械在单位时间内的生产效率。机械台班消耗定额以台班为单位，每一台班按 8 h 计算。

（一）机械台班定额的形式

机械台班消耗定额的表现形式，有机械时间定额和机械产量定额两种。

1．机械时间定额

机械时间定额是指在合理劳动组织与合理使用机械的条件下，完成单位合格产品所必需的工作时间，包括有效工作时间（正常负荷下的工作时间和降低负荷下的工作时间）、不可避免的中断时间、不可避免的无负荷工作时间。机械时间定额以"台班"表示，即一台机械工作一个作业班时间。一个作业班时间为 8 h。即

$$单位产品机械时间定额（台班）= \frac{1}{台班产量}$$

由于机械必须由工人小组配合，所以，完成单位合格产品的时间定额都同时列出人工时间定额。即

$$单位产品人工时间定额（工日）= \frac{小组成员总人数}{台班产量}$$

例如，斗容量 1 m³ 正铲挖土机，挖四类土，装车，深度在 2 m 内，小组成员两人，机械台班产量为 4.76（定额单位 100 m³），则

挖 100 m³ 的人工时间定额：$\frac{2}{4.76}$ =0.42（工日）

挖 100 m³ 的机械时间定额：$\frac{1}{4.76}$ =0.21（工日）

2．机械产量定额

机械产量定额是指某种机械在合理的施工组织和正常施工的条件下，单位时间内完成合格产品的数量。即

$$机械产量定额 = \frac{1}{机械时间定额（台班）}$$

机械产量定额和机械时间定额互为倒数关系。

（二）机械台班定额的表示方法

机械台班使用定额的复式表示法的形式如下

$$\frac{人工时间定额}{机械台班产量}$$

例如，正铲挖土机每一台班劳动定额表中 $\frac{0.466}{4.29}$ 表示在挖一、二类土，挖土深度在 1.5 m 以内，且需装车的情况下，斗容量为 0.5 m³ 的正铲挖土机的台班产量定额为 4.29（100 m³/台班）；配合挖土机施工的工人小组的人工时间定额为 0.466（工日 /100 m³）；同时可以推算挖土机的时间定额，应为台班产量定额的倒数，即

$$\frac{1}{4.29}=0.233（台班 /100 m^3）$$

还能推算出配合挖土机施工的工人小组的人数应为 $\frac{人工时间定额}{机械时间定额}$，即 $\frac{0.466}{0.233}=$ 2（人）；或人工时间定额 × 机械台班产量定额，即 0.466×4.29=2（人）。

（三）机械台班使用定额的编制

编制机械台班使用定额，主要包括以下内容：

（1）拟定机械工作的正常施工条件，包括工作地点的合理组织、施工机械作业方法的拟定、确定配合机械作业的施工小组的组织、机械工作班制度等。

（2）确定机械净工作生产率，即确定出机械纯工作一小时的正常生产率。

（3）确定机械利用系数。机械利用系数是指机械在施工作业班内对作业时间的利用率。即

$$机械利用系数 = \frac{工作班净工作时间}{机械工作班时间}$$

（4）计算机械定额台班。施工机械台班产量定额的计算如下：

施工机械台班产量定额 = 机械生产率 × 工作班延续时间 × 机械利用系数

$$施工机械时间定额 = \frac{1}{施工机械台班产量定额}$$

（5）拟定工人小组的定额时间。工人小组的定额时间是指配合施工机械作业的工人小组的工作时间总和。即

工人小组定额时间 = 施工机械时间定额 × 工人小组人数

【例 3-23】 某工程现场采用出料容量为 500 L 的混凝土搅拌机，每一次循环中，装料、搅拌、卸料、中断需要的时间分别为 1 min、3 min、1 min、1 min，机械正常功能利用系数为 0.9，求该机械的台班产量定额。

【解】 该机械的台班产量定额为：

该搅拌机一次循环的正常延续时间 =1+3+1+1=6 min=0.1（h）

该搅拌机纯工作 1 h 循环次数 =10（次）

该搅拌机纯工作 1 h 正常生产率 =10×500=5 000 L=5（m³）

该搅拌机台班产量定额 =5×8×0.9=36（m³/台班）

【例 3-24】（单选）施工机械台班产量定额等于（　　）。
A. 机械净工作生产率×工作班延续时间
B. 机械净工作生产率×工作班延续时间×机械利用系数
C. 机械净工作生产率×机械利用系数
D. 机械净工作生产率×工作班延续时间×机械运行时间

【答案】B

【解析】施工机械台班产量定额＝机械净工作生产率×工作班延续时间×机械利用系数。

【例 3-25】（单选）编制某施工机械台班使用定额，测定该机械纯工作 1 h 的生产率为 6 m³，机械利用系数平均为 0.8，工作班延续时间为 8 h，则该机械的台班产量定额为（　　）m³/台班。
A. 64　　　　B. 60　　　　C. 48　　　　D. 38.4

【答案】D

【解析】施工机械台班产量定额＝机械净工作生产率×工作班延续时间×机械利用系数＝6×8×80%＝38.4（m³/台班）。

【例 3-26】（单选）某出料容量为 0.5 m³ 的混凝土搅拌机每一次循环中，装料、搅拌、卸料、中断需要的时间分别为 1 min、3 min、1 min、1 min，机械利用系数为 0.8，则该搅拌机的台班产量定额是（　　）m³/台班。
A. 32　　　　B. 36　　　　C. 40　　　　D. 50

【答案】A

【解析】施工机械台班产量定额＝机械净工作生产率×工作班延续时间×机械利用系数；机械净工作生产率＝0.5×[60/(1+3+1+1)]＝5（m³），所以列式：5×8×0.8＝32（m³/台班），所以选择 A。

【例 3-27】（单选）某施工机械的时间定额为 0.391 台班/100 m³，与之配合的工人小组有 4 人，则该机械的产量定额为（　　）m³。
A. 2.56　　　B. 256　　　C. 0.64　　　D. 64

【答案】B

【解析】该机械的产量定额应为其时间定额的倒数，0.391 台班/100 m³ 的倒数等于 256 m³。

【例 3-28】（单选）斗容量为 1 m³ 的反铲挖土机挖三类土，装车，深度在 3 m 内，小组成员为 8 人，机械台班产量为 8.26（定额单位为 100 m³），则挖 100 m³ 的人工时间定额为（　　）工日。
A. 8.26　　　B. 0.97　　　C. 0.32　　　D. 1.03

【答案】B

【解析】单位产品人工时间定额（工日）＝小组成员总人数/台班产量，挖 100 m³ 的人工时间定额为 8÷8.26＝0.97（工日）。

第四节 预算定额

一、预算定额的概念

预算定额是规定消耗在合格质量的单位工程基本构造要素上的人工、材料和机械台班的数量标准，是计算建筑安装产品价格的基础。所谓基本构造要素，即通常所说的分项工程和结构构件。

预算定额是在施工定额的基础上进行综合扩大编制而成的。预算定额中的人工、材料和施工机械台班的消耗水平根据施工定额综合取定，定额子目的综合程度大于施工定额，从而可以简化施工图预算的编制工作。预算定额是编制施工图预算的主要依据。

预算项目中人工、材料和施工机械台班耗用量指标，应根据编制预算定额的原则、依据，采用理论与实际结合、图纸计算与施工现场测量相结合、编制定额人员与现场工作人员相结合等方法进行计算。

二、预算定额的作用

（1）预算定额是编制施工图预算、确定建筑安装工程造价的基础。施工图设计一经确定，工程预算造价就取决于预算定额水平和人工、材料及机械台班的价格。预算定额起着控制劳动消耗、材料消耗和机械台班使用的作用，进而起到控制建筑产品价格的作用。

（2）预算定额是编制施工组织设计的依据。施工组织设计的重要任务之一，是确定施工中所需人力、物力的供求量，并作出最佳安排。施工单位在缺乏本企业的施工定额的情况下，根据预算定额，也能够比较精确地计算出施工中各项资源的需要量，为有计划地组织材料采购和预制件加工、劳动力和施工机械调配提供了可靠的计算依据。

（3）预算定额是工程结算的依据。工程结算是建设单位和施工单位按照工程进度对已完成的分部分项工程实现货币支付的行为。按进度支付工程款，需要根据预算定额算出已完成分项工程的造价。单位工程验收后，再按竣工工程量、预算定额和施工合同的规定进行结算，以保证建设单位建设资金的合理使用和施工单位的经济收入。

（4）预算定额是施工单位进行经济活动分析的依据。预算定额规定的物化劳动和劳动消耗指标是施工单位在生产经营中允许消耗的最高标准。目前，预算定额决定着施工单位的收入，施工单位就必须以预算定额作为评价企业工作的重要标准，作为努力实现的目标。施工单位可根据预算定额对施工中的劳动、材料、机械的消耗情况进行具体的分析，以便找出并克服低功效、高消耗的薄弱环节，提高竞争能力。只有在施工中尽量降低劳动消耗，采用新技术，提高劳动者素质和劳动生产率，才能取得较好的经济效果。

（5）预算定额是编制概算定额的基础。概算定额是在预算定额基础上综合扩大编制的。利用预算定额作为编制依据，不但可以节省编制工作的大量人力、物力和时间，收到事半功倍的效果，还可以使概算定额在水平上与预算定额保持一致，以免造成执行中的不一致。

（6）预算定额是合理编制招标控制价（标底）、投标报价的基础。在深化改革中，预算定额的指令性作用将日益削弱，而施工单位按照工程个别成本报价的指导性作用仍然存在。因此，预算定额作为编制招标控制价（标底）的依据和施工企业报价的基础性作用仍将存在，这也是由预算定额本身的科学性和权威性决定的。

三、人工消耗量指标的确定

预算定额中人工消耗量水平和技工、普工比例，以人工定额为基础，通过有关图纸规定，计算定额人数的工日数。

人工的工日数可以有两种确定方法。一种是以劳动定额为基础确定；一种是以现场观察测定资料为基础计算。如遇到劳动定额缺项时，采用现场工作日写实等测定方法确定和计算定额的人工耗用量。

采用以劳动定额为基础的测定方法时，预算定额中人工工日消耗量是指在正常施工条件下，生产单位合格产品所必需消耗的人工工日数量，是由分项工程所综合的各个工序劳动定额包括的基本用工、其他用工两部分组成的。

预算定额中人工消耗量指标包括完成该分项工程必需的各种用工量。

1. 基本用工

基本用工是指完成分项工程的主要用工量。例如，砌筑各种墙体工程的砌砖、调制砂浆及传输砖和砂浆的用工量。

按技术工种相应劳动定额工时定额计算，以不同工种列出定额工日。基本用工包括：

（1）完成定额计量单位的主要用工。按综合取定的工程量和相应的劳动定额进行计算。其计算公式如下：

$$基本用工消耗量 = \sum（综合取定的工程量 \times 劳动定额）$$

例如，在完成混凝土柱工程中的混凝土搅拌、水平运输、浇筑、捣制和养护所需的工日数量根据劳动定额进行汇总之后，形成混凝土柱预算定额中的基本用工消耗量。

（2）根据劳动定额规定应增（减）计算的工程量。由于预算定额是以施工定额子目综合扩大的，包括的工作内容较多，施工的效果、具体部位不一样，需要另外增加用工，这种人工消耗也应列入基本用工消耗量内。

2. 其他用工

其他用工是指预算定额中没有包含的，而在预算定额中又必须考虑进去的工时消耗，通常包括材料及半成品超运距用工、辅助用工和人工幅度差。

（1）超运距用工，是指超过人工定额规定的材料、半成品运距的用工。

$$超运距 = 预算定额取定运距 - 劳动定额已包括的运距$$

$$\text{超运距用工消耗量} = \sum(\text{超运距材料数量} \times \text{相应的劳动定额})$$

（2）辅助用工，是指技术工种劳动定额内不包括，而在预算定额内又必须考虑的用工。例如，机械土方工程配合用工、材料加工（筛砂、洗石、淋化石膏）、电焊点火工等，其计算公式如下：

$$\text{辅助用工} = \sum(\text{材料加工数量} \times \text{相应的加工劳动定额})$$

（3）人工幅度差用工，是指人工定额中未包括的，而在一般正常施工情况下又不可避免的一些零星用工，其内容如下：

1）各种专业工种之间的工序搭接及土建工程与安装工程在交叉、配合中不可避免的停歇时间。

2）施工机械在场内单位工程之间变换位置及在施工过程中移动临时水电线路引起的临时停水、停电所发生的不可避免的间歇时间。

3）施工过程中水电维修用工。

4）隐蔽工程验收等工程质量检查影响的操作时间。

5）场内单位工程之间操作地点转移影响的操作时间。

6）施工过程中工种之间交叉作业造成的不可避免的剔凿、修复、清理等用工。

7）施工过程中不可避免的直接少量零星用工。

人工幅度差计算公式如下：

$$\text{人工幅度差} = (\text{基本用工} + \text{辅助用工} + \text{超运距用工}) \times \text{人工幅度差系数}$$

人工幅度差系数一般为 10%～15%。在预算定额中，人工幅度差的用工量列入其他用工量中。

【例 3-29】某混凝土工程，工程量为 100 m^3。每 1 m^3 混凝土需要基本用工 1.11 工日，辅助用工和超运距用工分别是基本用工的 25% 和 15%，人工幅度差系数为 10%，试计算该混凝土工程的预算定额人工工日消耗量。

【解】预算定额中人工消耗量 =（基本用工 + 辅助用工 + 超运距用工）×（1+ 人工幅度差系数）

= 1.11×（1+25%+15%）×（1+10%）×100

= 170.9（工日）

【例 3-30】（单选）某砌筑工程，工程量为 100 m^3。每 1 m^3 砌体需要基本用工 1.2 工日，辅助用工为 30 工日，超运距用工是基本用工的 15%，人工幅度差系数为 10%，则该砌筑工程的人工工日消耗量是（　　）工日。

A. 202.5　　　　B. 180　　　　C. 184.8　　　　D. 189.39

【答案】C

预算定额的各种用工量，应根据测算后综合取定的工程数量和人工定额进行计算。

预算定额是一项综合性定额，它是按组成分项工程内容的各工序综合而成的。编制分项定额时，要按工序划分的要求测算、综合取定工程量，如砌墙工程除主体砌墙外，还需综合砌筑门窗洞口、附墙烟囱、垃圾道、预留抗震柱孔等含量。综合取定工程量是指按照一个地区历年实际设计房屋的情况，选用多份设计图纸，进行测算取定数量。

四、材料耗用量指标的确定

材料耗用量指标是在节约和合理使用材料的条件下,生产单位合格产品所必须消耗的一种品种规格的材料、燃料、半成品或配件数量标准。材料耗用量指标是以材料消耗定额为基础,按照预算定额的定额项目、综合材料消耗定额的相关内容,经汇总后确定。

(1) 凡有标准规格的材料,按规范要求计算定额计量单位的耗用量,如砖、水、卷材、块料面层等。

(2) 凡设计图纸标注尺寸及下料要求的,按设计图纸尺寸计算材料净用量,如门、窗制作用材料,方、板料等。

(3) 换算法。各种粘结、涂料等材料的配合比用料,可以根据要求条件换算,得出材料用量。

(4) 测定法,包括试验室试验法和现场观察法。是指各种强度等级的混凝土及砌筑砂浆配合比的耗用原材料数量的计算,需按照规范要求试配,经过试压合格以后,并经过必要的调整得出的水泥、砂子、石子、水的用量。对新材料、新结构,不能用其他方法计算定额消耗用量时,需用现场测定法来确定,根据不同条件可以采用写实记录法和观察法,得出定额的消耗量。

(5) 其他材料的确定。一般按工艺测算并在定额项目材料计算表内列出名称、数量并依编制期价格以及其他材料占主要材料的比率计算,列在定额材料栏之下,定额内可不列材料名称及耗用量。

五、机械台班消耗指标的确定

预算定额中的建筑施工机械消耗指标,是以台班为单位进行计算,每一台班为八小时工作制。预算定额的机械化水平,应以多数施工企业采用的和已推广的先进施工方法为标准。预算定额的机械台班消耗量按合理的施工方法确定,并考虑增加机械幅度差。

1. 机械幅度差

机械台班幅度差是指在施工定额中所规定的范围内没有包括,而在实际工作中又不可避免产生的影响机械或机械停歇的时间,在编制预算定额时应予以考虑。其内容包括:

(1) 施工机械转移工作面及机械互相影响损失的时间。

(2) 在正常的施工情况下,机械施工中不可避免的工序间歇。

(3) 检查工程质量影响机械操作的时间。

(4) 临时水、电线路在施工中移动位置所发生的机械停歇时间。

(5) 工程结尾时,工作量不饱满所损失的时间。

大型机械台班幅度差系数:土方机械为25%、打桩机械为33%、吊装机械为30%。砂浆、混凝土搅拌机由于按小组配用,以小组产量计算机械台班产量,不另增加机械幅度差。其他分部工程中,钢筋加工、木材、水磨石等各项专用机械的幅度差为10%。

2. 机械台班消耗指标的计算

（1）小组产量计算法。按小组日产量大小来计算采用机械台班多少。其计算公式如下：

$$分项定额机械台班使用量 = 分项定额计量单位值 / 小组产量。$$

（2）台班产量计算法。其计算公式如下：

$$定额单位 / 台班产量 \times 机械幅度差系数。$$

第五节　概算定额与概算指标

一、概算定额

工程概算定额是确定建设工程一定计量单位扩大结构分部工程的人工、材料、机械台班消耗量的数量标准。概算定额是在预算定额的基础上，根据通用图和标准图等资料，以主要分项工程为主，综合相关分项工程或工序适当扩大编制而成的扩大分项工程人工、材料、机械消耗量标准。概算定额是编制单位工程概算和概算指标的基础，是介于预算定额和概算指标之间的一种定额。

概算定额规定了完成一定计量单位的建筑扩大结构构件、分部工程或扩大分项工程所需人工、材料、机械消耗和费用的数量标准。例如，砖基础概算定额项目，就是以砖基础为主，综合了挖地槽、砌砖基础、铺设防潮层、回填土及运土等预算定额中的分项工程项目。

1. 概算定额的作用

（1）概算定额是编制概算的依据。工程建设程序规定，采用两阶段设计时，其初步设计必须编制概算；采用三阶段设计时，其技术设计必须编制修正概算，对拟建项目进行总估价。概算定额是编制初步设计概算和技术设计修正概算的依据。

（2）概算定额是设计方案比较的依据。设计方案比较，目的是选出技术先进、经济合理的方案，在满足使用功能的条件下，降低造价和资源消耗，采用扩大综合后的概算定额为设计方案的比较提供了便利。

（3）概算定额是编制概算指标和投资估算指标的依据。

（4）实行工程总承包时，概算定额也可作为投标报价参考。

2. 编制概算定额的一般要求

（1）概算定额的编制深度要适应设计深度的要求。由于概算定额是在初步设计阶段使用的，受初步设计的设计深度所限制，因此，概算定额应该贯彻社会平均水平和简明、适用的原则。

（2）概算定额水平的确定应与基础定额、预算定额的水平基本一致。它必须是反映在正常条件下，大多数企业的设计、生产、施工和管理水平。在概算定额与综合预算定额水平之间应保留必要的幅度差，并在概算定额编制过程中严格控制。

由于概算定额是在基础定额的基础上,适当地再一次扩大、综合和简化,因而在工程标准、施工方法和工程量取值等方面进行综合、测算时,概算定额与基础定额之间必将产生并允许留有一定的幅度差,以便根据概算定额编制的概算能够控制住施工图预算。为满足事先确定的概算造价,控制投资的要求,概算定额要尽量不留活口或少留活口。

3. 概算定额的编制依据

概算定额的适用范围不同于预算定额,其编制依据也略有区别,一般有以下几种:

(1)现行的设计标准规范。

(2)现行建筑和安装工程预算定额。

(3)国务院各有关部门和各省、自治区、直辖市批准颁发的标准设计图集和有代表性的设计图纸等。

(4)现行的概算定额及其编制资料。

(5)编制期人工工资标准、材料预算价格、机械台班费用等。

4. 概算定额的编制方法

概算定额是在预算定额的基础上综合而成的,每一项概算定额项目都包括了数项预算定额的定额项目。

(1)直接利用综合预算定额。如砖基础、钢筋混凝土基础、楼梯、阳台、雨篷等。

(2)在预算定额的基础上再合并其他次要项目。如墙身再包括伸缩缝;地面包括平整场地、回填土、明沟、垫层、找平层、面层及踢脚。

(3)改变计量单位。如屋架、天窗架等不再按立方米体积计算,而按屋面水平投影面积计算。

(4)采用标准设计图纸的项目,可以根据预先编好的标准预算计算。如构筑物中的烟囱、水塔、水池等,以每座为单位。

(5)工程量计算规则进一步简化。如砖基础、带形基础以轴线(或中心线)长度乘以断面积计算;内外墙均以轴线(或中心线)长乘以高扣除门、窗洞口计算;屋架按屋面投影面积计算;烟囱、水塔按座计算;细小零星占造价比重很小的项目,不计算工程量,按占主要工程的百分比计算。

5. 概算定额基准价

概算定额基准价又称为扩大单价,是概算定额单位扩大分部分项工程或结构件等所需全部人工费、材料费、施工机械使用费之和,是概算定额价格表现的具体形式。其计算公式为:

概算定额基准价 = 概算定额单位人工费 + 概算定额单位材料费 + 概算定额单位施工机械使用费

= 人工概算定额消耗量 × 人工工资单价 + ∑(材料概算定额消耗量 × 材料预算价格) + ∑(施工机械概算定额消耗量 × 机械台班费用单价)

概算定额基准价的制定依据与综合预算定额基价相同,以省会城市的工资标准、材料预算价格和机械台班单价计算基准价。在概算定额表中一般应列出基准价所依据的单价,并在附录中列出材料预算价格取定表。

二、概算指标

概算指标是以每 100 m² 建筑面积、每 1 000 m³ 建筑体积或每座构筑物为计量单位,规定人工、材料、机械及造价的定额指标。

概算指标是比概算定额综合、扩大性更强的一种定额指标,是概算定额的扩大与合并。它是以整个房屋或构筑物为对象,以更为扩大的计量单位来编制的,也包括劳动力、材料和机械台班定额三个基本部分。同时,还列出了各结构分部的工程量及单位工程(以体积计或以面积计)的造价。例如,每 1 000 m³ 房屋或构筑物、每 1 000 m 管道或道路、每座小型独立构筑物所需要的劳动力、材料和机械台班的消耗数量等。

1. 概算指标的作用

概算指标的作用与概算定额相同,在设计深度不够的情况下,主要用于投资估价、初步设计阶段。

(1)概算指标是编制投资估价和控制初步设计概算、工程概算造价的依据。

(2)概算指标是设计单位进行设计方案的技术经济分析、衡量设计水平、考核投资效果的标准。

(3)概算指标是建设单位编制基本建设计划、申请投资贷款和主要材料计划的依据。

因为概算指标比概算定额进一步扩大与综合,所以,依据概算指标来估算投资就更为简便,但精确度也随之降低。

2. 概算指标的编制方法

由于各种性质建设工程所需要的劳动力、材料和机械台班的数量不同,概算指标通常按工业建筑和民用建筑分别编制。工业建筑中又按各工业部门类别、企业大小、车间结构编制,民用建筑中又按用途性质、建筑层高、结构类别编制。

单位工程概算指标,一般选择常见的工业建筑的辅助车间(如机修车间、金工车间、装配车间、锅炉房、变电站、空压机房、成品仓库、危险品仓库等)和一般民用建筑项目(如工房、单身宿舍、办公楼、教学楼、浴室、门卫室等)为编制对象,根据设计图纸和现行的概算定额等,测算出每 100 m² 建筑面积或每 1 000 m³ 建筑体积所需要的人工、主要材料、机械台班的消耗量指标和相应的费用指标等。

第六节 估算指标

一、估算指标的概念

估算指标是确定生产一定计量单位(如 m²、m³ 或幢、座等)建筑安装工程的造价和工料消耗的标准,用于在项目建议书可行性和编制设计任务书阶段编制投资估算。

估算指标内容包括工程费用和工程建设其他费用。不同行业、不同项目和不同工程的费用构成差异很大，因此，估算指标既有能反映整个建设项目全部投资及其构成（建筑工程费用、安装工程费用、设备工器具购置费用和其他费用）的指标，又有组成建设项目投资的各单项工程投资（主要生产设施投资、辅助生产设施投资、公用设施投资、生产福利设施投资等）的指标；既能综合使用，又能个别分解使用。主要是选择具有代表性的、符合技术发展方向的、数量足够的并具有重复使用可能的设计图纸及其工程量的工程造价实例，经筛选，统计分析后综合取定。

二、估算指标的作用

工程造价估算指标的制定是建设项目管理的一项重要工作。估算指标是编制项目建议书和可行性研究报告书投资估算的依据，是对建设项目全面的技术性与经济性论证的依据。估算指标对提高投资估算的准确度、建设项目全面评估、正确决策具有重要意义。

三、估算指标项目表

估算指标的项目表一般分为建设项目综合指标、单项工程指标和单位工程指标三个层次。

1. 建设项目综合指标

建设项目综合指标是反映建设项目从立项筹建到竣工验收交付使用所需的全部投资指标，包括建设投资（单项工程投资和工程建设其他费用）和流动资金投资。建设项目综合指标一般以建设项目的单位综合生产能力的投资表示，如元/年生产能力（t）、元/小时产气量（m^3）等；或以建设项目单位使用功能的投资表示，如医院：元/床；宾馆：元/客房套。

2. 单项工程指标

单项工程指标是反映建造能独立发挥生产能力或使用效益的单项工程所需的全部费用指标。其包括建筑工程费用、安装工程费用和该单项工程内的设备、工器具购置费用，不包括工程建设其他费用。单项工程指标一般以单项工程单位生产能力造价或单位建筑面积造价表示，如变电站：元/（kV·A）；锅炉房：元/年产蒸汽（t）；办公室和住宅：元/建筑面积（m^2）。

3. 单位工程指标

单位工程指标是反映建造能独立组织施工的单位工程的造价指标，即建筑安装工程费用指标，类似于概算指标。单位工程指标一般以单位工程量造价表示，如房屋：元/m^2；道路：元/m^2；水塔：元/座；管道：元/m。

四、估算指标编制依据

（1）国家和建设行政主管部门制定的工期定额。

（2）国家和地区建设行政主管部门制定的计价规范、专业工程概预算定额及取费标准。

（3）编制基准期的人工单价、材料价格、施工机械台班价格。

【例3-31】概算定额与预算定额的主要差别在于（　　）。

A. 表达的主要内容　　　　　B. 表达的主要形式

C. 基本使用方法　　　　　　D. 综合扩大程度

【答案】D

第七节　施工定额

一、施工定额的概念

施工定额是具有合理劳动组织的建筑安装工人小组在正常施工条件下完成单位合格产品所需人工、机械、材料消耗的数量标准，它根据专业施工的作业对象和工艺制定。施工定额反映企业的施工水平。

施工定额也是企业定额。施工企业根据本企业的技术水平和管理水平，编制制定的完成单位合格产品所必需的人工、材料和施工机械台班消耗量，以及其他生产经营要素消耗的数量标准。同类企业和同一地区的企业之间存在施工定额水平的差距，这样，在建筑市场上才能具有竞争能力。在市场经济条件下，国家定额和地区定额不再是强加给施工企业的约束和指令，而是对企业的施工定额管理进行引导，从而实现对工程造价的宏观调控。

施工定额本质上属于企业生产定额的性质。它由劳动定额、机械定额和材料定额三个相对独立的部分组成。

二、施工定额的作用

1. 施工定额是企业计划管理的依据

施工定额在企业计划管理方面的作用，表现在它既是企业编制施工组织设计的依据，又是企业编制施工作业计划的依据。

施工组织设计是指导拟建工程进行施工准备和施工生产的技术、经济文件。其基本任务是：根据招标文件及合同协议的规定，确定出经济合理的施工方案，在人力和物力、时间和空间、技术和组织上对拟建工程作出最佳的安排。

施工作业计划则是根据企业的施工计划、拟建工程施工组织设计和现场实际情况编制的，它是一个以实现企业施工计划为目的的具体执行计划，是组织和指挥生产的技术文件，也是班组进行施工的依据。

2．施工定额是组织和指挥施工生产的有效工具

企业组织和指挥施工是按照作业计划通过下达施工任务书和限额领料单来实现的。施工任务书，既是下达施工任务的技术文件，又是班、组经济核算的原始凭证。它表明了应完成的施工任务，也记录着班、组实际完成任务的情况，并且进行班、组工人的工资结算。施工任务书上的工程计量单位、产量定额和计件单位，均需取自劳动定额，工资结算也要根据劳动定额的完成情况计算。

限额领料单是施工队随任务书同时签发的领取材料的凭证。这一凭证是根据施工任务和施工的材料定额填写的。其中，领料的数量是班、组为完成规定的工程任务消耗材料的最高限额，这一限额也是考核班、组完成任务情况的一项重要指标。

3．施工定额是计算工人劳动报酬的依据

施工定额是衡量工人劳动数量和质量，提供成果和效益的标准。所以，施工定额是计算工人工资的依据。这样，才能做到完成定额好的工资报酬就多，达不到定额的工资报酬就会减少，真正实现多劳多得、少劳少得的社会主义分配原则。

4．施工定额有利于推广先进技术

施工定额水平中包含着某些已成熟的先进的施工技术和经验，工人要达到和超过定额，就必须掌握和运用这些先进技术；要想大幅度超过定额，就必须创造性地劳动，不断改进工具和改进技术操作方法，注意节约原材料，避免浪费。当施工定额明确要求采用某些较先进的施工工具和施工方法时，贯彻施工定额就意味着推广先进技术。

5．施工定额是编制施工预算、加强企业成本管理的基础

施工预算是施工单位用以确定单位工程人工、机械、材料和资金需要量的计划文件。施工预算以施工定额为编制基础，既要反映设计图纸的要求，又要考虑在现有条件下可能采取的节约人工、材料和降低成本的各项具体措施。这就有效地控制人力、物力消耗，节约成本开支。严格执行施工定额不仅可以起到控制消耗、降低成本和费用的作用，同时为贯彻经济核算制、加强班组核算和增加盈利创造良好的条件。

思考题

1. 工程估价的依据有哪些？
2. 试述预算定额、概算定额、概算指标、估算指标四者之间的关系。
3. 人工定额有哪两种表现形式？它们之间有什么关系？
4. 某水电站工程浇筑电站厂房钢筋混凝土梁，已知一次使用模板料 1.8 m^3，支撑料 2.5 m^3，周转 6 次，每次损耗 15%，试计算施工定额摊销量。
5. 如何编制概算定额？
6. 企业定额有哪些作用？

第四章

工程量清单计价方法

第一节 工程量清单概述

一、推行工程量清单的背景

在推行工程量清单之前，我国建筑工程计价采用定额概预算的计价模式，这种模式可作为市场竞争的参考，但不能充分反映参与竞争的企业的实际消耗和技术管理水平。而工程量清单计价是在建设工程招投标中，按照国家统一的工程量清单计价规范，由招标人提供数量，投标人自主报价，采用工程量清单计价有利于企业自主报价和公平竞争。

实行工程量清单计价，工程量清单作为招标文件和合同文件的重要组成部分，对于规范招标人计价行为、保证工程款支付结算起到了重要作用。

2012 年 12 月 25 日，中华人民共和国住房和城乡建设部发布了《建设工程工程量清单计价规范》（GB 50500—2013）（以下简称"13 计价规范"）和九部专业工程工程量计算规范（以下简称"计算规范"），自 2013 年 7 月 1 日起实施。13 计价规范的发布施行，专业划分会更加精细、责任划分会更加明确、可执行性更加强化，这是我国工程造价计价方式适应社会主义市场经济发展的一次重大变革，也是我国工程造价计价工作逐步实现向"政府宏观调控、企业自主报价、市场形成价格"的目标迈出的坚实一步。

二、工程量清单的概念

工程量清单是指在工程量清单计价中载明建设工程分部分项工程项目、措施项目、其他项目的名称和相应数量及规费、税金项目等内容的明细清单。在建设工程发承包及实施过程的不同阶段，又可分别称为"招标工程量清单"及"已标价工程量清单"。

招标工程量清单是指招标人依据国家标准、招标文件、设计文件及施工现场实际情况编制的，随招标文件发布供投标人投标报价的工程量清单，包括其说明和表格。招标工程量清单应以单位（项）工程为单位编制，应由分部分项工程项目清单、措施项目清单、其他项目清单、规费和税金项目清单组成。

已标价工程量清单是指构成合同文件组成部分的投标文件中已标明价格，经算术性错误修正（如有）且承包人已确认的工程量清单，包括其说明和表格。

三、工程量清单计价的特点

（1）强制性。由建设主管部门按照强制性国家标准的要求批准颁布，规定全部使用或部分使用国有资金投资为主的大、中型建设工程应按清单计价规范执行；工程量清单计价规范作为国家标准包含了一部分必须严格执行的强制性条文，如全部使用国有资金投资或国有投资资金为主的工程建设项目，必须采用工程量清单计价；采用工程量清单方式招标，工程量清单必须作为招标文件的组成部分，措施项目清单中的安全文明施工费应按照国家或省级、行业建设主管部门的规定计价，不得作为竞争性费用；投标人应按招标人提供的工程量清单填报价格，填写的项目编码、项目名称、项目特征、计量单位和工程量必须与招标人提供的一致。

（2）实用性。"计算规范"附录中工程量清单及计算规则项目名称表现的是工程实体，工程量计算规则简洁清晰，项目特征易于编制工程量清单时确定具体项目名称和投标报价。

（3）竞争性。表现在工程量清单计价规范中从政策性规定到一般内容的具体规定，充分体现了工程造价由市场竞争形成价格的原则。措施项目是非实体项目，具体内容和报价由投标人根据自身的施工组织设计和实际情况具体确定；工、料、机没有具体的消耗量和价格，也由投标企业可以依据企业定额、市场价格或参照建设主管部门发布的社会平均消耗量定额、价格信息进行报价，这留给了企业竞争的空间。

（4）通用性。采用工程量清单计价与国际惯例接轨，符合工程量计算方法标准化、工程量计算规则统一化、工程造价确定市场化的要求。

四、工程量清单编制的一般规定

（1）招标工程量清单应由具有编制能力的招标人或受其委托、具有相应资质的工程造价咨询人编制。

（2）采用工程量清单计价方式，招标工程量清单必须作为招标文件的组成部分，其准确性和完整性应由招标人负责。投标人依据工程量清单进行投标报价，对工程量清单不负有核实的义务，更不具有修改和调整的权力。

（3）招标工程量清单应以单位（项）工程为单位编制，应由分部分项工程量项目清单、措施项目清单、其他项目清单、规费和税金项目清单组成。

五、工程量清单的作用

工程量清单是工程量清单计价的基础，其作用有：

（1）工程量清单是编制工程预算或招标人编制招标控制价的依据。
（2）工程量清单是供投标者报价的依据。
（3）工程量清单是确定和调整合同价款的依据。
（4）工程量清单是计算工程量及支付工程款的依据。
（5）工程量清单是办理工程结算和工程索赔的依据。

第二节　工程量清单的编制

工程量清单作为招标文件的组成部分，是按照"13计价规范"和招标文件的要求将拟建招标工程的全部项目和内容，载明建设工程的分部分项工程项目、措施项目、其他项目、规费项目和税金项目名称和其相应数量及规费、税金等内容的明细清单。

"13计价规范"主要内容包括总则、术语、一般规定、工程量清单编制、招标控制价、投标报价、合同价款约定、工程计量、合同价款调整、合同价款中期支付、竣工结算与支付、合同解除的价款结算与支付、合同价款争议的解决、工程造价鉴定、工程计价资料与档案、计价表格等。

"计算规范"是在2008年版计价规范附录的基础上修订的，其内容包括房屋建筑与装饰工程、仿古建筑工程、通用安装工程、市政工程、园林绿化工程、矿山工程、构筑物工程、城市轨道交通工程、爆破工程九个专业。

各专业工程量计算规范包括总则、术语、工程计量、工程量清单编制、附录等。

一、分项工程项目清单的编制

分部分项工程量清单是表明拟建工程的全部分部分项实体工程的名称、项目特征、计量单位和工程数量的明细清单。根据"计算规范"中附录规定的项目编码、项目名称、项目特征、计量单位和工程量计算规则进行编制。

分部分项工程项目清单必须载明项目编码、项目名称、项目特征、计量单位和工程量，同时必须根据相关工程现行国家计量规范规定的项目编码、项目名称、项目特征、计量单位和工程量计算规则进行编制，并达到"五统一"的要求。

1. 项目编码

"项目编码"栏应按相关工程国家计算规范项目编码栏内规定的9位数字另加3位顺序码填写。各位数字的含义是：第一、二位为专业工程代码（01—房屋建筑与装饰工程、02—仿古建筑工程、03—通用安装工程、04—市政工程、05—园林绿化工程、06—矿山工程、07—构筑物工程、08—城市轨道交通工程、09—爆破工程，以后进入国家标准的专业工程代码以此类推）；第三、四位为专业工程附录分类顺序码；第五、六位为分部工程顺序码；第七、八、九位为分项工程项目名称顺序码；第十至十二位为清单项目名称顺序码。

当同一标段（或合同段）的一份工程量清单中含有多个单位工程且工程量清单是以单

位工程为编制对象时,在编制工程量清单时应特别注意对项目编码十至十二位的设置不得有重码的规定。例如,一个标段(或合同段)的工程量清单中含有三个单位工程,每一单位工程中都有项目特征相同的实心砖墙砌体,在工程量清单中又需反映三个不同单位工程的实心砖墙砌体工程量时,则第一个单位工程的实心砖墙的项目编码应为 010401003001,第二个单位工程的实心砖墙的项目编码应为 010401003002,第三个单位工程的实心砖墙的项目编码应为 010401003003,并分别列出各单位工程实心砖墙的工程量。以建筑工程为例,项目编码结构如图 4-1 所示。

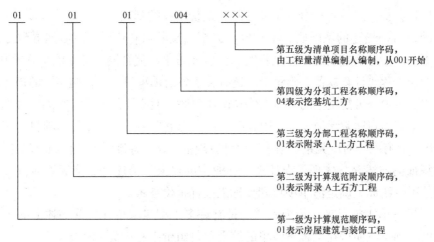

图 4-1 项目编码结构

2. 项目名称

分部分项工程量清单"项目名称"栏应按相关工程国家计算规范附录的项目名称结合拟建工程实际确定填写。各专业附录表格中的"项目名称"为分项工程项目名称,是形成分部分项工程量清单项目名称的基础,在编制分部分项工程量清单时可适当调整或细化,例如"墙面一般抹灰"这一分项工程,在形成工程量清单项目名称时可以细化为"外墙面一般抹灰""内墙面一般抹灰"等。

3. 项目特征

项目特征是构成分部分项工程量清单项目自身价值的本质特征,是确定一个清单项目综合单价不可缺少的重要依据,在编制的工程量清单中必须对其项目特征进行准确和全面的描述。

分部分项工程量清单项目特征应按"计算规范"附录中规定的项目特征内容,结合拟建工程项目的技术规范、设计图纸、标准图集等予以描述。当项目特征不同时,应分别列项。

在进行项目特征描述时,应掌握以下要点:

(1)项目特征描述的内容应按"计算规范"附录中的规定,结合拟建工程的实际,能满足确定综合单价的需要。

(2)若采用标准图集或施工图纸能够全部或部分满足项目特征描述的要求,项目特征描述可直接采用详见××图集或××图号的方式。对不能满足项目特征描述要求的部分,仍应用文字描述。

清单项目特征描述的重要意义在于：

（1）用于区分计价规范中同一清单条目下各个具体的清单项目，没有项目特征的准确描述，就无从区分相同或相近的清单项目。

（2）项目特征描述是确定工程量清单项目综合单价的前提。项目特征描述决定了工程实体的实质内容，就必然直接决定了工程实体的自身价值，因此，项目特征描述的准确与否将直接关系到工程量清单项目综合单价的准确程度。

（3）项目特征描述是履行合同义务、减少造价争议的基础。

如果项目特征描述的不准确、不到位，甚至出现漏项和错误，就必然导致工程施工过程中的变更，从而有可能引起工程结算时的分歧或纷争，使合同义务不能得到顺利履行。

在各专业工程"计算规范"附录中，还有关于各清单项目"工作内容"的描述。工作内容是指完成清单项目可能发生的具体工作和操作程序。但应注意的是，在编制分部分项工程量清单时，工作内容通常无须描述，因为在"计算规范"中，工程量清单项目与工程量计算规则、工作内容有一一对应关系，当采用"计算规范"这一标准时，工作内容均有规定。

项目特征的描述充分体现了设计文件和业主的要求，描述完成该清单项目可能发生的具体内容，可供招标人确定清单项目和投标人投标报价参考。

自工程量清单实施以来，最为困惑的是有许多工程量清单在特征描述上的含糊其辞，既不完整也不到位，使得在工程量清单的综合单价组价工程中无所适从。

在实际工程中，工程量清单自实施以来很少见到项目特征描述清楚、完整的清单。组价根据施工工艺做完整了又怕因为价高而不能中标，组价根据特征描述做不完整了又怕一旦中标无法完成该项目的制作。

4．计量单位

"计量单位"应按相关工程国家"计算规范"附录中规定的计量单位确定。《房屋建筑与装饰工程工程量计算规范》（GB 50854—2013）附录中有两个或两个以上计量单位的，应结合拟建工程项目的实际情况，确定其中一个为计量单位。同一工程项目的计量单位应一致。

计量单位均采用基本单位，如以重量计算的项目为吨（t）或千克（kg），以体积计算的项目为立方米（m^3），以面积计算的项目为平方米（m^2），以长度计算的项目为米（m），以自然计量单位计算的项目为个、套、块、樘、组、台等，没有具体数量的项目为宗、项。同时，工程计量时每一项目汇总的有效位数应遵守下列规定：

（1）以"t"为单位，应保留小数点后三位数字，第四位小数四舍五入。

（2）以"m""m^2""m^3""kg"为单位，应保留小数点后两位数字，第三位小数四舍五入。

（3）以"个""件""根""组""系统"为单位，应取整数。

5．工程量的计算

分部分项工程量清单中所列工程量应按相关工程国家"计算规范"规定的工程量计算规则计算填写。除另有说明外，所有清单项目的工程量应以实体工程量为准，并以完成后的净值计算；投标人投标报价时，应在单价中考虑施工中的各种损耗和需要增加的工程量。

项目的工程量计算规则与预算定额的计算规则有着原则上的区别。清单项目的计算原则是以实体的净尺寸（图纸用量）计算；而预算定额工程量的计算在净值的基础上，加上人为的预留量（或工作面或损耗），这个量随施工方法、措施的不同而变化。

招标文件中工程量清单所列的工程量是一个预计工程量。一方面是投标人进行投标报价的共同基础；另一方面也是对各投标人的投标报价进行评审的共同平台，体现了招投标活动中的公开、公正、公平和诚实信用原则。

发、承包双方工程结算的工程量应按经发、承包双方认可的实际完成工程量确定，而非招标文件中工程量清单所列的工程量。

6. 补充项目

工程建设中新材料、新技术、新工艺等的不断涌现，"计算规范"附录所列的工程量清单项目不可能包含所有项目。在编制工程量清单出现附录中未包括的项目，编制人应作补充。在编制补充项目时应注意以下两个方面。

（1）补充项目的编码应按计算规范的规定确定。具体做法如下：补充项目的编码由本规范的代码 01 与 B 和三位阿拉伯数字组成，并应从 01B001 起按顺序编制，同一招标工程的项目不得重码。

（2）将编制的补充项目报省级或行业工程造价管理机构备案。

二、措施项目清单的编制

措施项目是指为完成建设工程施工，发生于该工程施工前和施工过程中的技术、生活、安全、环境保护等方面的费用。措施项目清单的编制需考虑多种因素，除工程本身的因素外，还涉及水文、气象、环境、安全因素等。由于影响措施项目设置的因素太多，工程量计算规范不可能将施工中可能出现的措施项目一一列出。措施项目清单应根据拟建工程的实际情况列项。若出现"计算规范"中未列的项目，可根据工程实际情况补充。

（1）措施费项目中能计量并以清单形式出现的项目（即单价措施项目），如脚手架工程、混凝土模板及支架（撑）、垂直运输、超高施工增加、大型机械设备进出场及安拆、施工排水降水等，应与分部分项工程一样，编制工程量清单必须列出项目编码、项目名称、项目特征、计量单位及工程量。

（2）措施费项目中不能计量且不能以清单形式出现的项目（即总价措施项目），如安全文明施工、夜间施工、二次搬运、已完工程及设备保护费、冬雨期施工等，编制工程量清单时必须确定项目编码、名称，而不必描述项目特征和确定计量单位。

三、其他项目清单的编制

1. 暂列金额

暂列金额是指建设单位在工程量清单中暂定并包括在工程合同价款中的一笔款项。暂列金额用于施工合同签订时尚未确定或者不可预见的所需材料、工程设备、服务的采购，施工中可能发生的工程变更、合同约定调整因素出现时的工程价款调整，以及发生的索赔、现场签证确认等的费用。

由建设单位根据工程特点，按有关计价规定估算；施工过程中由建设单位掌握使用，扣除合同价款调整后如有余额，归建设单位。

2．暂估价

暂估价是指招标人在工程量清单中提供的用于支付必然发生但暂时不能确定价格的材料、工程设备的单价及专业工程的金额。包括材料暂估单价、工程设备暂估单价、专业工程暂估价。材料、工程设备暂估单价应根据工程造价信息或参照市场价格估算，列出明细表；专业工程暂估价应分不同专业，按有关计价规定估算，列出明细表。材料暂估价在清单综合单价中考虑，不计入暂估价汇总。

3．计日工

计日工是指在施工过程中，施工企业完成建设单位提出的施工图纸以外的零星项目或工作所需的费用。计日工适用的零星工作一般是指合同约定之外的或因工程变更而产生的、工程量清单中没有相应项目的额外工作。编制计日工清单应根据工程经验，对完成零星工作所需消耗的人工工日、材料、施工机械台班的数量进行估算，以便投标人根据计日工表对计日进行投标报价。应列出项目名称、计量单位和暂估数量。

4．总承包服务费

总承包服务费是指总承包人为配合协调发包人进行的专业工程发包，对发包人自行采购的材料、工程设备等进行保管以及施工现场管理、竣工资料汇总整理等服务所需的费用。招标人在编制总承包服务费计价表时，应列出需服务项目的价值及服务内容，由投标人对总承包服务费的费率和金额进行报价。总包服务范围由建设单位在招标文件中明示，并且发承包双方在施工合同中约定。

四、规费项目清单的编制

规费作为政府和有关权力部门规定必须缴纳的费用，政府和有关权力部门可根据形势发展的需要，对规费项目进行调整。规费项目清单应按照下列内容列项：

（1）社会保险费。包括养老保险费、失业保险费、医疗保险费、生育保险费、工伤保险费。

（2）住房公积金。

（3）工程排污费。

出现规范未列的项目，应根据省级政府或省级有关部门的规定列项。其他应列而未列入的规费，按实际发生计取。

五、税金项目清单的编制

税金项目清单包括增值税、城市维护建设税、教育费附加及地方教育附加。出现规范未列的项目，应根据税务部门的规定列项。

【例 4-1】（单选）根据《建设工程工程量清单计价规范》（GB 50500—2013），施工企业在投标报价时，不得作为竞争性费用的是（　　）。

A. 总承包服务费　　　　B. 夜间施工增加费
C. 养老保险费　　　　　D. 冬、雨期施工增加费

【答案】C

【解析】措施项目中的安全文明施工费必须按国家或省级、行业建设主管部门的规定计算，不得作为竞争性费用。规费和税金必须按国家或省级、行业建设主管部门的规定计算，不得作为竞争性费用。养老保险费属于规费。

第三节　招标控制价与投标报价的编制

工程量清单计价是指按照招标文件的规定，以招标人提供的工程量清单为依据，计算完成工程量清单所列项目所需的全部费用，具体包括分部分项工程费、措施项目费、其他项目费、规费和税金。

工程量清单计价的基本过程：在统一的工程量清单项目设置规则的基础上，根据统一的工程量计算规则及具体工程的施工图纸计算出各个清单项目的工程量，再根据工程建设定额、工程造价信息和经验数据计算得到工程造价。

工程量清单计价应采用综合单价法计价。

一、招标控制价的编制

招标控制价是招标人根据国家或省级、行业建设主管部门颁发的有关计价依据和办法，按设计施工图纸计算的，对招标工程限定的最高工程造价。

国有资金投资的工程建设项目应实行工程量清单招标，并应编制招标控制价。招标控制价超过批准的概算时，招标人应将其报原概算审批部门审核。投标人的投标报价高于招标控制价的，其投标应予拒绝。

1. 编制招标控制价的一般规定

（1）国有资金投资的建设工程招标，招标人必须编制招标控制价。

（2）招标控制价应由具有编制能力的招标人或受其委托具有相应资质的工程造价咨询人编制和复核。

（3）工程造价咨询人接受招标人委托编制招标控制价，不得再就同一工程接受投标人委托编制投标报价。

（4）招标控制价应按照计价规范规定编制，不应上调或下浮。

（5）当招标控制价超过批准的概算时，招标人应将其报原概算审批部门审核。

（6）招标人应在发布招标文件时公布招标控制价，同时应将招标控制价及有关资料报

送工程所在地或有该工程管辖权的行业管理部门工程造价管理机构备案。

（7）综合单价中应包括招标文件中划分的应由投标人承担的风险范围及其费用。招标文件中没有明确的，若是工程造价咨询人编制，应提请招标人明确；若是招标人编制，应予明确。

（8）投标人经复核认为招标人公布的招标控制价未按照工程量清单计价规范的规定进行编制的，应在招标控制价公布后5天内向招标投标监督机构和工程造价管理机构投诉。

工程造价管理机构在接到投诉书后应在2个工作日内进行审查，并在不迟于结束审查的次日将是否受理投诉的决定通知投诉人、被投诉人及负责该工程招投标监督的招投标管理机构。工程造价管理机构应当在受理投诉的10天内完成复查，特殊情况下可适当延长，并作出书面结论通知投诉人、被投诉人及负责该工程招投标监督的招投标管理机构。当招标控制价复查结论与原公布的招标控制价误差大于±3%时，应当责成招标人改正。招标人根据招标控制价复查结论需要重新公布招标控制价的，其最终公布的时间至招标文件要求提交投标文件截止时间不足15天的，应相应延长投标文件的截止时间。

2．招标控制价的编制依据

（1）工程量清单计价规范。
（2）国家或省级、行业建设主管部门颁发的计价定额和计价办法。
（3）建设工程设计文件及相关资料。
（4）拟定的招标文件及招标工程量清单。
（5）与建设项目相关的标准、规范、技术资料。
（6）施工现场情况、工程特点及常规施工方案。
（7）工程造价管理机构发布的工程造价信息，当工程造价信息没有发布时，参照市场价。
（8）其他的相关资料。

二、投标报价的编制

投标报价是在工程采用招标发包的过程中，由投标人按照招标文件的要求，根据工程特点，并结合自身的施工技术、装备和管理水平，依据有关计价规定自主确定的工程造价，是投标人希望达成工程承包交易的期望价格，它不能高于招标人设定的招标控制价。

编制投标报价一般规定：

（1）投标报价应由投标人或受其委托具有相应资质的工程造价咨询人编制。
（2）投标人应依据工程量清单计价规范的规定自主确定投标报价。
（3）投标报价不得低于工程成本。
（4）投标人必须按照工程量清单填报价格。项目编码、项目名称、项目特征、计量单位、工程量必须与招标工程量清单一致。
（5）投标人的投标报价高于招标控制价的应予废标。

【例4-2】（单选）根据《建设工程工程量清单计价规范》（GB 50500—2013），下列关于企业投标报价编制原则的说法错误的是（　　）。

A. 投标报价由投标人自主确定
B. 为了鼓励竞争，投标报价可以略低于成本
C. 投标人必须按照招标工程量清单填报价格
D. 投标人应以施工方案、技术措施等作为投标报价计算的基本条件

【答案】B

【解析】投标报价的编制原则如下：

（1）投标报价由投标人自主确定，但必须执行《清单计价规范》的强制性规定。由投标人或受其委托具有相应资质的工程造价咨询人编制。

（2）投标报价不得低于工程成本。

（3）投标人必须按招标工程量清单填报价格。

（4）投标报价要以招标文件中设定的发、承包双方责任划分，作为设定投标报价费用项目和费用计算的基础。

（5）应以施工方案、技术措施为投标报价的基本条件。

（6）报价计算方法要科学严谨，简明适用。

【例4-3】（多选）在工程量清单计价的三种形式中，全费用综合单价法中包含而综合单价法未包含的费用有（　　）。

A. 措施项目费　　　　B. 管理费
C. 规费　　　　　　　D. 利润
E. 税金

【答案】CE

【解析】综合单价＝人工费＋材料费＋施工机械使用费＋管理费＋利润；全费用综合单价＝人工费＋材料费＋施工机械使用费＋管理费＋规费＋利润＋税金。根据这两个公式可知，全费用综合单价比综合单价的内容多出了规费和税金两项，所以正确选项为C、E。

【例4-4】（单选）根据《建设工程工程量清单计价规范》（GB 50500—2013），下列关于投标人采用定额组价方法编制综合单价的说法中正确的是（　　）。

A. 一个清单项目可能对应多个定额子目
B. 清单工程量可以直接用于计价，因为与定额子目的工程量肯定相等
C. 人工、材料、施工机械使用的消耗量应根据政府颁发的消耗量定额确定，一般不能调整
D. 人工、材料、施工机械使用的消耗量按照市场价格确定，一般不能调整

【答案】A

【解析】由于一个清单项目可能对应多个定额子目，而清单工程量计算的是主项工程量，与各定额子目的工程量可能并不一致；即便一个清单项目对应一个定额子目，也可能由于清单工程量计算规则与所采用的定额工程量计算规则之间的差异导致两者的计价单位与计算出来的工程量不一致。

【例4-5】（单选）建设工程合同约定：基础部分工程为钢筋混凝土结构，工程量为 300 m^3，单价为 550 元/m^3，工程量为 300 m^3 是指（　　）为 300 m^3。

A. 按施工图图示尺寸计算得到的工程量净量

B. 按选定的施工方案计算得到的工程量总量

C. 按批准的施工采购计划确定的工程量

D. 按施工图图示尺寸计算得到的工程量净量与合理损耗量之和

【答案】A

【解析】工程量清单当中的工程量是按施工图图示尺寸计算得到的工程量净量。

【例 4-6】（单选）某建设工程采用《建设工程工程量清单计价规范》（GB 50500—2013），招标工程量清单中挖土方工程量为 2 500 m³。投标人根据地质条件和施工方案计算的挖土方工程量为 4 000 m³，完成该土方分项工程的人工费、材料费、施工机械使用费为 98 000 元，管理费为 13 500 元，利润为 8 000 元。如不考虑其他因素，投标人报价时的挖土方综合单价为（　　）元/m³。

A. 29.88　　　　B. 47.80　　　　C. 42.40　　　　D. 44.60

【答案】B

【解析】综合单价=（人工费、材料费、施工机械使用费+管理费+利润）/清单工程量=（98 000+13 500+8 000）/2 500=47.80（元/m³）。

【例 4-7】（多选）若施工中施工图纸或设计变更与工程量清单项目特征表述不一致，发、承包双方应（　　）。

A. 遵循工程量清单项目特征表述

B. 遵循招标文件

C. 遵循实际施工的项目特征

D. 依据合同约定重新确定综合单价

E. 按原综合单价计价

【答案】CD

【解析】在招标投标过程中，若出现招标文件中分部分项工程量清单特征描述与设计图纸不符，投标人应以分部分项工程量清单的项目特征描述为准，确定投标报价的综合单价；若施工中施工图纸或设计变更与工程量清单项目特征描述不一致时，发、承包双方应按实际施工的项目特征，依据合同约定重新确定综合单价。

【例 4-8】（多选）下列关于投标价的说法正确的是（　　）。

A. 投标价是投标人参与工程项目投标时报出的工程造价

B. 投标计算的基本条件，应预先确定施工方案和技术措施

C. 暂估价不得变动和更改

D. 投标人在进行工程项目工程量清单招标的投标报价时，可进行投标总价优惠

E. 投标人的投标报价低于成本的应予废标

【答案】ABCE

【解析】投标人在进行工程项目工程量清单招标的投标报价时，不能进行投标总价优惠。所以 D 项错误。

第四节 工程量计算规则

一、工程量计算

工程量计算是指建设工程项目以工程设计图纸、施工组织设计或施工方案及有关技术经济文件为依据,按照相关工程国家标准的计算规则、计量单位等规定,进行工程数量的计算,在工程建设中简称工程计量。

二、工程量计算的依据

工程量计算的依据包括《建设工程工程量清单计价规范》(GB 50500—2013)、《建筑工程建筑面积计算规范》(GB/T 50353—2013)等。工程量计算除依据规范的各项规定外,还应依据以下文件:
(1)经审定通过的施工设计图纸及其说明。
(2)经审定通过的施工组织设计或施工方案。
(3)经审定通过的其他有关技术经济文件。

三、工程量计算的一般顺序

工程量计算是编制工程量清单的重要环节,也是投标报价的重要基础。为了准确、快速地计算工程量,避免发生多算、少算、重复计算的现象,计算时应按一定的顺序及方法进行。一般来说,土建工程部分先计算建筑面积,然后计算分部分项工程量。

在安排建筑各分部工程计算顺序时,可以按照《建设工程工程量清单计价规范》(GB 50500—2013)附录中的工程量计算规则的顺序或按照施工顺序依次进行计算。

对于同一分部工程中的不同分项工程量计算,一般可采用以下顺序:
(1)按顺时针顺序计算,从平面图左上角开始,按顺时针方向逐步计算,绕一周后回到左上角。此方法适用于计算外墙及其基础、室内楼地面、天棚等。
(2)按横竖顺序计算,按平面图上的横竖方向,从左到右、先外后内、先横后竖、先上后下逐步计算。此方法适用于计算内墙及其基础、间壁墙等。
(3)按编号顺序计算,按照图纸上注明的编号顺序计算,如钢筋混凝土构件、门窗、金属结构等,可按照图样的编号进行计算。
(4)按轴线顺序计算,对于复杂的工程,计算墙体、柱、内外粉刷时,仅按上述顺序计算,可能发生重复或遗漏。这时,可按图纸上的轴线顺序进行计算,并将其部位以轴线号表示出来。

四、统筹法计算工程量

统筹法计算工程量打破了按照规范顺序或按照施工顺序的工程量计算顺序，而是根据施工图样中大量图形线、面数据之间"集中""共需"的关系，找出工程量的变化规律，利用其几何共同性，统筹安排数据的计算。其特点是：统筹程序、合理安排；一次算出、多次使用；结合实际、灵活机动。采用统筹法计算工程量应根据工程量计算自身的规律，抓住共性因素，统筹安排计算顺序，使已算出的数据能为以后的分部分项工程的计算所利用，减少计算过程中的重复性，提高计算效率。

统筹法计算工程量的核心在于：根据统筹的顺序首先计算出若干工程量计算的基数，而这些基数能在以后的计算中反复使用。工程量计算基数并不确定，不同的工程可以归纳出不同的基数，但对于大多数工程而言，"三线一面"是其共有的基数。"三线"指的是外墙中心线、外墙外边线、内墙净长线；"一面"指的是建筑物的首层建筑面积。

本章因篇幅所限，不再详述。建筑工程工程量计算规则可参照《房屋建筑与装饰工程工程量计算规范》（GB 50854—2013）。

第五节 建筑面积计算

一、建筑面积的概念

1. 建筑面积的定义

建筑面积是指建筑物（包括墙体）所形成的楼地面面积，既包括在建筑物主体结构内形成建筑空间，满足计算面积结构层高要求部分的面积；又包括主体结构外的室外阳台、雨篷、檐廊、室外走廊、室外楼梯等。

2. 新版《建筑工程建筑面积计算规范》的修订说明

现批准《建筑工程建筑面积计算规范》为国家标准，编号为 GB/T 50353—2013，自 2014 年 7 月 1 日起实施。本规范修订的主要技术内容是：

（1）增加了建筑物架空层的面积计算规定，取消了深基础架空层；

（2）取消了有永久性顶盖的面积计算规定，增加了无围护结构有围护设施的面积计算规定；

（3）修订了落地橱窗、门斗、挑廊、走廊、檐廊的面积计算规定；

（4）增加了凸（飘）窗的建筑面积计算要求；

（5）修订了围护结构不垂直于水平面而超出底板外沿的建筑物的面积计算规定；

（6）删除了原室外楼梯强调的有永久性顶盖的面积计算要求；

(7)修订了阳台的面积计算规定;

(8)修订了外保温层的面积计算规定;

(9)修订了设备层、管道层的面积计算规定;

(10)增加了门廊的面积计算规定;

(11)增加了有顶盖的采光井的面积计算规定。

二、建筑面积计算规则

(1)建筑物的建筑面积应按自然层外墙结构外围水平面积之和计算。结构层高在 2.20 m 及以上的,应计算全面积;结构层高在 2.20 m 以下的,应计算 1/2 面积。

【例 4-9】如图 4-2 所示,计算多层建筑物的建筑面积。

【解】S=15.18×9.18×7=975.47(m²)

(2)建筑物内设有局部楼层时,对于局部楼层的二层及以上楼层,有围护结构的应按其围护结构外围水平面积计算,无围护结构的应按其结构底板水平面积计算。结构层高在 2.20 m 及以上的,应计算全面积;结构层高在 2.20 m 以下的,应计算 1/2 面积。

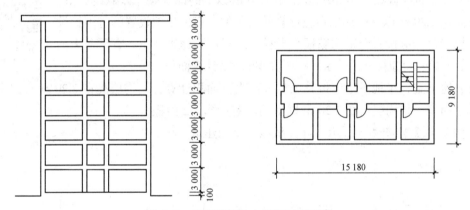

图 4-2 多层建筑物立面和平面示意

【例 4-10】已知某单层房屋平面和剖面图,如图 4-3 所示,计算该房屋建筑面积。

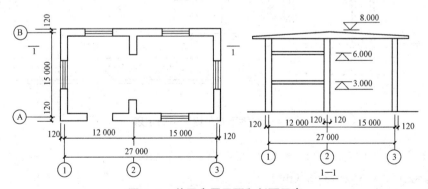

图 4-3 单层房屋平面和剖面示意

【解】S=(27+0.24)×(15+0.24)+(12+0.24)×(15+0.24)×3/2=694.95(m²)

(3) 对于形成建筑空间的坡屋顶，结构净高在 2.10 m 及以上的部位应计算全面积；结构净高在 1.20 m 及以上至 2.10 m 以下的部位应计算 1/2 面积；结构净高在 1.20 m 以下的部位不应计算建筑面积。

【例 4-11】（2014 年造价员考题）两坡坡屋顶剖面图如图 4-4 所示，平行于屋脊方向的外墙的结构外边线长 40 m，计算坡屋顶的建筑面积。

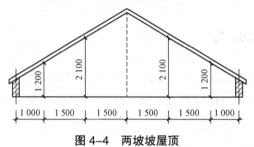

图 4-4 两坡坡屋顶

【解】$S = 3 \times 40 + 1.5 \times 40 \times 1/2 \times 2 = 180$（m²）

(4) 对于场馆看台下的建筑空间，结构净高在 2.10 m 及以上的部位应计算全面积；结构净高在 1.20 m 及以上至 2.10 m 以下的部位应计算 1/2 面积；结构净高在 1.20 m 以下的部位不应计算建筑面积。室内单独设置的有围护设施的悬挑看台，应按看台结构底板水平投影面积计算建筑面积。有顶盖无围护结构的场馆看台应按其顶盖水平投影面积的 1/2 计算面积。

建筑面积计算（下）

(5) 地下室、半地下室应按其结构外围水平面积计算。结构层高在 2.20 m 及以上的，应计算全面积；结构层高在 2.20 m 以下的，应计算 1/2 面积。

【例 4-12】如图 4-5 所示，计算某地下室的建筑面积。

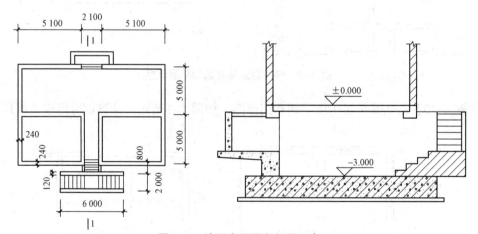

图 4-5 地下室平面和剖面示意

【解】$S_{\text{地下室}} = (12.3 + 0.24) \times (10 + 0.24) = 128.41$（m²）

$S_{\text{出入口}} = 2.1 \times 0.8 + 6 \times 2 = 13.68$（m²）

$S = S_{\text{地下室}} + S_{\text{出入口}} = 128.41 + 13.68 = 142.09$（m²）

(6) 建筑物的门厅、大厅应按一层计算建筑面积，门厅、大厅内设置的走廊应按走廊结构底板水平投影面积计算建筑面积。结构层高在 2.20 m 及以上的，应计算全面积；结构层高在 2.20 m 以下的，应计算 1/2 面积。

【例 4-13】如图 4-6 所示，计算该建筑物的建筑面积。

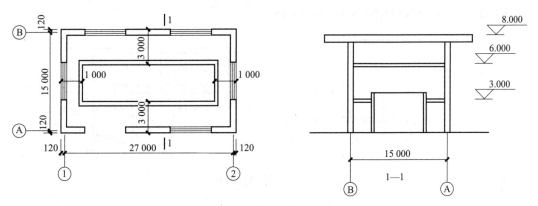

图 4-6　建筑平面与剖面图

【解】$S_{楼层}$=（27+0.24）×（15+0.24）×3/2=622.71（m²）

$S_{走廊}$=3.0×（27+0.24）×2+1.0×（15.0-0.24-3.0×2）×2=180.96（m²）

$S=S_{楼层}+S_{走廊}$=622.71+180.96=803.67（m²）

（7）对于建筑物间的架空走廊，有顶盖和围护设施的，应按其围护结构外围水平面积计算全面积；无围护结构有围护设施的，应按其结构底板水平投影面积计算 1/2 面积。

如图 4-7（a）所示，无顶盖有围护设施（栏杆）的架空走廊，应按其结构底板水平投影面积计算 1/2 面积。如图 4-7（b）所示，有顶盖有围护设施（栏杆）的架空走廊，应按其结构底板水平投影面积计算 1/2 面积。如图 4-8 所示，有顶盖和围护结构（墙、窗）的架空走廊，应按其围护结构外围水平面积计算全面积。

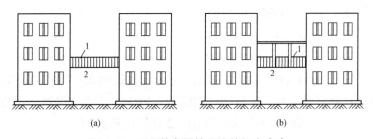

图 4-7　无顶盖有围护设施的架空走廊

1—栏杆；2—架空走廊

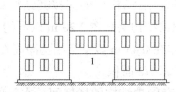

图 4-8　有顶盖有围护设施的架空走廊

1—架空走廊

（8）建筑物架空层及坡地建筑物吊脚架空层，应按其顶板水平投影计算建筑面积。结构层高在 2.20 m 及以上的，应计算全面积；结构层高在 2.20 m 以下的，应计算 1/2 面积。

【例 4-14】如图 4-9 所示，计算坡地建筑架空层及二层建筑物的建筑面积。

【解】$S=8.74×4.24+15.24×8.74×2=303.45$（$m^2$）

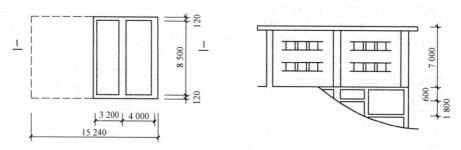

图 4-9　坡地建筑示意

（9）在主体结构内的阳台，应按其结构外围水平面积计算全面积；在主体结构外的阳台，应按其结构底板水平投影面积计算 1/2 面积。

【例 4-15】如图 4-10 所示，分别计算三种封闭阳台的建筑面积。

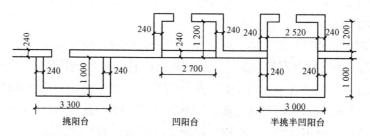

图 4-10　挑阳台、凹阳台、半挑半凹阳台示意

【解】$S_{挑阳台}=3.3×1×1/2=1.65$（m^2）

$S_{凹阳台}=2.7×1.2=3.24$（m^2）

$S_{半挑半凹阳台}=3×1×1/2+2.52×1.2=4.52$（$m^2$）

（10）门廊应按其顶板的水平投影面积的 1/2 计算建筑面积；有柱雨篷应按其结构板水平投影面积的 1/2 计算建筑面积；无柱雨篷的结构外边线至外墙结构外边线的宽度在 2.10 m 及以上的，应按雨篷结构板的水平投影面积的 1/2 计算建筑面积。

（11）对于立体书库、立体仓库、立体车库，有围护结构的，应按其围护结构外围水平面积计算建筑面积；无围护结构有围护设施的，应按其结构底板水平投影面积计算建筑面积。无结构层的应按一层计算，有结构层的应按其结构层面积分别计算。结构层高在 2.20 m 及以上的，应计算全面积；结构层高在 2.20 m 以下的，应计算 1/2 面积。

（12）窗台与室内楼地面高差在 0.45 m 以下且结构净高在 2.10 m 及以上的凸（飘）窗，应按其围护结构外围水平面积计算 1/2 面积。

（13）设在建筑物顶部的、有围护结构的楼梯间、水箱间、电梯机房等，结构层高在 2.20 m 及以上的应计算全面积；结构层高在 2.20 m 以下的，应计算 1/2 面积。

【例 4-16】如图 4-11 所示，计算凸出屋面有围护结构的电梯间、楼梯间（层高在 2.2 m 及以上）的建筑面积。

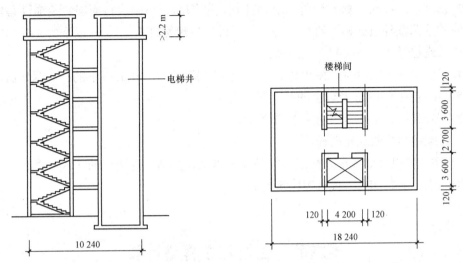

图 4-11　凸出屋面有围护结构的楼梯间和电梯间立面和平面示意

【解】$S=4.44\times3.84\times2=34.1$（m²）

（14）建筑物的室内楼梯、电梯井、提物井、管道井、通风排气竖井、烟道，应并入建筑物的自然层计算建筑面积。有顶盖的采光井应按一层计算面积，且结构净高在 2.10 m 及以上的，应计算全面积；结构净高在 2.10 m 以下的，应计算 1/2 面积。

【例 4-17】如图 4-12 所示，计算室内电梯井、垃圾道的建筑面积。

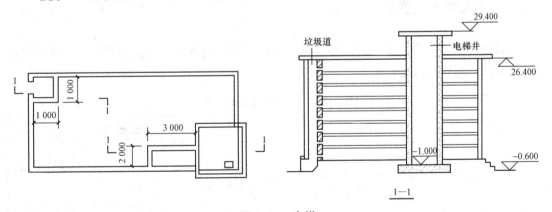

图 4-12　电梯

【解】$S_{电梯井}=3\times2\times9=54$（m²）

$S_{垃圾道}=1\times1\times8=8$（m²）

下列项目不应计算建筑面积：

（1）与建筑物内不相连通的建筑部件。

（2）骑楼、过街楼底层的开放公共空间和建筑物通道。

（3）舞台及后台悬挂幕布和布景的天桥、挑台等。

（4）露台、露天游泳池、花架、屋顶的水箱及装饰性结构构件。

（5）建筑物内的操作平台、上料平台、安装箱和罐体的平台。

（6）勒脚、附墙柱、垛、台阶、墙面抹灰、装饰面、镶贴块料面层、装饰性幕墙，主体结构外的空调室外机搁板（箱）、构件、配件，挑出宽度在 2.10 m 以下的无柱雨篷和顶盖高度达到或超过两个楼层的无柱雨篷。

（7）窗台与室内地面高差在 0.45 m 以下且结构净高在 2.10 m 以下的凸（飘）窗，窗台与室内地面高差在 0.45 m 及以上的凸（飘）窗。

（8）室外爬梯、室外专用消防钢楼梯。

（9）无围护结构的观光电梯。

（10）建筑物以外的地下人防通道，独立的烟囱、烟道、地沟、油（水）罐、气柜、水塔、储油（水）池、储仓、栈桥等构筑物。

第六节　土石方工程量计算

土石方工程根据施工条件和设计要求，按施工方法分为人工土石方和机械土石方两部分，工作内容主要包括平整场地、岩石爆破、土石方的挖掘、运输、回填土、碾压和夯实等。

计算土石方工程量前，应确定下列资料。

一、土及岩石的类别

土及岩石有两种分类方法。一种是按地质勘测的分类方法（普氏分类），一种是按定额分类方法。对照归纳见表 4-1。

表 4-1　土及岩石分类对照表

土壤分类	土壤名称	开挖方法及工具
一、二类土	砂土（粉砂、细砂、中砂、粗砂、砾砂）、粉质黏土、弱中盐渍土、软土（淤泥质土、泥炭、泥炭质土）、软塑红黏土、冲填土	用锹，少许用镐、条锄开挖。机械能全部直接铲挖满载者
三类土	黏土、碎石土（圆砾、角砾）混合土、可塑红黏土、硬塑红黏土、强盐渍土、素填土、压实填土	主要用镐，条锄，少许用锹开挖。机械需部分刨松方能铲挖满载者或可直接铲挖但不能满载者
四类土	碎石土（卵石、碎石、漂石、块石）、坚硬红黏土、超盐渍土、杂填土	全部用镐，条锄挖掘，少许用撬棍挖掘。机械须普遍刨松方能铲挖满载者

注：本表土的名称及其含义按国家标准《岩土工程勘察规范（2009年版）》（GB 50021－2001）定义。

二、土石方工程规范

土石方工程分为土方工程、石方工程和回填三个子项,其工程量清单项目及项目工程量计算规则见表4-2～表4-4。

表4-2 土方工程(编号:010101)

项目编码	项目名称	项目特征	计量单位	工程量计算规则	工作内容
010101001	平整场地	1.土壤类别 2.弃土运距 3.取土运距	m²	按设计图示尺寸以建筑物首层建筑面积计算	1.土方挖填 2.场地找平 3.运输
010101002	挖一般土方	1.土壤类别 2.挖土深度 3.弃土运距	m³	按设计图示尺寸以体积计算	1.排地表水 2.土方开挖 3.围护(挡土板)及拆除 4.基底钎探 5.运输
010101003	挖沟槽土方			按设计图示尺寸以基础垫层底面积乘以挖土深度计算	
010101004	挖基坑土方				
010101005	冻土开挖	1.冻土厚度 2.弃土运距		按设计图示尺寸开挖面积乘以厚度以体积计算	1.爆破 2.开挖 3.清理 4.运输
010101006	挖淤泥、流砂	1.挖掘深度 2.弃淤泥、流砂距离		按设计图示位置、界限以体积计算	1.开挖 2.运输
010101007	管沟土方	1.土壤类别 2.管外径 3.挖沟深度 4.回填要求	1.m 2.m³	1.以米计量,按设计图示以管道中心线长度计算 2.以立方米计量,按设计图示管底垫层面积乘以挖土深度计算;无管底垫层按管外径的水平投影面积乘以挖土深度计算。不扣除各类井的长度,井的土方并入	1.排地表水 2.土方开挖 3.围护(挡土板)支撑 4.运输 5.回填

表4-3 石方工程（编号：010102）

项目编码	项目名称	项目特征	计量单位	工程量计算规则	工作内容
010102001	挖一般石方	1.岩石类别 2.开凿深度 3.弃渣运距	m³	按设计图示尺寸以体积计算	1.排地表水 2.凿石 3.运输
010102002	挖沟槽石方		m³	按设计图示尺寸沟槽底面积乘以挖石深度以体积计算	
010102003	挖基坑石方			按设计图示尺寸基坑底面积乘以挖石深度以体积计算	
010102004	挖管沟石方	1.岩石类别 2.管外径 3.挖沟深度	1.m 2.m³	1.以米计量，按设计图示以管道中心线长度计算 2.以立方米计量，按设计图示截面面积乘以长度计算	1.排地表水 2.凿石 3.回填 4.运输

表4-4 回填（编号：010103）

项目编码	项目名称	项目特征	计量单位	工程量计算规则	工作内容
010103001	回填方	1.密实度要求 2.填方材料品种 3.填方粒径要求 4.填方来源、运距	m³	按设计图示尺寸以体积计算 1.场地回填：回填面积乘以平均回填厚度 2.室内回填：主墙间面积乘以回填厚度，不扣除间隔墙 3.基础回填：按挖方清单项目工程量减去自然地坪以下埋设的基础体积（包括基础垫层及其他构筑物）	1.运输 2.回填 3.压实
010103002	余方弃置	1.废弃料品种 2.运距		按挖方清单项目工程量减利用回填方体积（正数）计算	余方点装料运输至弃置点

三、土石方工程量计算

1. 平整场地

平整场地是指在开工前为了方便施工现场进行放样、定线和施工等需要，对建筑场地厚度在±300 mm以内的挖、填、运、找平。厚度大于±300 mm的竖向布置挖土或山坡切土应按表4-2中挖一般土方项目编码列项。

原建设部于 1995 年编制《全国统一建筑工程预算工程量计算规则》(以下简称《预算规则》) 要求，平整场地工程量按建筑物（或构筑物）首层的外墙外边线每边向外放出 2 m 后所围的面积计算。施工企业在投标报价和实际施工中应考虑外放部分的面积。

下面以每边外放 2 m 为例，可按以下三种情况简化计算。

(1) 矩形平面：

平整场地面积 = $(A+4) \times (B+4)$ = 首层建筑面积 +2× 外墙边线线长 +16

(2) 凹凸形平面：

平整场地面积 = 首层建筑面积 +2× 外墙边线线长 +16

(3) 任意封闭平面：

平整场地面积 = $(A+4) \times (B+4)$ = 首层建筑面积 +2×（外围长 + 内围长）+16

2．挖土方

挖土方是指设计室外地坪标高以上的挖土，并包括指定范围内的土方运输。这一项目适用于 ±30 cm 以外的竖向布置的挖土或山坡切土。

(1) 挖方体积应按挖掘前的天然密实体积折算时，系数应按表 4-5 计算。

表 4-5 土石方体积折算系数

天然密实度体积	虚方体积	夯实后体积	松填体积
0.77	1.00	0.67	0.83
1.00	1.30	0.87	1.08
1.15	1.50	1.00	1.25
0.92	1.20	0.80	1.00

注：1. 虚方指未经碾压、堆积时间≤1年的土壤。
  2. 本表按《全国统一建筑工程预算工程量计算规则》(GJDGZ—101—1995) 整理。
  3. 设计密实度超过规定的，填方体积按工程设计要求执行；无设计要求，按各省、自治区、直辖市或行业建设行政主管部门规定的系数执行。

(2) 在实际施工时，要根据实际情况确定是否需要放坡，一般按施工组织设计或施工现场技术决策人员确定。无资料时，放坡系数按表 4-6 计取。

(3) 挖土深度应按自然地面测量标高至设计地坪标高之间的平均厚度确定。

3．挖基础土方

"挖土方"项目适用于基础土方开挖（包括人工挖孔桩土方），并包括指定范围内的土方运输。

(1) 基础类型包括带形基础、独立基础、满堂基础及设备基础。无论哪种基础类型，在清单中计算工程量是均按设计图示尺寸以基础垫层底面积乘以挖土深度确定。实际施工中，根据施工方案确定的放坡、操作工作面和机械挖土进出施工工作面等增加的施工量，应包括在挖基础土方报价中。

表 4-6 放坡系数表

土壤类别	放坡起点 /m	人工挖土	机械挖土		
			在坑内作业	在坑上作业	顺沟槽在坑上作业
一、二类土	1.20	1：0.5	1：0.33	1：0.75	1：0.5
三类土	1.50	1：0.33	1：0.25	1：0.67	1：0.33
四类土	2.00	1：0.25	1：0.10	1：0.33	1：0.25

注：1. 沟槽、基坑中土类别不同时，分别按其放坡起点、放坡系数，依不同土类别厚度加权平均计算。
2. 计算放坡时，在交接处的重复工程量不予扣除，原槽、坑作基础垫层时，放坡自垫层上表面开始计算。

（2）实际施工中基础施工增加的工作面，如无规定，可按表 4-7 计算。

表 4-7 基础施工所需工作面宽度计算表

基础材料	每边各增加工作面宽度 /mm
砖基础	200
浆砌毛石、条石基础	150
混凝土基础垫层支模板	300
混凝土基础支模板	300
基础垂直面做防水层	1 000（防水层面）

注：本表按《全国统一建筑工程预算工程量计算规则》（GJDGZ—101—1995）整理。

（3）基础土方开挖深度应按基础垫层底表面标高至交付施工场地标高确定，无交付施工场地标高时，应按自然地面标高确定。

（4）各种类型基础工程量的计算。

1）条形基础挖土方工程量 V 按下式计算

$$V=(b+2c+KH) \times H \times L$$

式中 b——基础或垫层底宽；

c——基础或施工所需工作面；

K——放坡系数；

H——挖土深度；

L——槽长，外槽按中心线长，内槽按内槽净长。

2）挖独立基础土方工程量 V 按下式计算

$$V=(a+2c+KH) \times (b+2c+KH) \times H + 1/3 K^2 H^3$$

式中 a、b——基础底或垫层底两个边宽；

$1/3 K^2 H^3$——放坡地坑的四角角锥体积。

4. 石方工程

"石方开挖"项目适用于人工凿石、人工打眼爆破、机械打眼爆破等，并包括指定范围内的石方清除运输。设计规定需光面爆破的坡面、需摊座的基底,工程量清单中应有详细描述。石方爆破的超挖量也应包含在报价中。

5. 土石方回填

回填土的范围有场地回填、室内回填和基础回填。土石方回填工程量按设计图示尺寸以体积计算。

(1)场地回填是将基坑填至设计高度,其计算公式为:

$$场地回填 = 挖土方 - 地下基础及垫层体积$$

式中,地下基础及垫层体积是指从自然地面向下至基础底的基础体积。

(2)基础回填是指柱基或设备基础,砌筑到地面上以后,将基坑四周用土填平,其计算公式为:

$$基础回填 = 挖基础土方 - 地下基础及垫层体积$$

式中,地下基础及垫层体积是指从自然地面向下至基础底的基础体积。

(3)室内回填,也称房心回填,是指室外地坪标高至室内地面垫层底标高之间的回填。

$$室内回填 = 主墙间净面积 \times 回填厚度$$

$$回填厚度 = 室内外高差 - 地坪厚度$$

这里的"主墙"是指结构厚度在120 mm以上(不含120 mm)的各类墙体。地坪构筑物厚度应包括面层砂浆、块料及垫层等的厚度,按设计要求而定。

【例4-18】某矩形基坑,坑底面积为20 m×26 m,深4 m,边坡系数为0.5,试计算该基坑的土方量。

【解】底面面积 $F_1=20 \times 26=520$(m^2)

顶面面积 $F_2=(20+4 \times 0.5 \times 2) \times (26+4 \times 0.5 \times 2)=720$(m^2)

中截面面积 $F_0=(20+4 \times 0.5 \times 2 \div 2) \times (26+4 \times 0.5 \times 2 \div 2)=616$(m^2)

土方量 $V=H/6(F_1+4F_0+F_2)=4/6 \times (520+4 \times 616+720)=2\,469.33$(m^2)

第七节 桩基工程量计算

一、桩基工程的工作内容

当建筑物建造在软土层上,不能以天然土壤地基作基础,而进行人工地基处理又不经济时,往往采用桩基础来提高地基的承载力。

桩基工程的工作内容:包括打桩、接桩、送桩、截桩等。

桩基工程共计94个子母工程,主要内容包括打预制钢筋混凝土方桩、送桩,打预制离心管桩、送桩,静力压预制钢筋混凝土方桩、送桩,静力压预制钢筋混凝土离心管桩、送桩,电焊接桩等。

二、桩基工程规范

桩基工程包括打桩、灌注桩两个子项，其工程量清单项目及工程量计算规则见表4-8、表4-9。

桩基工程定额项目的划分主要是按桩品种划分，并按桩长或桩径划分，见表4-10。

表4-8 打桩（编号：010301）

项目编码	项目名称	项目特征	计量单位	工程量计算规则	工作内容
010301001	预制钢筋混凝土方桩	1.地层情况 2.送桩深度、桩长 3.桩截面 4.桩倾斜度 5.沉桩方式 6.接桩方式 7.混凝土强度等级	1.m 2.m³ 1.根	1.以米计量，按设计图示尺寸以桩长（包括桩尖）计算 2.以立方米计量，按设计图示截面面积乘以桩长（包括桩尖）以实体积计算 3.以根计量，按设计图示数量计算	1.工作平台搭拆 2.桩机竖拆、移位 3.沉桩 4.接桩 5.送桩
010301002	预制钢筋混凝土管桩	1.地层情况 2.送桩深度、桩长 3.桩外径、壁厚 4.桩倾斜度 5.沉桩方式 6.桩尖类型 7.混凝土强度等级 8.填充材料种类 9.防护材料种类			1.工作平台搭拆 2.桩机竖拆、移位 3.沉桩 4.接桩 5.送桩 6.桩尖制作、安装 7.填充材料、刷防护材料
010301003	钢管桩	1.地层情况 2.送桩深度、桩长 3.材质 4.管径、壁厚 5.桩倾斜度 6.沉桩方式 7.填充材料种类 8.防护材料种类	1.t 2.根	1.以吨计量，按设计图示尺寸以质量计算 2.以根计量，按设计图示数量计算	1.工作平台搭拆 2.桩机竖拆、移位 3.沉桩 4.接桩 5.送桩 6.切割钢管、精割盖帽 7.管内取土 8.填充材料、刷防护材料
010301004	截（凿）桩头	1.桩类型 2.桩头截面、高度 3.混凝土强度等级 4.有无钢筋	1.m³ 2.根	1.以立方米计量，按设计桩面乘以桩头长度以体积计算 2.以根计量，按设计图示数量计算	1.截（切割）桩头 2.凿平 3.废料外运

表 4-9　灌注桩（编码：010302）

项目编码	项目名称	项目特征	计量单位	工程量计算规则	工作内容
010302001	泥浆护壁成孔灌注桩	1.地层情况 2.空桩长度、桩长 3.桩径 4.成孔方法 5.护筒类型、长度 6.混凝土种类、强度等级	1.m 2.m³ 3.根	1.以米计量，按设计图示尺寸以桩长（包括桩尖）计算 2.以立方米计量，按不同截面在桩上范围内以体积计算 3.以根计量，按设计图示数量计算	1.护筒埋设 2.成孔、固壁 3.混凝土制作、运输、灌注、养护 4.土方、废泥浆外运 5.打桩场地硬化及泥浆池、泥浆沟
010302002	沉管灌注桩	1.地层情况 2.空桩长度、桩长 3.复打长度 4.桩径 5.沉管方法 6.桩尖类型 7.混凝土种类、强度等级			1.打（沉）拔钢管 2.桩尖制作、安装 3.混凝土制作、运输、灌注、养护
010302003	干作业成孔灌注桩	1.地层情况 2.空桩长度、桩长 3.桩径 4.扩孔直径、高度 5.成孔方法 6.混凝土种类、强度等级			1.成孔、扩孔 2.混凝土制作、运输、灌注、振捣、养护
010302004	挖孔桩土（石）方	1.地层情况 2.挖孔深度 3.弃土（石）运距	m³	按设计图示尺寸（含护壁）截面面积乘以挖孔深度以立方米算	1.排地表水 2.挖土、凿石 3.基底钎探 4.运输
010302005	人工挖孔灌注桩	1.桩芯长度 2.桩芯直径、扩底直径、扩底高度 3.护壁厚度、高度 4.护壁混凝土种类、强度等级 5.桩芯混凝土种类、强度等级	1.m³ 2.根	1.以立方米计量，按桩芯混凝土体积计算 2.以根计量，按设计图示数量计算	1.护壁制作 2.混凝土制作、运输、灌注、振捣、养护
010302006	钻孔压浆桩	1.地层情况 2.空钻长度、桩长 3.钻孔直径 4.水泥强度等级	1.m 2.根	1.以米计量，按设计图示尺寸以桩长计算 2.以根计量，按设计图示数量计算	钻孔、下注浆管、投放骨料、浆液制作、运输、压浆
010302007	灌注桩后压浆	1.注浆导管材料、规格 2.注浆导管长度 3.单孔注浆量 4.水泥强度等级	孔	按设计图示以注浆孔数计算	1.注浆导管制作、安装 2.浆液制作、运输、压浆

表 4-10 桩基础工程定额项目划分

桩基础工程定额项目划分	预制混凝土桩	预制混凝土方桩	打预制方桩 静力压桩	桩长 12 m、18 m、30 m 以内，30 m 以外
		预制混凝土管桩	打预制管桩	桩长 24 m 以内，24 m 以外
	灌注混凝土桩	打孔灌注混凝土桩		桩长 10 m、15 m 以内，15 m 以外
		振动沉管灌注混凝土桩		桩长 10 m、15 m 以内，15 m 以外
		钻（冲）孔灌注混凝土桩		桩长 70 cm 以内、100 cm 以内，100 cm 以外
		人工挖孔灌注混凝土桩		混凝土护壁（m³） 烧结普通砖护壁（m³）
		夯扩桩		桩长 10 m 以内，10 m 以外
	砂、石桩		砂桩 碎石桩 砂石桩	桩长 10 m、15 m 以内，15 m 以外

三、桩基工程量计算

（一）桩基工程

1. 打桩

预制钢筋混凝土桩的体积，按设计桩长（包括桩尖，不扣除桩尖虚体积）乘以桩截面面积计算；管桩（空心方桩）的空心体积应扣除，管桩（空心方桩）的空心部分设计要求灌注混凝土或其他填充材料时，应另行计算。

打方桩体积：

$$V = a^2 L \times N$$

式中　a——方桩边长；
　　　L——设计桩长，包括桩尖长度（不扣减桩尖虚体积）；
　　　N——桩根数。

单根管桩体积：

$$V = [(\pi/4)D^2 L - (\pi/4)d^2 L] \times N$$

式中　D——管桩外径；
　　　d——管桩内径；
　　　L——设计桩长，包括桩尖长度（不扣减桩尖虚体积）；
　　　N——桩根数。

2. 接桩

接桩按每个接头以数量计算。

3. 送桩

送桩以送桩长度（自桩顶面至自然地坪另加 500 mm）乘以桩截面面积以体积计算。

$$V = S \times H \times N = S \times (h+0.5) \times N$$

式中 S——桩截面面积；

　　　N——桩根数；

　　　h——设计桩顶标高至自然地坪之间的高度差。

4．打孔沉管灌注桩

（1）灌注混凝土、砂、碎石使用活瓣桩尖时，单打、复打桩体积均按设计桩长（包括桩尖）另加 250 mm（设计有规定，按设计要求）乘以标准管外径以体积计算。使用预制钢筋混凝土桩尖时，单打、复打桩体积均按设计桩长（不包括预制桩尖）另加 250 mm 乘以标准管外径以体积计算。

（2）打孔、沉管灌注桩空沉管部分，按空沉管的实体积计算。其计算公式如下：

$$V = 管外径截面面积 \times [设计桩长（含活瓣桩尖）+ 加灌长度]$$

其中，设计桩长，含活瓣桩尖但不包括预制桩尖；加灌长度，超灌高度一般是设计根据规范要求在图纸中明确注明的要求，是在保证设计桩顶标高处混凝土强度符合设计要求的基础上应多灌注的高度。用来满足混凝土灌注充盈量，按设计规定；无规定时，按 0.25 m 计取。

（二）其他桩

其他桩的工程量均按桩长（包括桩尖）计算，其中，"砂石灌注桩"适用于各种成孔方式（振动沉管、锤击沉管）的砂石灌注桩，灌注桩的砂石级配、密实系数应包括在报价中。"挤密性"项目适用于各种成孔方式的灰土、石灰、水泥粉、煤灰、碎石等挤密桩。挤密桩的灰土级配、密实系数应包括在报价中。

（三）地下连续墙

"地下连续墙"项目适用于各种利用导墙施工的、构成建筑物或构筑物地下结构部分的永久性的复合型地下连续墙。而作为深基础支护结构的地下连续墙应列于清单措施项目费中，在分部分项工程清单中不反映此项目。

第八节　混凝土及钢筋混凝土工程量计算

一、混凝土及钢筋混凝土工程的工作内容

现代建筑工程中，建筑物的基础、主体骨架、结构构件、楼地面工程往往采用混凝土及钢筋混凝土作材料。根据施工方法不同，混凝土及钢筋混凝土分部的工作内容包括现浇混凝土和预制混凝土构件的制作、运输、浇筑、振捣、养护及钢筋工程。

混凝土及钢筋混凝土工程的主要用材由水泥、石子、砂、钢筋及模板组成，但由于模板项目不构成工程实体，所以在措施项目中列项计算。

二、混凝土及钢筋混凝土工程规范

混凝土工程包括自拌混凝土构件、预拌混凝土泵送构件和预拌混凝土非泵送构件三个部分,共设置441个子目。

自拌混凝土构件设置177个子目,主要包括:现浇构件(基础、柱、梁、墙、板、其他)、现场预制构件(桩、柱、梁、屋架、板、其他)、加工厂预制构件、构筑物。

预拌混凝土泵送构件设置114个子目,主要包括:泵送现浇构件(基础、柱、梁、墙、板、其他)、泵送预制构件(桩、柱、梁)、泵送构筑物。

预拌混凝土非泵送构件设置140个子目,主要包括:非泵送现浇构件(基础、柱、梁、墙、板、其他)、现场非泵送预制构件(桩、柱、梁、屋架、板、其他)、非泵送构筑物。

工程量计算规则见表4-11~表4-15。

表4-11 现浇混凝土基础(编号:010501)

项目编码	项目名称	项目特征	计量单位	工程量计算规则	工作内容
010501001	垫层	1.混凝土种类 2.混凝土强度等级	m³	按设计图示尺寸以体积计算。不扣除伸入承台基础的桩头所占体积	1.模板及支撑制作、安装、拆除、堆放、运输及清理模内杂物、刷隔离剂等 2.混凝土制作、运输、浇筑、振捣、养护
010501002	带形基础	^			
010501003	独立基础				
010501004	满堂基础				
010501005	桩承台基础				
010501006	设备基础	1.混凝土种类 2.混凝土强度等级 3.灌浆材料及其强度等级			

表4-12 现浇混凝土柱(编号:010502)

项目编码	项目名称	项目特征	计量单位	工程量计算规则	工作内容
010502001	矩形柱	1.混凝土种类 2.混凝土强度等级	m³	按设计图示尺寸以体积计算柱高: 1.有梁板的柱高,应自柱基上表面(或楼板上表面)至上一层楼板上表面之间的高度计算 2.无梁板的柱高:应自柱基上表面(或楼板上表面)至柱帽下表面之间的高度计算 3.框架柱的柱高:应自柱基上表面至柱顶高度计算 4.构造柱按全高计算,嵌接墙体部分(马牙槎)并入柱身体积 5.依附柱上的牛腿和升板的柱帽,并入柱身体积计算	1.模板及支架(撑)制作、安装、拆除、堆放、运输及清理模内杂物、刷隔离剂等 2.混凝土制作、运输、浇筑、振捣、养护
010502002	构造柱				
010502003	异形柱	1.柱形状 2.混凝土种类 3.混凝土强度等级			

表 4-13　现浇混凝土梁（编号：010503）

项目编码	项目名称	项目特征	计量单位	工程量计算规则	工程内容
010503001	基础梁	1.混凝土种类 2.混凝土强度等级	m³	按设计图示尺寸以体积计算。伸入墙内的梁头、梁垫并入梁体积内 梁长： 1.梁与柱连接时，梁长算至柱侧面 2.主梁与次梁连接时，次梁长算至主梁侧面	1.模板及支架（撑）制作、安装、拆除、堆放、运输及清理模内杂物、刷隔离剂等 2.混凝土制作、运输、浇筑、振捣、养护
010503002	矩形梁				
010503003	异形梁				
010503004	圈梁				
010503005	过梁				
010503006	弧形、拱形梁				

表 4-14　现浇混凝土墙（编号：010504）

项目编码	项目名称	项目特征	计量单位	工程量计算规则	工程内容
010504001	直形墙	1.混凝土种类 2.混凝土强度等级	m³	按设计图示尺寸以体积计算。扣除门窗洞口及单个面积>0.3 m²的孔洞所占体积，墙垛及凸出墙面部分并入墙体体积内计算	1.模板及支架（撑）制作、安装、拆除、堆放、运输及清理模内杂物、刷隔离剂等 2.混凝土制作、运输、浇筑、振捣、养护
010504002	弧形墙				
010504003	短肢剪力墙				
010504004	挡土墙				

表 4-15　现浇混凝土板（编号：010505）

项目编码	项目名称	项目特征	计量单位	工程量计算规则	工程内容
010505001	有梁板	1.混凝土种类 2.混凝土强度等级	m³	按设计图示尺寸以体积计算，不扣除单个面积≤0.3 m²的柱、垛及孔洞所占体积 压形钢板混凝土楼板扣除构件内压形钢板所占体积 有梁板（包括主、次梁与板）按梁、板体积之和计算，无梁板按板和柱帽体积之和计算，各类板伸入墙内的板头并入板体积内，薄壳板的肋、基梁并入薄壳体积内计算	1.模板及支架（撑）制作、安装、拆除、堆放、运输及清理模内杂物、刷隔离剂等 2.混凝土制作、运输、浇筑、振捣、养护
010505002	无梁板				
010505003	平板				
010505004	拱板				
010505005	薄壳板				
010505006	栏板				
010505007	天沟（檐沟）、挑檐板				按设计图示尺寸以体积计算	

续表

项目编码	项目名称	项目特征	计量单位	工程量计算规则	工程内容
010505008	雨篷、悬挑板、阳台板	1.混凝土种类 2.混凝土强度等级	m³	按设计图示尺寸以墙外部分体积计算。包括伸出墙外的牛腿和雨篷反挑檐的体积	1.模板及支架（撑）制作、安装、拆除、堆放、运输及清理模内杂物、刷隔离剂等 2.混凝土制作、运输、浇筑、振捣、养护
010505009	空心板			按设计图示尺寸以体积计算。空心板（GBF高强薄壁蜂巢芯板等）应扣除空心部分体积	
010505009	其他板			按设计图示尺寸以体积计算	

三、现浇混凝土工程量计算

现浇混凝土基础包括现场支模浇筑的各种混凝土基础，如带形基础、独立柱基础、桩承台、满堂基础、设备基础和垫层等。

1．带形基础

常见的带形基础截面有梯形、阶梯形和矩形三种。混凝土带形基础的工程量的一般计算公式为：

$$V = L \times S$$

式中　V——带形基础体积（m³）；

　　　L——带形基础长度（m），外墙按中心线长度计算，内墙按基底净长线计算；

　　　S——带形基础断面面积（m²）。

2．独立柱基础

独立柱基础一般为阶梯式或截锥式形状，当基础体积为阶梯式时，其体积为各阶梯矩形的长、宽、高相乘后相加；当基础体积为截锥式时，其体积可由矩形体积和棱台体积之和构成。

3．杯形基础

杯形基础的体积为两个矩形体积加上一个棱台体积减去一个倒棱台体积（杯口净空体积V杯）构成。

4．满堂基础

满堂基础分为无梁式和有梁式，一般厢式满堂基础的工程量应拆开计算，分为无梁式满堂基础、墙、板等三部分。另外，框架式设备基础也按此方法处理。

【例4-19】某建筑物有5根钢筋混凝土梁 L_1，配筋图如图4-13所示，③、④号钢筋为45°弯起，⑤号箍筋按抗震结构要求，试计算各号钢筋下料长度及5根梁钢筋总质量。

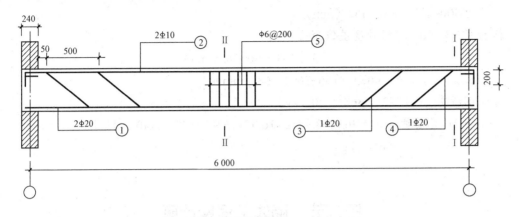

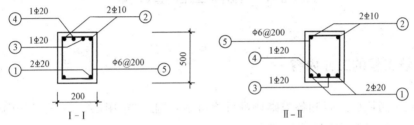

图 4-13 L_1 配筋图

【解】钢筋端部保护层厚度取10 mm，其他位置保护层厚度取25 mm。

①号钢筋：

下料长度：6 240-2×10=6 220（mm）

每根钢筋质量 =2.47×6.220=15.36（kg）

②号钢筋：

外包尺寸：6 240-2×10=6 220（mm）

下料长度：6 220+2×6.25×10=6 345（mm）

每根钢筋质量 =0.617×6.345=3.92（kg）

③号钢筋：

外包尺寸分段计算，即

端部平直段长：240+50+500-10=780（mm）

斜段长：（500-2×25）×1.414=636（mm）

中间直段长：6 240-2×（240+50+500+450）=3 760（mm）

端部竖直外包长：200×2=400（mm）

下料长度 = 外包尺寸－量度差值=2×（780+636）+3 760+400-2×2d-4×0.5
　　　　=6 592+400-2×2×20-4×0.5×20=6 872（mm）

每根钢筋质量 =2.47×6.872=16.97（kg）

同理④号钢筋下料长度也为6 872 mm，每根质量也为16.97 kg。

⑤号钢筋：

外包尺寸：宽度为 200-2×25+2×6=162（mm）

高度为 500-2×25+2×6=462（mm）

箍筋有三处 90°弯折量度差值为

$$3×2d=3×2×6=36（mm）$$

下料长度：2×（162+462）+156-36=1 368（mm）

每根钢筋质量 =0.222×1.368=0.30（kg）

5 根梁钢筋总质量 =［15.36×2+3.92×2+16.97+16.97+0.30×（6/0.2+1）］×5
=409（kg）

第九节　砌体工程量计算

一、砌筑工程的工作内容

砌筑工程是指用砖、石和各类砌块进行建筑物或构筑物的砌筑。主要工作内容包括基础、墙体、柱和其他零星砌体等的砌筑。

标准砖以 240 mm×115 mm×53 mm 为准，砖墙每增 1/2 砖厚，计算厚度增加 125 mm。使用非标准砖时，其砌体厚度应按砖的实际规格和设计厚度计算。

二、砌筑工程的工程量计算

（一）砖基础

最常见的砖基础为条形基础，工程量的计算规则是不分基础厚度和高度，以立方米计算。

1．基础长度

外墙基础的长度按外墙中心线计算，内墙基础的长度按内墙基础净长线计算。

2．墙基厚度

墙基厚度为基础主墙身的厚度。

3．基础高度

基础高度为墙身墙基分界线至放脚底面距离。

4．砖基础与墙身的划分原则

（1）砖（石）基础与墙身，以设计室内地面为界（有地下室者，以地下室设计室内地面为界），以下为基础，以上为墙身。

（2）基础与墙身使用不同材料时，当材料分界线位于设计室内地面 ±300 mm 以内时，以不同材料分界线为界，超过 ±300 mm 时，以设计室内地面为分界线。

（3）砖（石）围墙，以设计室外地坪为分界线，以下为基础，以上为墙身。

5．基础断面计算

砖基础受刚性角的限制，需在基础底部做成逐步放阶的形式，俗称大放脚。根据大放脚的断面形式划分，可分为等阶式大放脚和间隔式大放脚，如图 4-14 所示。

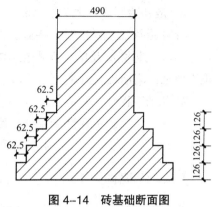

图 4-14 砖基础断面图

为了方便砖大放脚基础工程量的计算，可将放脚部分的面积折成相等墙基断面的面积，即墙基厚度乘以折算高度。一般情况下，先算出折算高度，再计算增加断面面积。每种规格的墙基折算高度见表 4-16。

表 4-16 砖基础大放脚折算高度表

大放脚层数	放脚形式	各种墙基厚度的折算高度 /m						增加断面面积 /m²
		0.115	0.180	0.240	0.365	0.490	0.615	
一	等高式	0.137	0.087	0.066	0.043	0.032	0.026	0.015 75
	间隔式	0.137	0.087	0.066	0.043	0.032	0.026	0.015 75
二	等高式	0.411	0.262	0.197	0.0129	0.096	0.077	0.047 25
	间隔式	0.342	0.219	0.164	0.108	0.080	0.064	0.039 375
三	等高式	0.822	0.525	0.394	0.269	0.193	0.154	0.094 50
	间隔式	0.685	0.437	0.328	0.216	0.161	0.128	0.078 75
四	等高式	1.370	0.875	0.656	0.432	0.321	0.256	0.157 50
	间隔式	1.096	0.700	0.525	0.345	0.257	0.205	0.126 00
五	等高式	2.054	1.312	0.984	0.647	0.482	0.384	0.236 25
	间隔式	1.643	1.050	0.787	0.518	0.386	0.307	0.189 00
六	等高式	2.876	1.837	1.378	0.906	0.675	0.538	0.330 75
	间隔式	2.260	1.444	1.083	0.712	0.530	0.423	0.259 88
七	等高式	3.835	2.450	1.837	1.208	0.900	0.717	0.441 00
	间隔式	3.013	1.925	1.444	0.949	0.707	0.563	0.346 50
八	等高式	4.930	3.150	2.362	1.553	1.157	0.922	0.567 00
	间隔式	3.835	2.450	1.838	1.208	0.900	0.717	0.441 00
九	等高式	6.163	3.937	2.953	1.942	1.446	1.152	0.708 75
	间隔式	4.793	3.062	2.297	1.510	1.125	0.896	0.551 25
十	等高式	7.533	4.812	3.609	2.373	1.768	1.409	0.866 25
	间隔式	5.821	3.719	2.789	1.834	1.366	1.088	0.669 375

6. 应扣除（或并入）的体积

计算砖基础工程量时，基础大放脚 T 形接头处的重叠部分和嵌入基础的钢筋、铁件、管道、基础防潮层及单个面积在 0.3 ㎡ 以内孔洞所占体积不予扣除，但靠墙暖气沟的挑檐也不增加。附墙垛基础宽出部分体积应并入基础工程量内。

砖基础工程量 = 基础长度 × 墙基厚度 × (基础高度 + 折算高度) − 扣除体积 + 并入体积

或 砖基础工程量 = 基础长度 × (墙基厚度 × 基础高度 + 增加断面面积) − 扣除体积 + 并入体积

（二）砖砌体

1. 实心砖墙

砖墙工程量的计算规则不分墙体厚度和高度，均按图示尺寸以立方米计算。

（1）墙体长度。外墙按外墙中心线计算；内墙按内墙净长线计算；围墙按设计长度计算。

（2）墙身高度。

1) 外墙墙身高度：斜（坡）屋面无檐口天棚者算至屋面板底；有屋架且室内外均有天棚者算至屋架下弦底另加 200 mm；无天棚者算至屋架下弦底另加 300 mm，出檐宽度超过 600 mm 时按实砌高度计算；平屋面算至钢筋混凝土板底，如图 4-15 所示。

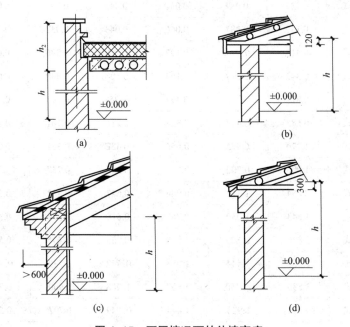

图 4-15 不同情况下的外墙高度

(a) 平屋面；(b) 斜屋面且室内外有天棚；(c) 出檐宽度大于 600 mm 的坡屋面；(d) 坡屋架无天棚

2) 内墙墙身高度：内墙位于屋架下弦者，算至屋架下弦底；无屋架者算至天棚底另加 100 mm；有钢筋混凝土楼板隔层者算至楼板顶；有框架梁时算至梁底。

3) 围墙高度：从设计室外地坪至围墙砖顶面。有砖压顶算至压顶顶面；无压顶算至围墙顶面；其他材料压顶算至压顶底面。

4) 女儿墙高度：自外墙顶面至图示女儿墙顶面高度，分别以不同墙厚并入外墙计算。

(3) 墙体厚度。墙体厚度为主墙身的厚度。

(4) 砖墙工程量计算公式。

$$砖墙工程量 = 墙体长度 \times 墙体高度 \times 墙体厚度 - 应扣除体积 + 应并入体积$$

2. 实心砖柱

"实心砖柱"项目适用各种类型柱，如矩形柱、异形柱、圆柱、包柱等，其工程量按实体体积，应并入砖柱基大放脚的体积，必须扣除混凝土及钢筋混凝土梁垫、梁头、板头所占体积。柱身与柱基的划分同墙身和墙基。

需要注意的是，独立柱的基础是四面大放脚形式。

$$柱身工程量 = 柱断面积 \times 柱高 \times 根数$$

3. 其他砖砌体

(1) "空斗墙"项目适用各种砌法的空斗墙，其工程量是以空斗墙外形体积计算，包括墙角、内外墙交接处、门窗洞口立边、窗台砖、屋檐处实砌部分的体积；窗间墙、窗台下、楼板下、梁头下的实砌部分应另行计算，按零星砌砖项目编码列项。

(2) 使用混凝土花格砌筑的空花墙，分实砌墙体与混凝土花格，并分别计算工程量，混凝土花格按混凝土及钢筋混凝土预制零星构件编码列项。

(3) "零星砌砖"适用台阶、台阶挡墙、梯带、锅台、炉灶、蹲台等。

台阶工程量可按水平投影面积计算（不包括梯带和台阶挡墙）；小型池槽、锅台、炉灶可按"个"计算，以"长×宽×高"顺序标明外形尺寸；砖砌小便池等可按长度计算。

(三) 砌块砌体

1. 空心砖墙、砌块墙

"空心砖墙、砌块墙"项目适用各种规格的空心砖和砌块砌筑的各种类型的墙体，嵌入空心砖墙、砌块墙的实心砖不扣除。

2. 空心砖柱、砌块柱

"空心砖柱、砌块柱"项目在计算时应注意梁头、板头下的实心砖体积不扣除。

(四) 石砌体

石基础、石墙的工程量计算规则与砖基础、砖墙类似，仅所用的材料不同。

第十节 措施项目

一、措施项目费

措施项目费是指为完成建设工程施工，发生于该工程施工前和施工过程中的技术、生活、安全、环境保护等方面的费用。措施项目费包括安全文明施工措施费、夜间施工增加费、已完工程及设备保护费、临时设施费、脚手架搭设费、混凝土模板及支架（撑）搭设费、垂直运输费等。

二、安全文明施工费

安全文明施工费应按国家、省级或行业建设主管部门的规定计价，不得作为竞争性费用。

其中，临时设施是施工企业为进行建筑、安装、市政工程施工所必需的生活和生产用的临时性建筑。它包括临时宿舍、文化福利及公用事业房屋与构筑物、仓库、办公室、加工厂及规定范围内道路、水、电、管线等临时设施和小型临时设施。临时设施费应包括上述临时设施的搭设费、维修费、拆除费或摊销费。

三、夜间施工增加费

夜间施工增加费是指合理工期内因施工工序需要连续施工而进行的夜间施工所发生的费用，包括照明设备的安拆、劳动功效降低、夜餐补助等费用。

夜间施工增加费的计算方法有两种：
（1）按费率形式常年计取。
（2）按估计的参加夜间施工人员数量计算。

四、场内二次搬运费

场内二次搬运费是指确因施工场地狭小，或由于现场施工情况复杂，材料不能直接运到单位工程周边需要再次中转，建设单位不能按正常合理的施工组织设计提供材料、构件堆放场地和设施用地的工程而发生的费用。

五、垂直运输费

建筑物垂直运输费包括单位工程在合理工期内完成所承包的全部工程项目所要的垂直运输机械费。建筑物垂直运输工程量根据建筑物结构类型和檐口高度（层数）按工期定额套用单项工程工期以日历天计算。

六、脚手架搭设费

脚手架是为高空施工操作、堆放和运送材料而设置的架设工具或操作平台。脚手架工程的工作内容主要是各种类型脚手架的搭拆、运输。

1. 外脚手架

（1）凡设计室外地坪至檐口（或女儿墙上表面）的砌筑高度在 15 m 以下的按单排脚手架计算；砌筑高度在 15 m 以上的或砌筑高度虽不足 15 m，但外墙门窗及装饰面积超过外墙表面积 60% 以上时，按双排脚手架计算。

（2）外墙脚手架按外墙外边线长度乘以外墙砌筑高度以平方米计算。超出外墙宽度，在 20 cm 以内的墙垛、附墙烟囱等不计算脚手架；宽度超过 24 cm 以外时按图示尺寸展开计算，并入外脚手架工程量之内，不扣除门窗洞口所在面积。

（3）石砌墙体，凡砌筑高度超过 1 m 以上时，按外脚手架计算。

（4）同一建筑物高度不同时，应按不同高度分别计算。

（5）现浇钢筋混凝土框架柱，按柱图示周长尺寸另加 3.6 m 乘以柱高，以双排脚手架计算。

（6）砌筑储仓、储水池及大型设备基础，凡距离地坪高度超过 1.2 m 以上时，均按双排脚手架计算。

2．里脚手架

（1）建筑物内墙，凡设计室内地坪至顶板下表面（或山墙高度的 1/2 处）的砌筑高度在 3.6 m 以下时，按里脚手架计算。里脚手架按墙面垂直投影面积计算。砌筑高度超过 3.6 m 以上时，按单排外脚手架计算。

（2）围墙脚手架，凡设计室外地坪至围墙顶面的砌筑高度在 3.6 m 以下的，按里脚手架计算；砌筑高度超过 3.6 m 以上时，按单排脚手架计算。

3．满堂脚手架

（1）室内天棚装饰面距设计室内地坪在 3.6 m 以上时应计算满堂脚手架。计算满堂脚手架后，墙面装饰则不再计算脚手架。

（2）满堂脚手架按室内净面积计算，高度为 3.6～5.2 m 时，计算基本层；超过 5.2 m 时，每增加 1.2 m 按增加一层计算，不足 0.6 m 的不计，用公式表示如下：

$$满堂脚手架增加层 =（室内净高度 - 5.2）/1.2$$

计算结果四舍五入。

（3）整体满堂钢筋混凝土基础，凡其宽度超过 3 m 以上时，按其地板面积计算满堂脚手架。

4．其他脚手架

（1）高度超过 3.6 m 墙面装饰不能利用原砌筑脚手架时，可以计算装饰脚手架。装饰脚手架按双排脚手架乘以 0.3 计算。

（2）水平防护架按实际铺板的水平投影面积以平方米计算。

（3）悬空脚手架，按搭设水平投影面积以平方米计算。挑脚手架，按单设长度和层数以延长米计算。

（4）架空运输脚手架，按搭设长度以延长米计算。

（5）立挂式安全网，按架网部分的实挂长度乘以实挂高度计算。挑出式安全网，按挑出的水平投影面积计算。

七、混凝土和钢筋混凝土模板搭设费

模板工程是由模板和支撑两部分组成。模板是使混凝土及钢筋混凝土具有结构构件所需要的形状和尺寸的一种模型,而支撑则是混凝土及钢筋混凝土从浇筑起至养护拆模止的架立结构。

模板按照所采用的材质不同,可分为钢模板、木模板和复合木模板三种。

1. 现浇钢筋混凝土及钢筋混凝土构件模板

(1)现浇混凝土及钢筋混凝土模板工程量,除另有规定者外,均应区别模板的不同材质,按混凝土与模板接触面的面积以平方米计算。

1)现浇基础模板工程量的计算。其计算公式如下:

$$无梁式带形基础 = 2 \times L \times h_1$$

$$有梁式带形基础 = L \times (h_1 + h_2) \times 2$$

独立基础有阶梯形和截锥形两种。

杯形基础适用于预制桩的独立基础,其模板要支三圈。

满堂基础有板式和梁式两种,其模板工程量就是板的周边面积和梁的两个侧面面积之和。

2)现浇柱模板。常见的现浇柱有矩形柱、圆形柱和异形柱,现浇柱有独立柱和构造柱之分。独立柱的模板工程量应为柱的表面积。

$$独立柱模板工程量 = 柱断面周长 \times 柱高 \times 根数$$

$$构造柱模板工程量 = 露明面积 \times 根数$$

3)梁模板。梁的支模情况一般有两种:一种是三面(两侧及地面)模板梁;另一种是两面(侧面)模板梁。因此,其工程量计算公式如下:

$$模板工程量 = (底面面积 + 两侧展开面积 + 两端头面积) \times 根数$$

4)墙模板。墙模板一般分为普通模板和大钢模板两类。

$$墙模工程量 = 墙垂直面积 \times 2$$

5)板模板。板模板分为有梁模板和无梁模板两类,平板模板在前面两类中去掉梁或柱帽模板即可。

$$板模工程量 = 板底面面积 + 梁侧面面积(或柱帽展开面面积)$$

(2)现浇钢筋混凝土柱、梁、板、墙的支模高度(即室外地坪至板底或下层的板面至上一层的板底之间的高度)以 3.6 m 以内为准,超过 3.6 m 以上的部分,另按超过部分计算加支撑工程量。

(3)现浇钢筋混凝土墙、板上单孔面积在 0.3 m^2 以内的孔洞,不予扣除,洞侧壁模板也不增加;单孔面积在 0.3 m^2 以外时,应予扣除,洞侧壁模板面积并入墙、板模板工程量之内计算。

(4)现浇钢筋混凝土框架分别按梁、板、柱、墙有关规定计算,附墙柱,并入墙内工程量计算。

(5)柱与梁、柱与墙、梁与梁等连接的重叠部分及深入墙内的梁头、板头部分,均不计算模板面积。

(6)构造柱外露面均应按图示外露部分计算模板面积。构造柱与墙接触面不计算模板面积。

（7）现浇钢筋混凝土悬挑板（雨篷、阳台）按图示外挑部分尺寸的水平投影面积计算。挑出墙外的牛腿梁及板边模板不另计算。

（8）现浇混凝土楼梯，以图示露明面尺寸的水平投影面积计算，不扣除小于 300 mm 楼梯井所在面积。楼梯的踏板、踏步板、平台梁等侧面模板，不另计算。

$$普通楼梯投影面积 = 水平投影长 \times 水平投影宽 \times 自然层数$$

（9）混凝土台阶不包括梯带，按图示台阶尺寸的水平投影面积计算，台阶端头两侧不另计算模板面积。

（10）现浇混凝土小型池槽按构件外围体积计算，池槽内外侧及底部的模板不应计算。

2．预制钢筋混凝土构件模板

（1）预制钢筋混凝土模板工程量，除另有规定者外，均按混凝土实体体积，以立方米计算。由于预制构件一般在场外制作，不能确定其支模方式，故均按体积计算模板工程量。

（2）小型池槽，按外形体积以立方米计算。

（3）预制桩尖，按虚体积（不扣除桩尖虚体积部分）以立方米计算。

3．构筑物钢筋混凝土模板

（1）构筑物工程的水塔、储水（油）池、储仓（圆形仓、矩形仓、漏斗）的模板工程量按混凝土与模板接触面积，以平方米计算。

（2）大型池槽等分别按基础、墙、板、梁、柱等有关规定计算并套用相应定额项目。

（3）液压滑升钢模板施工的烟囱、倒圆锥形水塔支筒、筒仓等，均按混凝土体积以立方米计算。预制倒圆锥形水塔水箱模板、水箱保温板，按混凝土体积以立方米计算。

（4）预制倒圆锥形水塔水箱组装、提升、就位，按不同容积以"座"计算。

【例 4-20】（多选）根据《建设工程工程量清单计价规范》（GB 50500—2013），下列措施项目中，可采用综合单价法的有（　　）。

A．混凝土模板　　　　B．夜间施工费

C．脚手架　　　　　　D．二次搬运费

E．室内空气污染测试

【答案】AC

【解析】可采用综合单价法的有：混凝土模板、脚手架、垂直运输等。B、D 项采用参数法计价；E 项采用分包法计价，故选 A、C 项。

【例 4-21】（单选）下列选项中采用分包法计价的措施项目为（　　）。

A．垂直运输费　　　　B．安全文明施工费

C．夜间施工增加费　　D．室内空气污染测试

【答案】D

【解析】室内空气污染测试采用分包法计价。A 项采用综合单价法计价，B、C 项采用参数法计价，故选 D 项。

【例 4-22】（多选）根据《建设工程工程量清单计价规范》（GB 50500—2013），在其他项目清单中，由业主估算来决定的其他项目费有（　　）。

A．暂估价　　　　　　B．计日工

C. 工程排污费   D. 暂列金额

E. 总承包服务费

【答案】AD

【解析】根据《建设工程工程量清单计价规范》(GB 50500—2013)，在其他项目清单中，由业主估算来决定的其他项目费有暂列金额、暂估价。

【例 4-23】（多选）采用《建设工程工程量清单计价规范》（GB 50500—2013）进行招标的工程，企业在投标报价时，不得作为竞争性费用的有（   ）。

A. 垂直运输费   B. 临时设施费

C. 分部分项工程费   D. 住房公积金

E. 税金

【答案】BDE

【解析】措施项目清单中的安全文明施工费应按照国家或省级、行业建设主管部门的规定计价，不得作为竞争性费用。安全文明施工费包括：安全施工费、文明施工费、临时设施费、环境保护费；规费和税金应按国家或省级、行业建设主管部门的规定计算，不得作为竞争性费用。规费包括"五险一金"。

思考题

1. 标底是由投标人编制，根据招标项目的具体情况编制的完成招标项目所需的全部费用，是根据国家规定的计价依据和计价方法计算出来的工程造价，一般由招标人或其委托的具有资质的工程造价咨询机构编制。这种说法是否正确？

2. 对格式条款有两种以上解释的，应当作出不利于提供格式条款一方的解释。格式条款和非格式条款不一致的，不应当采用格式条款。这种说法是否正确？

第五章

投资估算

第一节 投资估算概述

一、投资估算的定义与作用

投资估算是指在项目决策进程中,对建设项目投资数额进行的估算。投资估算是进行建设项目技术经济评价和投资决策的基础和主要依据之一,并据此控制设计概算。在项目建议书、预可行性研究、可行性研究、方案设计(包括概念方案设计和报批方案设计)阶段,应编制投资估算。投资估算的准确与否不仅影响到可行性研究工作的质量和经济评价结果,而且直接关系到下一阶段设计概算和施工图预算的编制,以及建设项目的资金筹措方案。因此,全面准确地编制投资估算是可行性研究乃至整个决策阶段造价管理的重要任务。

我国建设项目的投资估算可分为以下几个阶段:

(1)建设项目规划阶段的投资估算。建设项目规划阶段是指有关部门根据国民经济发展规划、地区发展规划和行业发展规划的要求,编制一个建设项目的建设规划。此阶段是按项目规划的要求和内容粗略估算建设项目所需投资额,其对投资估算精度的要求为允许误差大于 ±30%。

(2)项目建议书阶段的投资估算。项目建议书阶段是指按项目建议书中的产品方案、项目建设规模、产品主要生产工艺、企业车间组成、初选建厂地点等,估算建设项目所需投资额。此阶段项目投资估算是审批项目建议书的依据,也是判断项目是否需要进入下一阶段工作的依据,其对投资估算精度的要求为误差控制在 ±30% 以内。

(3)初步可行性研究阶段的投资估算。初步可行性研究阶段是指在掌握更详细、更深入的资料的条件下,估算建设项目所需投资额。此阶段项目投资估算是初步明确项目方案,为项目进行技术经济论证提供依据,同时也是判断是否进行详细可行性研究的依据,其对投资估算精度的要求为误差控制在 ±20% 以内。

(4)可行性研究阶段的投资估算。可行性研究阶段的投资估算较为重要,是对项目进行较详细的技术经济分析,决定项目是否可行并比选出最佳投资方案的依据。此阶段的投资估算经审查批准后,即是工程设计任务书中规定的项目投资限额,对工程设计概算起控制作用,其对投资估算精度的要求为误差控制在 ±10% 以内。

二、投资估算的作用

按照现行项目建议书和可行性研究报告编制深度和审批要求,其中,投资估算一经批准,在一般情况下不得随意突破。据此,投资估算的准确与否不仅影响到建设前期的投资决策,而且还直接关系到后续阶段设计概算、施工图预算以及项目建设期造价管理和控制。投资估算的具体作用如下:

(1)它是主管部门审批建设项目的主要依据,也是银行评估拟建项目投资贷款的依据。工程投资估算是工程方案设计招标的一部分,是立项、初步设计的重要经济指标。

(2)它是建设项目的投资估算、业主筹措资金、银行贷款、项目建设期造价管理和控制的重要依据。

(3)在工程项目初步设计阶段,为了保证不突破可行性研究报告批准的投资估算范围,需要进行多种方案的优化设计,实行按专业切块进行投资控制。因此,编制好投资估算,正确选择技术先进和经济合理的设计方案,为施工图设计打下坚实可靠的基础,才能最终使项目总投资的最高限额不被突破。

(4)项目投资估算的正确与否,也直接影响到对项目生产期所需要的流动资金和生产成本的估算,并对项目未来的经济效益(盈利、税金)和偿还贷款能力的大小也具有重要作用。

三、投资估算的编制依据

投资估算的编制依据主要包括以下几个方面:

(1)国家、行业和地方政府的有关规定。

(2)工程勘察与设计文件,图示计量或有关专业提供的主要工程量和主要设备清单。

(3)行业部门、项目所在地工程造价管理机构或行业协会等编制的投资估算指标、概算指标(定额)、工程建设其他费用定额(规定)、综合单价、价格指数和有关造价文件等。

(4)类似工程的各种技术经济指标和参数。

(5)工程所在地同期的人工、材料、机械市场价格,建筑、工艺及附属设备的市场价格和有关费用。

(6)政府有关部门、金融机构等部门发布的价格指数、利率、汇率、税率等有关参数。

(7)与建设项目相关的工程地质资料、设计文件、图纸等。

(8)委托人提供的其他技术经济资料。

四、投资估算的编制要求

(1)输入数据必须完整、可靠。

（2）工程内容和费用构成齐全，计算合理，不重复计算，不提高或者降低估算标准，不漏项，不少算。

（3）选用的估算方法要与项目实际相适应，选用指标与具体工程之间存在标准或者条件差异时，应进行必要的换算或调整。

（4）技术参数方程、经验曲线、费用性能分解及重要系数的推导或技术模型的建立，都要有明确的规定。

（5）对影响造价变动的因素进行敏感性分析，注意分析市场的变动因素，充分估计物价上涨因素和市场供求情况对造价的影响。

（6）综合考虑设计标准和工程造价两方面问题，在满足设计功能的前提下，节约建设成本。

（7）投资估算精度应能满足控制初步设计概算要求，并尽量减少投资估算的误差。

（8）估算文档要求完整归档。

五、工程造价信息

工程造价信息是一切有关工程估价过程的数据、资料的组合。在工程发、承包市场和工程建设中，无论是工程造价主管部门还是工程的承、发包者，都要接收、加工、传递和利用工程造价信息。从广义上说，所有对工程造价的估算与控制过程起作用的资料都可以称为工程造价信息，但是最能体现信息动态性变化特征，并且在工程价格市场机制中起重要作用的工程造价信息包括三类，即工程价格信息、已完工程信息和工程造价指数。

1．工程价格信息

工程价格信息主要包括各种建筑材料、装修材料、安装材料、人工工资、施工机械等的市场价格。这些信息是比较初级的微观信息，一般没有经过系统的加工处理，也可以称其为数据或原始信息。

2．已完工程信息

已完工程信息的内容应包括"量"（如主要工程量、材料量、设备量等）和"价"，还要包括对造价确定有重要影响的技术经济文件，如工程概况、建设条件等。

3．工程造价指数

工程造价指数是反映一定时期由于价格变化对工程造价影响程度的一种指标，它是调整工程造价价差的依据。工程造价指数反映了报告期与基期相比的价格变动趋势，在实际工作中，可以利用工程造价指数分析价格变动趋势及其原因、估计工程造价变化对宏观经济的影响。

（1）各项单项价格指数。各项单项价格指数中包括反映各类工程的人工费、材料费、施工机械使用费报告期价格对基期价格的变化程度的指标。可利用它研究主要单向价格变化的情况及其发展变化的趋势。其计算过程可以简单表示为报告期价格与基期价格之比。依次类推，可以把各种费率指数也归于其中，例如措施费指数、间接费指数，甚至工程建设其他费用指数等。这些费率指数的编制可以直接用报告期费率与基期费率之比求得。很明显，这些单项价格指数都属于个体指数。其编制过程相对比较简单。

（2）设备、工器具价格指数。设备、工器具的种类、品种和规格很多。设备、工器具费用的变动通常是由两个因素引起的，即设备、工器具单个采购价格的变化和采购数量的变化，并且工程所采购的设备、工器具是由不同规格、不同品种组成的，因此，设备、工器具价格指数属于总指数。由于采购价格与采购数量的数据无论是基期还是报告期都比较容易获得，因此，设备、工器具价格指数可以用综合指数的形式来表示。

（3）建筑安装工程造价指数。建筑安装工程造价指数也是一种综合指数，其中包括人工费指数、材料费指数、施工器具使用费指数，以及其他直接费、现场经费、间接费等各项个体指数。由于建筑安装工程造价指数相对比较复杂，涉及的方面较广，利用综合指数来进行计算分析难度较大。因此，可以通过对各项个体指数的加权平均，用平均数指数的形式来表示。

（4）建设项目或的单项工程造价指数。该指数是由设备、工器具指数、建筑安装工程造价指数、工程建设其他费用指数综合得到的。它也属于总指数，并且与建筑安装工程造价指数类似，一般也用平均数指数的形式来表示。

六、投资估算的编制步骤

投资估算是根据项目建议书或可行性研究报告中建设项目的总体构思和描述报告，利用以往积累的工程造价资料和各种经济信息，凭借估价师的知识、技能和经验编制而成。其编制步骤如下。

1．估算建筑工程费用

根据总体构思和描述报告中的建筑方案和结构方案构思、建筑面积分配计划和单项工程描述，列出各单项工程的用途、结构和建筑面积；利用工程计价的技术经济指标和市场经济信息，估算出建设项目中的建筑工程费用。

2．估算设备、工器具购置费用以及需安装设备的安装工程费用

根据可行性报告中机电设备构思和设备购置及安装工程描述，列出设备购置清单；参照设备安装工程估算指标及市场经济信息，估算出设备、工器具购置费用及需安装设备的安装工程费用。

3．估算其他费用

根据建设中可能涉及的其他费用构思和前期工作设想，按照国家、地方有关法规和政策，编制其他费用估算（包括预备费用和贷款利息）。

4．估算流动资金

根据产品方案，参照类似项目流动资金占用率，估算流动资金。

5．汇总出总投资

将建筑安装工程费用，设备、工器具购置费用，其他费用和流动资金汇总，估算出建设项目总投资。

第二节 投资估算的编制方法

现行建设投资估算的方法，主要以类似工程对比为主要思路，利用各种数学模型和统计经验公式进行估算，大体包括简单估算法、分类估算法和近年来发展飞速的现代数学为理论基础的估算方法。简单估算法有生产能力指数法、比例估算法、系数估算法和指标估算法等，前三种估算方法估算精度相对不高，主要是用于投资机会研究和项目预可行性研究阶段，在项目可行性研究阶段常采用投资估算指标法和投资分类估算法，而一些理论探讨比较多的是以模糊数学估算法和基于人工精神网络的估算方法为代表的现代方法。

一、建设投资简单估算方法

1. 单位生产能力估算法

单位生产能力估算是根据已建成的、性质类似的建设项目（或生产装置）的投资额或生产能力，以及拟建项目（或生产装置）的生产能力，做适当的调整之后得出拟建项目估算值。其计算公式如下：

$$C_2 = \left(\frac{C_1}{Q_1}\right) Q_2 f$$

式中　C_1——已建类似项目的投资额；
　　　Q_1——已建类似项目的生产能力；
　　　C_2——拟建项目的投资额；
　　　Q_2——拟建项目的生产能力；
　　　f——不同时期、不同地点的定额、单价、费率等的综合调整系数。

该方法一般只能进行粗略、快速地估计。由于项目之间时间、空间等因素的差异性，往往生产能力和造价之间并不是一种线性关系，所以，在使用这种方法时要注意拟建项目的生产能力和类似项目的可比性，否则误差很大。

由于在实际工作中不容易找到与拟建项目完全类似的项目，通常是把项目按其下属的车间、设施和装置进行分解，分别套用类似车间、设施和装置的单位生产能力投资指标计算，然后加总求得项目总投资。或根据拟建项目的规模和建设条件，将投资进行适当调整后估算项目的投资。

【例5-1】假定某地拟建一座2 000套客房的豪华旅馆，另有一座豪华旅馆最近在该地竣工，且掌握了以下资料：它有2 500套客房，有餐厅、会议室、游泳池、夜总会、网球场等设施。总造价为10 250万美元。试估算新建项目的总投资。

【解】根据单位生产能力估算法：

$$C_2 = \left(\frac{C_1}{Q_1}\right) Q_2 f = \left(\frac{10\ 250}{2\ 500}\right) \times 2\ 000 \times 1 = 8\ 200（万美元）$$

所以，拟建项目总投资估算8 200万美元。

2. 生产能力指数法

生产能力指数法与单位生产能力估算法的原理一样，它的改进之处在于将生产能力和造价之间的关系考虑为一种非线性的指数关系，在一定程度上提高了估算的精度。其计算公式如下：

$$C_2 = C_1 \left(\frac{Q_2}{Q_1} \right)^n f$$

式中 n——生产能力指数，$0 \leq n \leq 1$。

其他符号含义同前。

运用这种方法的重要条件是要有合理的生产能力指数。当已建类似项目和拟建项目规模相差不大，生产规模比值关系为 0.5～2 时，n 的取值近似为 1；当已建类似项目和拟建项目规模相差小于 50 倍，且拟建项目生产规模的扩大仅靠增大设备规模来达到时，则 n 取 0.6～0.7；若是靠增加相同规模设备的数量达到时，则 n 取 0.8～0.9。

该方法计算简单、速度快，主要应用于设计深度不足，拟建项目与已建类似项目的规模不同，设计定型并系列化、行业内相关指数与系数等基础资料完备的情况。

3. 系数估算法

系数估算法也称为因子估算法，它是以拟建项目的主体工程费或主要设备费为基数，以其他工程费的百分比为系数来估算项目总投资的方法。该方法主要应用于设计深度不足，拟建项目与已建类似项目的主体工程费或主要生产工艺设备投资比重较大，行业内相关系数等基础资料完备的情况。系数估算法的方法较多，有代表性的包括设备系数法、主体专业系数法、朗格系数法等。

【例 5-2】在某地建设一座年产 35 万套汽车轮胎的工厂，已知该工厂的设备到达工地费用为 2 400 万美元，试估算该厂的投资。

【解】轮胎工厂的生产流程基本上属于固体流程，因此，在采用朗格系数法时，全部数据应采用固体流程的数据。现计算如下：

（1）设备到达现场的费用 2 400 万美元。

（2）计算费用（a）为：

（a）= E×1.43 = 2 400×1.43 = 3 432（万美元）

则设备基础、绝热、油刷及安装费用：3 432−2 400 = 1 032（万美元）

（3）计算费用（b）为：

（b）= E×1.43×1.1 = 2 400×1.43×1.1 = 3 775.2（万美元）

则其中配管（管道工程）费用：3 775.2−3 432 = 343.2（万美元）

（4）计算费用（c）为：

（c）= E×1.43×1.1×1.5 = 2 400×1.43×1.1×1.5 = 5 662.8（万美元）

则电气、仪表、建筑等工程费用：5 662.8−3 775.2 = 1 887.6（万美元）

（5）计算投资 C：

C = E×1.43×1.1×1.5×1.31 = 2 400×1.43×1.1×1.5×1.31 = 7 418.27（万美元）

则间接费用：7 418.27−5 662.8 = 1 755.47（万美元）

由此估算出该厂的总投资为 7 418.27 万美元，其中，间接费用为 1 755.47 万美元。

4. 比例估算法

比例估算法是根据统计资料，先求出已有同类企业主要设备占全厂建设投资的比例，然后估算出拟建项目的主要设备投资，即可以按比例求出拟建项目的建设投资。

5. 混合法

混合法是根据主体专业设计的阶段和深度，投资估算编制者所掌握的国家及地区、行业或部门相关投资估算基础资料和数据（包括造价咨询机构自身设计和积累的可靠的相关造价基础资料），对一个拟建建设项目采用生产能力指数法与比例估算法或系数估算法与比例估算法混合进行估算其相关投资额的方法。

6. 指标估算法

指标估算法是把拟建建设项目以单项工程或单位工程，按建设内容纵向划分为各个主要生产设施、辅助及公用设施、行政及福利设施、各项其他基本建设费用，按费用性质横向划分为建筑工程、设备购置、安装工程等，根据各种具体的投资估算指标，进行各单位工程或单项工程投资的估算，在此基础上汇成拟建建设项目的各个单项工程费用和拟建建设项目的工程费用投资估算。再按相关规定估算工程建设其他费用、预备费、建设期贷款利息等，最后形成拟建建设项目总投资。

二、建设投资分类估算法

建设投资由建筑工程费、设备及工器具购置费、安装工程费、工程建设其他费用、基本预备费、涨价预备费、建设期利息构成。预备费在投资估算或概算编制阶段按第一、二部分费用比例分别摊入相应资产，在工程决算时按实际发生情况计入相应资产。

（一）建筑工程费的估算

建筑工程投资估算一般采用以下方法。

1. 单位建筑工程投资估算法

单位建筑工程投资估算法，以单位建筑工程量投资乘以建筑工程总量计算。

一般工业与民用建筑以单位建筑面积（m^2）的投资、工业窑炉砌筑以单位容积（m^3）的投资、水库以水坝单位长度（m）的投资、铁路路基以单位长度（km）的投资、矿山掘进以单位长度（m）的投资，乘以相应的建筑工程总量计算建筑工程费。

2. 单位实物工程量投资估算法

单位实物工程量投资估算法，以单位实物工程量的投资乘以实物工程总量计算。土石方工程按每立方米投资、矿井巷道衬砌工程按每延米投资、路面铺设工程按每平方米投资，乘以相应的实物工程总量计算建筑工程费。

3. 概算指标投资算法

对于没有上述估算指标且建筑工程费占投资比例较大的项目，可采用概算指标投资估算法。采用这种估算法，应采用较为详细的工程资料、建筑材料价格和工程费用指标，投入的时间和工作量较大。具体估算方法见有关专门机构发布的概算编制办法。

（二）设备及工器具购置费用估算

设备及工器具购置费用估算应根据项目主要设备表及价格、费用资料编制。工器具购置费一般按占设备费的一定比例计取。

设备及工器具购置费包括设备的购置费、工器具购置费、现场制作非标准设备费、生产用家具购置费和相应的运杂费。对于价值高的设备应按单台（套）估算购置费；价值较小的设备可按类估算。国内设备和进口设备的设备购置费应分别估算。国内设备购置费为设备出厂价加运杂费，运杂费可按设备出厂价的一定百分比计算。进口设备购置费由进口设备货价、进口从属费用及国内运杂费组成。进口从属费用包括国外运费、国外运输保险费、进口关税、消费税、进口环节增值税、外贸手续费、银行财务费用和海关监管手续费。国内运杂费包括运输费、装卸费、运输保险费等。

现场制作非标准设备，由材料费、人工费和管理费组成，按其占设备总费用的一定比例估算。

（三）安装工程费估算

需要安装的设备应估算安装工程费，包括各种机电设备装配和安装工程费用；与设备相连的工作台、梯子及其装设工程费用，附属于被安装设备的管线敷设工程费用；安装设备的绝缘、保温、防腐等工程费用；单体试运转和联动无负荷试运转费用等。

安装工程费通常按行业或专门机构发布的安装工程定额、取费标准的指标估算投资。具体计算可按安装费用率、每吨设备安装或者每单位安装实物工程量的费用估算。

（四）工程建设其他费用估算

工程建设其他费用按各项费用科目的费率或者取费标准估算。应编制工程建设其他费用估算表。

（五）流动资金估算

流动资金是指生产经营性项目投资后，为进行正常生产运营，用于购买原材料、燃料、支付工资及其他经营费用等所需的周转资金。流动资金估算一般采用分项详细估算法，个别情况或者小型项目可采用扩大指标估算法。

1. 分项详细估算法

对构成流动资金的各项流动资产和流动负债应分别进行估算。在可行性研究中，为化简计算，仅对存货、现金、应收账款和应付账款四项内容进行估算。

2. 扩大指标估算法

扩大指标估算法是一种简化的流动资金估算方法，一般可参照同类企业流动资金占销售收入、经营成本的比例，或者单位产量占用流动资金的数额估算。

三、影响投资估算准确程度的因素

（1）项目本身的复杂程度及对其认知的程度。有些项目本身相当复杂，没有或很少有已建的项目资料，如磁浮工程。在估算此类项目总投资时，就容易发生漏项、过高或过低地估计某些费用。

（2）对项目构思和描述的详细程度。一般来说，构思越深入，描述越详细，则估算的误差率越低。

（3）工程计价的技术经济指标的完整性和可靠程度。工程计价的技术经济指标，尤其是综合性较强的单位生产能力（或效益）投资指标，不仅要有价，而且要有量（主要工程量、材料量、设备量等），还应包括对投资有重大影响的技术经济条件（建设规模、建设时间、结构特征等），以利于准确使用和调整这些技术经济指标。工程计价的技术经济指标是平时对建设工程造价资料进行日积月累、去粗取精、去伪取真，用科学的方法编制而成的，而且不是固定的，必须随生产力发展、技术进步进行不断修正，使其能正确反映当前生产力水平，为现实服务。对过时的、落后的技术经济指标应及时进行更新或淘汰。

（4）项目所在地的自然环境描述的翔实性。如建设场地的地形地势，工程地质、水文地质和建筑结构对抗震的设防烈度、水文条件、气候条件等情况及有关数据的详细程度和真实性。

（5）对项目所在地的经济环境描述的翔实性。如城市规划、交通运输、基础设施与环境保护等条件的全面性和可靠性。

四、提高投资估算精度的主要方法

1. 提高项目投资估算资料和信息的详细程度

一般来说，投资估算所需资料和信息越详细，则投资估算的精度就会越高。具体体现在以下几个方面：

（1）对项目构思描述的详细程度。这些信息不包括待建项目类型、规模、建设地点、时间、总体结构、施工方案、主要设备类型、建设标准等，这些内容是进行投资估算最基本的内容，该内容越明确，则估算结果相对越准确。

（2）项目所在地的自然环境描述的翔实性。包括建设场地的地形、地势，工程地质，水文地质，气候条件等情况和相关数据的详细程度。

（3）项目所在地的经济环境描述的全面性。包括城市规划、交通运输、基础设施和环境保护等条件的全面性。

2. 提高项目投资估算资料的准确程度

（1）深入开展调查研究，认真收集、整理和积累各种建设项目的造价资料，掌握第一手资料。如上述关于项目所在地自然、经济环境描述的准确、可能性，项目本身特征描述的准确性，项目所在地的建筑材料、设备的价格信息和预测的可信度。

（2）实事求是地反映投资情况，不弄虚作假。

(3) 合理选用技术经济指标,切忌生搬硬套。选择使用技术经济指标,必须充分考虑建设期及其变动因素,项目所在地有利和不利的自然、经济方面的因素。

(4) 选用与拟建项目特征贴近度最大的已建项目资料进行比较。

3. 选用适用性高的投资估算方法

不同的投资估算方法具有一定的适用范围,因此,选取拟建项目的估算方法之前,要熟悉各种估算方法,根据要求的估算精度要求、项目特点、估算期选择最适合的估算方法。

4. 充分、全面考虑项目在各阶段的不确定因素对估算价格带来的影响

如前所述,全面考虑项目在决策阶段的信息量比较少,而产品建设周期一般又非常长,因此,关于估算的"价""量"和其他方面都可能会有大量的不确定因素存在。因此,识别、分析这些不确定因素,充分考虑其对估算价格带来的影响,将使估算价格更符合实际。

5. 不断提高估算人员的经验水平

不同的估算机构和估算人员,由于其经验、知识结构、能力、水平、诚信意识等方面可能存在差异,因此,导致对项目的认知程度、在估价资料的理解和使用等方面可能存在差异,这些都将导致最终投资估算精度的差异。阅历丰富的估算人员能够凭借自身的知识和经验,填补造价资料中的部分盲点,避免或减少估算过程中漏项的发生。

思考题

1. 投资估算的内容和作用有哪些?
2. 我国投资估算的阶段划分与精度要求是什么?
3. 如何编制建设项目的投资估算?

第六章

设计概算

第一节 设计概算概述

一、设计概算的定义与作用

1. 设计概算的定义

设计概算是以初步设计文件为依据，按照规定的程序、方法和依据，对建设项目总投资及其构成进行的概略计算。具体而言，设计概算是在投资估算的控制下由设计单位根据初步设计或扩大初步设计的图纸及说明，利用国家或地区颁发的概算指标、概算定额、综合指标预算定额、各项费用定额或取费标准（指标）、建设地区自然、技术经济条件和设备、设备材料预算价格等资料，按照设计要求，对建设项目从筹建至竣工交付使用所需全部费用进行的预计。设计概算的成果文件称作设计概算书，也简称设计概算。设计概算书是初步设计文件的重要组成部分，其特点是编制工作相对简略，无须达到施工图预算的准确程度，采用两阶段设计的建设项目，初步设计阶段必须编制设计概算；采用三阶段设计的，扩大初步设计阶段必须编制修正概算。

设计概算的编制内容包括静态投资和动态投资两个层次，静态投资作为考核工程设计和施工图预算的依据；动态投资作为项目筹措、供应和控制资金使用的限额。

设计概算经批准后，一般不得调整。如果由于下列原因需要调整概算时，应由建设单位调查分析变更原因，报主管部门审批同意后，由原设计单位核实编制调整概算，并按有关审批程序报批。当影响工程概算的主要因素查明且工程量完成一定量后，方可对其进行调整。一个工程只允许调整一次概算。允许调整概算的原因包括：一是超出原设计范围的重大变更；二是超出基本预备费规定范围的不可抗拒的重大自然灾害引起的工程变动和费用增加；三是超出工程造价价差预备费的国家重大政策性的调整。

2. 设计概算的作用

（1）设计概算是编制建设项目投资计划、确定和控制建设项目投资的依据。国家规定：编制年度固定资产投资计划，确定计划投资总额及其构成数额，要以批准的初步设计概算为依据，没有批准的初步设计及其概算的建设工程不能列入年度固定资产投资计划。经批准的建设项目设计总概算的投资额，是该工程建设投资的最高限额。

(2) 设计概算是签订建设工程合同和贷款合同的依据。《中华人民共和国合同法》（以下简称《合同法》）明确规定，建设工程合同是承包人进行工程建设、发包人支付价款的合同。合同价款的多少是以设计概算为依据，并且总承包合同不得超过设计总概算的投资额。

设计概算是银行拨款或签订贷款合同的最高限额，建设项目的全部拨款或贷款及各单项工程的拨款或贷款的累计总额，不能超过设计概算。

(3) 设计概算是控制施工图设计和施工图预算的依据。经批准的设计概算是建设项目投资的最高限额，设计单位必须按照批准的初步设计和总概算进行施工图设计，施工图预算不得突破设计概算。如确需突破总概算时，应按规定程序报经审批。

(4) 设计概算是衡量设计方案技术经济合理性和选择最佳设计方案的依据。设计概算是设计方案技术经济合理性的综合反映，据此可以用来对不同的设计方案进行技术与经济合理性比较，以便选择最佳的设计方案。

(5) 设计概算是工程造价管理及编制招标标底和投标报价的依据。设计总概算一经批准，就作为工程造价管理的最高限额，并据此对工程造价进行严格的控制。以设计概算进行招投标的工程，招标单位编制标底是以设计概算造价为依据的，并以此作为评标定标的依据。

(6) 设计概算是考核建设项目投资效果的依据。通过设计概算与竣工决算对比，可以分析和考核投资效果的好坏。同时，还可以验证设计概算的准确性，有利于加强设计概算管理和建设项目的造价管理工作。

二、设计概算的编制依据和内容

1．设计概算的编制依据

(1) 国家发布的有关法律、法规、规章、规程等。

(2) 批准的可行性研究报告及投资估算、设计图纸等有关资料。

(3) 有关部门颁布的现行概算定额、概算指标、费用定额等和建设项目设计概算编制办法。

(4) 有关部门发布的人工、设备材料价格造价指数等。

(5) 有关合同、协议等。

(6) 其他有关资料。

2．设计概算的内容

设计概算可分单位工程概算、单项工程综合概算和建设项目总概算三级。单位工程概算是确定各单位工程建设费用的文件，是编制单项工程综合概算的基础，也是单项工程综合概算的组成部分。单项工程综合概算是确定一个单项工程所需建设费用的文件，它是由单项工程中的各单位工程概算汇总编制而成的，是建设项目总概算的组成部分。建设项目总概算是确定整个建设项目从筹建到竣工验收所需要全部费用的文件，它是由各单项工程综合概算、工程建设其他费用概算、预备费、投资方向调节税概算、建设期贷款利息概算、经营性项目铺底流动资金等汇总编制而成的。设计概算的编制是从单位工程概算这一级编制开始,经过逐级汇总而成。

(1) 单位工程概算。单位工程概算是以初步设计文件为依据,按照规定的程序、方法和依据,计算单位工程费用的成果文件,是编制单项工程综合概算的依据,是单项工程综合概算的组成部分。单位工程概算按其工程性质,分为建筑工程概算和设备及安装工程概算两大类。

建筑工程概算包括土建工程概算,给水排水、采暖工程概算,通风、空调工程概算,电气照明工程概算,弱电工程概算,特殊构筑物工程概算和工业管道工程概算等。设备及安装工程概算包括机械设备及安装工程概算、电气设备及安装工程概算以及工具、器具及生产家具购置费概算等。

(2) 单项工程综合概算。单项工程综合概算是以初步设计文件为依据,在单位工程概算的基础上汇总单项工程费用的成果文件,由单项工程中的各单位工程概算汇总编制而成的,是建设项目总概算的组成部分。

(3) 建设项目总概算。建设项目总概算是以初步设计文件为依据,在单项工程综合概算的基础上计算建设项目概算总投资的成果文件,包含整个建设项目从筹建到竣工验收所需要全部的费用,它是由各单项工程综合概算、工程建设其他费用概算、预备费、投资方向调节税概算和建设期贷款利息概算及经营性项目铺底流动资金等汇总编制而成的。

第二节 设计概算的编制方法

一、单位工程概算及编制方法

单位工程概算分为建筑工程概算和设备及安装工程概算两大类,应根据单项工程中所属的每个单体按专业分别编制,一般按土建、装饰、采暖通风、给水排水、照明、工艺安装、自控仪表、通信、道路等专业或工程分别编制。建筑工程概算的编制方法有概算定额法、概算指标法、类似工程预算法等;设备及安装工程概算的编制方法有预算单价法、概算指标法、设备价值百分比法和综合吨位指标法等。

1. 建筑工程概算的编制方法

(1) 概算定额法(扩大单价法)。概算定额法又称为扩大单价法或扩大结构定额法。它是采用概算定额编制建筑工程概算的方法。

当初步设计建设项目达到一定深度,建筑结构比较明确,基本上能按初步设计图纸计算出楼面、地面、墙体、门窗和屋面等分部工程的工程量时,可采用这种方法编制建筑工程概算。在采用扩大单价法编制概算时,首先根据概算定额编制成扩大单位估价表,作为概算定额基价,然后用算出的扩大分部分项工程的工程量乘以单位估价,进行具体计算。

扩大单位估价表是确定单位工程中各扩大分部分项工程或完整的结构件所需全部材料费、人工费、施工机械使用费之和的文件,其计算公式如下:

概算定额基价 = 概算定额单位材料费 + 概算定额单位人工费 + 概算定额单位施工机械使用费

= Σ(概算定额中材料消耗量 × 材料预算价格) + Σ(概算定额中人工工日消耗量 × 人工工资单价) + Σ(概算定额中施工机械台班消耗量 × 机械台班费用单价)

(2) 概算指标法。概算指标法是用拟建的厂房、住宅的建筑面积或体积乘以技术条件相同或基本相同的概算指标得出人工、材料、机械费,然后按规定计算出企业管理费、利润、规费和税金等,得出单位工程概算的方法。当初步设计深度不够、不能准确地计算工程量,但工程设计采用的技术比较成熟而又有类似概算指标可以利用时,可采用概算指标法来编制概算。

(3) 类似工程预算法。当建设工程对象尚无完整的初步设计方案,而建设单位又急需上报设计概算时,可采用此方法。类似工程预算法是利用技术条件与设计对象相类似的已完工程或在建工程的工程造价资料来编制拟建工程设计概算的方法。类似工程预算法就是以原有的相似工程的预算为基础,按编制概算指标方法求出单位工程的概算指标,再按概算指标法编制建筑工程概算。

【例 6-1】某市拟建一栋框架结构的办公楼为 3 000 m²,采用钢筋混凝土带形基础,其造价为 52 元 /m²,已知本市普通框架结构的办公楼,建筑面积为 2 600 m²,建筑工程直接费为 380 元 /m²。其中,毛石基础的造价为 40 元 /m²,其他结构相同。求新拟建办公楼建筑工程直接费造价。

【解】拟建工程直接费造价 =(380-40+52)×3 000=117.6(万元)

2. 设备及安装工程概算的编制方法

设备及安装工程概算包括单位设备及工器具购置费概算和单位设备安装工程费概算两大部分。

(1) 设备及工器具购置费概算。设备购置费是根据初步设计的设备清单计算出设备原价,并汇总出设备总原价,然后按有关规定的设备运杂费率乘以设备总原价,设备原价和运杂费两项汇总之后再考虑工器具及生产家具购置费,即为设备及工器具购置费概算。可按下式计算

设备购置概算价值 = 设备原价 + 设备运杂费 = 设备原价 ×(1+ 设备运杂费费率)

(2) 设备安装工程费概算。设备安装工程费应按初步设计的设计深度和要求所明确的程度而采用,设备安装工程概算造价的编制方法包括:

1) 预算单价法。当初步设计较深,有详细的设备清单时,可直接按安装工程预算定额单价编制设备安装单位工程概算,概算程序基本上与安装工程施工图预算相同,就是根据计算的设备安装工程量乘以安装工程预算综合单价,经汇总求得。用此法编制概算,计算比较具体,精确性较高。

2) 扩大单价法。当初步设计深度不够,设备清单不完备,只有主体设备或仅有成套设备的数量时,可采用主体设备、成套设备或工艺线的综合扩大安装单价来编制概算。

3) 概算指标法。当初步设计的设备清单不完备,或安装预算单价及扩大综合单价不全,无法采用预算单价法和扩大单价法时,可采用概算指标编制概算。

二、单项工程综合概算

单项工程综合概算是以其所辖的建筑工程概算表和设备安装概算表为基础汇总编制的,是确定单项工程建设费用的综合文件,是由该单项工程的各专业单位工程概算汇总而成的,是建设项目总概算的组成部分。当建设项目只有一个单项工程时,单项工程综合概算(实为总概算)还应包括工程建设其他费用,含建设期贷款利息、预备费等的概算。

三、建设项目总概算

建设项目总概算是设计文件的重要组成部分,是确定整个建设项目从筹建到建成竣工交付使用所预计花费的全部费用的总文件。它是由各单项工程综合概算、工程建设其他费用、建设期贷款利息、预备费和经营性项目的铺底流动资金,按照主管部门规定的统一表格编制而成的。建筑工程项目总概算书的内容一般应包括封面及目录、编制说明、总概算表、工程建设其他费用概算表、单项工程综合概算表、单位工程概算表、工程量计算表、分年度投资汇总表与分年度资金流量汇总表,以及主要材料汇总表与工日数量表等。

第三节 设计概算的审查

一、设计概算审查的内容

(一) 设计概算审查的一般内容

1. 设计概算的编制依据

采用的各种编制依据必须经过国家和授权机关的批准,符合国家的现行编制规定,并且在规定的适用范围之内使用。

2. 审查概算编制深度

(1) 审查编制说明。审查编制说明可以检查概算的编制方法、深度和编制依据等重大原则问题。若编制说明有差错,则具体计算必有差错。

(2) 审查概算编制深度。审查是否有符合规定的"三级概算",各级概算的编制、校对、审核是否按规定签署,有无随意简化,有无把"三级概算"简化为"二级概算",甚至"一级概算"的现象。

(3) 审查概算的编制范围。审查概算的编制范围及具体内容是否与主管部门批准的建设项目范围及具体工程内容一致；审查分期建设项目的建筑范围及具体工程内容有无重复交叉，是否重复计算或漏算；审查其他费用应列的项目是否符合规定，静态投资、动态投资和经营性项目铺底流动资金是否分别列出等。

3．审查建设规模及标准

审查概算的投资规模、生产能力、设计标准、建设用地、建筑面积、主要设备、配套工程、设计定员等是否符合原批准可行性研究报告或立项批文的标准。如概算总投资超过原批准投资估算 10% 以上，应进一步审查超估算的原因。

4．审查设备规格、数量和配置

审查所选用的设备规格、台数是否与生产规模一致。材质、自动化程度有无提高标准，引进设备是否配套、合理，备用设备台数是否适当，消防、环保设备是否合理等。此外，还要重点审查设备价格是否合理、是否符合有关规定。

5．审查工程量

建筑安装工程投资随工程量增加而增加，要认真审查。要根据初步设计图纸、概算定额及工程量计算规则、专业设备材料表、建（构）筑物和总图运输一览表进行审查，有无多算、重算、漏算的现象。

6．审查计价指标

审查建筑工程采用工程所在地区的定额、价格指数和有关人工、材料、机械台班单价是否符合现行规定；审查安装工程所采用的专业或地区定额是否符合工程所在地区的市场价格水平，概算指标调整系数，以及主材价格、人工、机械台班和辅材调整系数是否按当时规定执行；审查引进设备安装费费率或计取标准，部分行业专业设备安装费费率是否按有关规定计算等。

7．审查其他费用

审查费用项目是否按国家统一规定计列，具体费率或计取标准是否按国家、行业或有关部门规定计算。有无随意列项，有无多列、交叉计列和漏项等。

（二）财政部对设计概算评审的要求

根据财政部办公厅文件《财政投资项目评审操作规程（试行）》（财办建〔2002〕619 号）的规定，对建设项目概算的评审包括以下内容：

（1）项目概算评审包括对项目建设程序、建筑安装工程概算、设备投资概算、待摊投资概算和其他投资概算等的评审。

（2）项目概算应由项目建设单位提供，项目建设单位委托其他单位编制项目概算的，由项目单位确认后报送评审机构进行评审。项目建设单位没有编制项目概算的，评审机构应督促项目建设单位尽快编制。

（3）项目建设程序评审包括对项目立项、项目可行性研究报告、项目初步设计概算、项目征地拆迁及开工报告等批准文件的程序性评审。

（4）建筑安装工程概算评审包括对工程量计算、概算定额选用、取费及材料价格等进行评审。

1）工程量计算的评审包括以下内容：
①审查施工图工程量计算规则的选用是否正确。
②审查工程量的计算是否存在重复计算现象。
③审查工程量汇总计算是否正确。
④审查施工图设计中是否存在擅自扩大建设规模、提高建设标准等现象。
2）定额套用、取费和材料价格的评审包括以下内容：
①审查是否存在高套、错套定额现象。
②审查是否按照有关规定计取工程间接费用及税金。
③审查材料价格的计取是否正确。

（5）设备投资概算评审，主要对设备型号、规格、数量及价格进行评审。

（6）待摊投资概算和其他投资概算的评审，主要对项目概算中除建筑安装工程概算、设备投资概算之外的项目概算投资进行评审。评审内容包括以下内容：

1）建设单位管理费、勘察设计费、监理费、研究试验费、招投标费、贷款利息等待摊投资概算，按国家规定的标准和范围等进行评审；对土地使用权费用概算进行评审时，应在核定用地数量的基础上，区别土地使用权的不同取得方式进行评审。

2）其他投资的评审，主要评审项目建设单位按概算内容发生并构成基本建设实际支出的房屋购置和基本禽畜、林木等购置、饲养、培育支出及取得各种无形资产和递延资产等发生的支出。

（7）部分项目发生的特殊费用，应视项目建设的具体情况和有关部门的批复意见进行评审。

（8）对已招标投标或已签订相关合同的项目进行概算评审时，应对招投标文件、过程和相关合同的合法性进行评审，并据此核定项目概算。对已开工的项目进行概算评审时，应对截止评审日的项目建设实施情况，分别按已完、在建和未建工程进行评审。

（9）概算评审时需要对项目投资细化、分类的，按财政细化基本建设投资项目概算的有关规定进行评审。

二、设计概算审查的方法

（一）对比分析法

对比分析法主要是指通过建设规模、标准与立项批文对比，工程数量与设计图纸对比，综合范围、内容与编制方法、规定对比，各项取费与规定标准对比，材料、人工单价与统一信息对比，引进设备、技术投资与报价要求对比，经济指标与同类工程对比等。通过以上对比分析，发现设计概算存在的主要问题和偏差。

（二）查询核实法

查询核实法是对一些关键设备和设施、重要装置、引进工程图纸不全、难以核算的较大投资进行多方查询核对，逐项落实的方法。主要设备的市场价向设备供应部门或招标公司查询核实,重要生产装置、设施向同类企业(工程)查询了解;引进设备价格及有关税费向进出口公司调查落实,复杂的建筑安装工程向同类工程的建设、承包、施工单位征求意见;深度不够或不清楚的问题直接向原概算编制人员、设计者询问清楚。

(三)联合会审法

联合会审前,可先采取多种形式分头审查,包括设计单位自审,主管、建设、承包单位初审,工程造价咨询公司评审,邀请同行专家预审,审批部门复审等;经层层审查把关后,由有关单位和专家进行联合会审。在会审大会上,先由设计单位介绍概算编制情况及有关问题,各有关单位、专家汇报初审及预审意见。然后,进行认真分析、讨论,结合对各专业技术方案的审查意见所产生的投资增减,逐一核实原概算出现的问题。经过充分协商,认真听取设计单位意见后,实事求是地处理、调整。

思考题

1. 单位设备安装工程概算有哪些编制方法?这些方法的适用条件是什么?
2. 如何编制建设项目的设计概算?
3. 单位建筑工程概算的编制有哪三种方法?各种方法的优点、缺点及其适用条件是什么?

第七章

施工图预算

第一节 施工图预算概述

一、施工图预算的概念

施工图预算是根据批准的施工图设计文件、计价定额、施工组织设计及费用定额等有关计价依据编制的工程造价文件。施工图预算应当控制在概算范围内,是在施工图设计阶段对工程建设所需资金做出较精确计算的造价文件。在实行工程量清单计价方式以前,大多是采用编制施工图预算方式控制工程造价。实行工程量清单计价后,招标工程的施工图预算表现为招标控制价(标底);施工企业的施工图预算表现为投标报价。依法不实行招标的建设工程和部分民营、外资投资建设项目,一般采用编制施工图预算控制工程造价。施工图预算有单位工程预算、单项工程预算和建设项目总预算。

二、施工图预算的模式

按现有意义,只要是按照工程施工图纸及计价所需的各种依据在工程实施前所计算的工程计价,均可以称为工程施工图定额价格。该施工图预算价格可以是按照政府统一规定的定额单价、取费标准、计价程序计算得到的计划中的价格,也可以是根据企业自身的实力和市场供求及竞争状况计算的反映市场的价格。实际上,这体现了两种不同的计价模式。按照预算造价的计算方式和管理方式的不同,施工图预算可以划分为两种计价模式,即统计计价模式和工程量清单计价模式。

1. 统计计价模式

在统计计价模式下,由国家制定工程预算定额,并且规定间接费的内容和取费标准。建设单位和施工单位均先根据规定预算定额中规定的工程量计算规则和定额单价计价计算工程量直接费,再按照规定的费率和取费程序计取间接费、利润和税金,汇总得到工程造价。其中,预算定额既包括消耗量标准,又含有单位估价。

2. 工程量清单计价模式

工程量清单计价模式是指按照工程量规范规定的全国统一工程量计算规则，由招标方提供工程量清单和有关技术说明，投标方根据企业自身的定额水平和市场价格进行计价的模式。

三、施工图预算的作用

（1）施工图预算是考核工程成本、确定工程造价的主要依据。施工图预算所确定的工程预算造价是施工企业产品的预算价格。施工企业必须在施工图预算的范围内加强经济核算，降低成本，增加盈利。

（2）施工图预算是编制投标文件、签订承发包合同的依据。施工图预算是实行招标、投标的重要依据。在直接委托承包时，施工图预算是签订工程承包合同的依据。建设单位和施工企业双方以施工图预算为基础，签订施工合同，明确双方的经济责任。

（3）施工图预算是工程价款结算的主要依据。在工程施工过程中，根据施工图预算和工程进度办理工程款预支和结算。工程竣工时，也以施工图预算为主要依据办理竣工结算。

（4）施工图预算是落实或调整年度建设计划的依据。由于施工图预算比设计概算更加具体、更切合实际，可据此落实或调整年度投资计划。

（5）施工图预算是施工企业编制施工计划的依据。施工图预算工料统计表列出了单位工程的各类人工和材料的需要量，施工企业可据此编制施工计划，进行施工准备活动。

四、施工图预算的编制依据

（1）批准的初步设计概算。经批准的设计概算文件是控制工程拨款和贷款的最高限额，也是控制单位预算的主要依据。若工程预算确定的投资总额超过设计概算，必须补做调整设计概算，经原批准机构或部门批准后方可实施。

（2）施工图纸及说明书和标准图集。经审定的施工图纸、说明书和标准图集，完整地反映了工程的具体内容，各分部分项的具体做法、结构、尺寸、技术特征和施工做法是编制施工图预算的主要依据。

（3）适用的预算定额或专业工程计价定额。国家和地区颁发的预算定额或专业工程计价定额是决定建筑产品价格的基础依据。

（4）施工组织的设计或施工方案。施工组织设计是由施工企业根据工程特点、现场状况及所具备的施工技术手段、队伍素质和经验等主、客观条件制定的综合实施方案，施工图预算的编制应尽可能切合施工组织设计或施工方案的实际情况。施工组织或施工方案是编制施工图预算和确定措施项目费用的主要依据之一。

（5）材料、人工、机械台班预算价格。人工、材料、机械台班预算价格是预算定额的主要因素，构成施工图预算的主要依据。计价定额中所考虑的人工、材料、机械台班预算价格只限于定额编制时的市场水平，在编制预算时应根据市场现阶段的行情或造价管理机构发布的指导价进行相应的调整。

（6）费用定额及各项取费标准。费用定额及各项取费标准由工程造价管理部门编制颁发。计算工程造价时，应根据工程性质和类别、承包方式及施工企业性质等不同情况分别套用。

第二节　施工图预算的编制

一、施工图预算编制准备工作

1. 熟悉施工图

施工图纸是准确计算工程量的基础资料。图纸详细表达了工程的构造、材料做法、材料品种及其规格、尺寸等内容。只有对施工图纸有较全面、详细的了解，才能结合预算划分项目，全面、正确地分析各分部分项工程，有步骤地计算其工程量。

2. 参加技术交底，踏勘施工现场

预算人员参加交底会和踏勘施工现场，要听取和收集下列信息：

（1）了解工程特点和施工要求，对施工中要求采用的一些新材料或新工艺应了解清楚。

（2）了解设计单位对施工条件和技术措施的要求和介绍，有助于编制人员注意措施性费用，防止漏项。

（3）预算编制人员可主动在技术交底会上就施工图中的疑问进行询问核实。

（4）了解场地、场外道路、水电源情况。通过踏勘施工现场，可以补充有关资料，例如：了解土方工程中土的类别、现场有无施工障碍需要拆除清理、现场有无足够的材料堆放场、超重设备的运输路线和路基的状况等，从而能够获取编制预算的必要依据，为充分理解施工组织设计做准备。

3. 熟悉施工组织设计或施工方案

要充分了解施工组织设计和施工方案，以便编制预算时注意影响工程费用的因素，如土方工程中的余土外运或缺土的来源、深基础的施工方法、放坡的坡度、大宗材料的堆放地点、预制件的运输距离及吊装方法等。

4. 确定和熟悉定额依据

在传统的定额计价模式下，定额依据的确定应当遵循"干什么工程执行什么定额，预算定额与费用定额配套使用"的原则。由于有些单位工程，如某些零星建筑工程，既可以套用建筑工程预算定额，也可以套用房屋修缮工程预算定额；某些厂区道路及排水工程，既可以套用建筑工程预算定额，也可以套用市政工程预算定额等，而套用不同定额所得到的工程造价是会有差异的。因此，准确、合理地使用预算定额非常重要。

预算定额选择一般应当遵循以下规定：

（1）新建与扩建的建筑工程预算，使用建筑工程单位计价表或建筑工程预算定额。

（2）建筑面积在 300 m² 以内的改建工程（既有拆除项目，又有新建项目），使用房屋修缮工程预算定额或参照建筑工程预算定额。

（3）跨地区（跨省、市）施工的建筑安装工程，执行工程所在地区相应专业的计价表或预算定额。

（4）按人防工程设计规范设计、按人防工程质量检验评定标准进行施工验收、抗力在 6 级及 8 级以上的人防工程，按人防工程预算定额执行；抗力等级以外的地下室，按建筑工程计价表或预算定额执行。

（5）城市内的道路、桥涵及地下管道等属市政部门管辖的基础性建设项目，执行市政工程计价表或预算定额；建设项目内的道路等，执行建筑工程计价表或定额；属交通部门范围内的公路、桥涵、港口、码头等建设项目，执行交通工程定额。

（6）公园、园林及仿古建筑工程，执行仿古建筑及园林工程预算定额。

（7）给水排水工程、设备安装工程、电气照明工程、管道通风工程等项目，执行全国统一安装工程预算定额或各地的计价表。

（8）通用性强的安装工程，一律执行全国统一安装工程预算定额。专业建筑安装工程，一律执行各有关专业部颁发的专业统一定额。

（9）各专业工程的费用定额与定额应配套使用，执行什么专业的预算定额，就采用相应的费用定额。

二、施工图预算工程量计算

1. 列项

在熟悉施工图纸、掌握预算定额、了解施工现场的基础上，在动手计算分项工程量之前，先排列分项工程名称，这是编制施工图预算的一个主要环节。同时，既要避免漏列工程子目，又要防止重复列项。排列分项名称可按分部顺序、分部内分项顺序进行。列完分项后，再按建筑物由下到上逐一校验有无漏项。

2. 计算工程量

在列项以后，根据设计图纸和施工说明书，按照工程量计算规则和计量单位的规定，对所列的分项工程量进行计算。工程量计算是预算工作的基础和重要组成部分，而且在整个预算编制过程中是最繁重的一道工序，直接影响到预算的及时性和正确性。

（1）工程量的含义。工程量是指以物理计量单位或自然计量单位表示的各个具体工程细目的数量。所谓物理计量单位，是以工程细目的某种物理属性为计量单位。如在土建工程中，多以米（m）、平方米（m²）、立方米（m³）及吨（t）等单位或它们的倍数来表示分项工程的计量单位。在安装工程中，则主要以分项工程中所规定的施工对象本身的自然组成情况，如个、组、台、套等，或它们的倍数作为计量单位，故称自然计量单位。

（2）工程量计算规则。正确计算工程量，不仅要求看懂施工图纸、掌握工程的具体情况，而且要求按照工程量计算规则进行计算。工程量计算规则是指建筑安装工程量计算规定，包括工程量的项目划分、计算内容、计算范围、计算公式和计量单位等。我国工程量计算规则是统一的。

（3）计算工程量的一般步骤。

1）根据工程内容和定额项目，列出计算工程量的分部分项工程名称；

2）根据一定的计算顺序和计算规则，列出计算式；

3）根据施工图纸上的设计尺寸及有关数据，代入计算式进行数值计算；

4）对计算结果的计量单位进行调整，使之与定额中相应的分部分项工程的计量单位保持一致。

（4）工程量计算一般顺序。在工程量计算过程中，为了防止遗漏、避免重复、便于核查，按照一定的顺序计算十分必要。工程量计算总体顺序如下：

1）按计价规范分部顺序计算；

2）按施工顺序计算；

3）按工程量内在关系合理安排顺序计算，例如应用统筹法原理计算。在工程量计算过程中，如发现原先排列的分项工程项目有遗漏，应随时补充列项，随时计算。

（5）工程量的整理与复核。工程量计算完毕后，要进行一次系统的整理。相同项目、套用同一定额的工程量，应合并"同类项"，避免项目的重复。经过整理的工程量要进行复核，发现问题及时纠正，保证计算工程量的准确无误。

三、实物量法编制单位工程施工图预算

1．实物法预算的含义

用实物法编制施工图预算，是先用各分项工程的实物工程量分别套取预算定额，求出单位工程所需的各种人工、材料、施工机械台班的消耗量，然后分别乘以工程当地各种人工、材料、施工机械台班的实际单价，分别求得人工费、材料费和施工机械使用费，再汇总、相加，求得直接费。最后，再按规定计取其他各项费用，得出单位工程施工图预算造价。

2．实物法预算的编制步骤

（1）准备资料、熟悉施工图纸。针对实物法的特点，在此阶段中特别需要全面地收集各种人工、材料、机械当时当地的实际价格，包括不同品种、不同规格的材料价格，不同工种人工工资单价，不同种类、不同型号的机械台班单价等。实际价格应真实、可靠。

（2）计算工程量。本步骤的内容与单价法相同，不再重复。

（3）套预算人工、材料、机械台班定额。预算定额的实物消耗量是完成一定计量单位的符合国家技术规范、质量标准并反映一定时期施工工艺水平的分项工程计价所需的人工、材料、施工机械台班消耗量的确定标准。在建筑工程费用、标准设计、施工技术及其相关规范和工艺水平等未有大的突破性的变化之前，定额的"量"具有相对稳定性。

（4）统计汇总单位工程所需的各类人工工日、材料、机械台班消耗量。根据预算定额所列的各类人工工日的含量，乘以各分项工程的工程量，算出各分项工程所需的各类人工工日的数量，汇总得出单位工程所需的各类人工工日消耗量。同样，根据预算定额所列的

各种材料含量,乘以各分项工程的工程量,分种类相加求出单位工程各种材料的消耗量。根据预算定额所列的各种施工机械台班含量,乘以各分项工程的工程量,按类相加求单位工程各种施工机械台班消耗量。其计算公式如下:

$$\sum 分项工程量 \times 定额单位工日数 = 单位工程人工工日需要量$$

$$\sum 分项工程量 \times 定额单位各项材料数量 = 单位工程需用各项材料数量$$

$$\sum 分项工程量 \times 定额单位各类机械台班数量 = 单位工程需用各类机械台班数量$$

(5)根据当时当地人工、材料和机械台班单价,汇总计算单位工程的人工费、材料费和机械使用费。随着我国市场经济体制的建立,人工单价、材料价格等已经成为影响工程造价最活跃的因素,工程造价主管部门定期发布价格、造价信息,可以作为编制施工图预算的参考价格。施工企业也可以根据自己的情况自行确定人工、材料、机械单价。

用当时当地的各类实际人工、材料、机械台班单价乘以相应的工料机消耗量,即得单位工程人工费、材料费和机械使用费。其计算公式如下:

$$\sum 单位工程人工工日数 \times 人工费单价 = 单位工程人工费$$

$$\sum 单位工程各项材料数量 \times 各项材料单价 + 其他材料费 = 单位工程材料费$$

$$\sum 单位工程各类机械台班数 \times 台班单价 + 其他机械使用费 = 单位工程机械台班$$

$$费人工费 + 材料费 + 机械台班费 = 预算直接费$$

(6)计算其他各项费用,汇总造价。这里的各项费用包括其他直接费、间接费、利润、税金等。一般来讲,其他直接费、税金相对比较稳定,而间接费、利润则要根据建筑市场供求状况随行就市,浮动较大。

(7)复核。要求认真检查人工、材料、机械台班的消耗数量计算是否准确,是否有漏算或多算,套取的定额是否正确。另外,还要检查采用的实际价格是否合理等。

(8)编制说明、填写封面。采用实物法编制施工图预算,由于所用的人工、材料和机械台班的单价都是当时当地的实际价格,所以,编制出的预算能比较准确地反映实际水平。但是,由于采用这种方法需要统计人工、材料、机械台班消耗量,还需要收集相应的实际价格,因而信息收集工作量较大。

第三节　施工图预算的审查

一、施工图预算审查的内容

审查的重点是施工图预算的工程量计算是否准确,定额套用、各项取费标准是否符合现行规定或单价计算是否合理等方面。审查的具体内容如下。

1. 审查编制依据

审查施工图预算是否依据现行国家、行业、地方政府有关法律、法规和规定编制,要保证施工图预算编制的合法性和有效性。

2．审查工程量

审查是否按照有关规定的工程量计算规则计算工程量。编制预算时是否考虑到了施工方案对工程量的影响。定额中要求扣除项或合并项是否按规定执行，工程计量单位的设定是否与要求的计量单位一致。

3．审查单价

套用定额单价时，各分部分项工程的名称、规格、计量单位和所包括的工程内容是否与定额一致。有单价换算时，换算的分项工程是否符合定额规定及换算是否准确。

采用实物量法和工程量清单单价法编制预算时，资源单价是否反映了市场供需状况和市场趋势。

4．审查其他的有关费用

审查措施费、间接费、利润和税金的计取基础和费率是否符合规定，有无多算或重算。

5．审查预算造价

审查施工图预算是否控制在已批准的设计概算投资范围内。

二、施工图预算审查的步骤

1．审查前准备工作

（1）熟悉施工图纸。施工图是编制与审查预算的重要依据，必须全面熟悉了解。

（2）根据预算编制说明，了解预算包括的工程范围，如配套设施、室外管线、道路，以及会审图纸后的设计变更等。

（3）弄清楚所用单位的工程计价表的适用范围，收集并熟悉相应的单价、定额资料。

2．选择审查方法，审查相应内容

工程规模、繁简程度不同，编制施工图预算的繁简和质量就不同，应选择适当的审查方法进行审查。

3．整理审查资料并调整定案

综合整理审查资料，同编制单位交换意见，定案后编制调整预算。经审查如发现差错应与编制单位协商，统一意见后进行相应增加或核减的修正。

三、施工图预算审查的方法

1．逐项审查法

逐项审查法又称全面审查法，即按定额顺序或施工顺序，对各项工程项目逐项、全面、详细审查的一种方法。该方法的优点是全面、细致、审查质量高、效果好；其缺点是工作量大、时间较长。这种方法适用于一些工程量较小、工艺比较简单的工程。

2．标准预算审查法

标准预算审查法就是对利用标准图纸或者通用图纸施工的工程，先集中力量编制预算标准，以此为准来审查工程预算的一种方法。按标准设计图纸施工的工程，一般上部结构和做法相同，只是根据现场施工条件或地质情况不同，仅对基础部分做局部改变。凡这样的工程，以标准预算为准，对局部修改部分单独审查即可，不需要逐一、详细审查。该方法的优点是时间短、效果好、易定案。其缺点是适用范围小，仅适用于采用标准图纸的工程。

3. 分组计算审查法

分组计算审查法就是把与预算中有关项目按类别划分若干组，利用同组中的一组数据审查分项工程量的一种方法。这种方法首先将若干分部分项工程按相邻且有一定内在联系的项目进行编组，利用同组分项工程之间具有相同或相近计算基数的关系，审查一个分项工程数，由此判断同组中其他几个分项工程的准确程度，如一般的建筑工程中将首层建筑面积可编为一组，先计算首层建筑面积或楼面面积，从而得知楼面找平层、顶棚抹灰工程量等，依此类推。该方法的特点是审查速度快、工作量小。

4. 对比审查法

对比审查法是当工程条件相同时，用已完工程的预算或未完但已经过审查修正的工程预算对比审查拟建工程的同类工程预算的一种方法。采用该方法一般须符合下列条件：

（1）拟建工程与已完成或在建工程预算采用同一施工图，但基础部分和现场施工条件不同，则相同部分可采用对比审查法。

（2）工程设计相同但建筑面积不同，两工程的建筑面积之比与两工程各分部分项工程量之比大体一致。此时可按分项工程量的比例，审查拟建工程各分部分项工程的工程量。或用两工程每平方米建筑面积的造价，每平方米建筑面积的各分部分项工程量对比进行审查。

（3）两工程面积相同但设计图纸不完全相同，则相同的部分，如厂房中的柱子、屋架、屋面、砖墙等，可进行工程量的对照审查。对不能对比的分部分项工程，可按图纸计算。

5. 重点审查法

重点审查法就是抓住工程预算中的重点进行审核的方法。审核的重点一般是工程量大或者造价较高的各种工程、补充定额、计取的各种费用（计费基础、取费标准）等。重点审查法的优点是突出重点，审查时间短、效果好。

【例 7-1】（单选）编制实施性成本计划的主要依据是（　　）。
A. 施工图预算　　　　B. 投资估算
C. 施工预算　　　　　D. 设计概算
【答案】C
【解析】实施性成本计划是项目施工准备阶段的施工预算成本计划。它是以项目实施方案为依据，以落实项目经理责任目标为出发点，采用企业的施工定额通过施工预算编制而形成的实施性施工成本计划。

【例 7-2】（单选）施工企业在工程投标及签订合同阶段编制的估算成本计划，属于（　　）成本计划。
A. 指导性　　　　　　B. 实施性
C. 作业性　　　　　　D. 竞争性

【答案】D

【解析】竞争性成本计划是施工项目投标及签订合同阶段的估算成本计划。

【例 7-3】（单选）实施性成本计划是在项目施工准备阶段，采用（　　）编制的施工成本计划。

A. 估算指标　　　　　　B. 概算定额
C. 施工定额　　　　　　D. 预算定额

【答案】C

【解析】实施性成本计划是项目施工准备阶段的施工预算成本计划，采用企业的施工定额通过施工预算编制而形成的实施性施工成本计划。

【例 7-4】（单选）在编制施工成本计划时，通常需要进行"两算"对比分析，"两算"指的是（　　）。

A. 施工图预算、成本核算
B. 施工图预算、施工预算
C. 施工预算、成本核算
D. 施工预算、施工决算

【答案】B

【解析】在编制实施性成本计划时，要进行施工预算和施工图预算的对比分析，通过"两算"对比，分析节约和超支的原因，以便制定解决问题的措施，防止工程亏损，为降低工程成本提供依据。

【例 7-5】（单选）下列关于施工预算和施工图预算比较的说法正确的是（　　）。

A. 施工预算既适用于建设单位，也适用于施工单位
B. 施工预算是投标报价的依据，施工图预算是施工企业组织生产的依据
C. 施工预算的编制以施工定额为依据，施工图预算的编制以预算定额为依据
D. 编制施工预算依据的定额比编制施工图预算依据的定额粗略一些

【答案】C

【解析】施工预算是施工企业内部管理用的一种文件，与建设单位无直接关系，故 A 项错误；施工预算是施工企业组织生产、编制施工计划、准备现场材料、签发任务书、考核功效、进行经济核算的依据，而施工图预算则是投标报价的主要依据，故 B 项错误；施工定额比预算定额划分得更详细、更具体，并对其中包括的内容，如质量要求、施工方法及所需劳动工日、材料品种、规格型号等均有较详细的规定或要求，故 D 项错误。

【例 7-6】（单选）下列关于施工预算、施工图预算"两算"对比的说法正确的是（　　）。

A. 施工预算的编制以预算定额为依据，施工图预算的编制以施工定额为依据
B. "两算"对比的方法包括实物对比法
C. 一般情况下，施工图预算的人工数量及人工费比施工预算低
D. 一般情况下，施工图预算的材料消耗量及材料费比施工预算低

【答案】B

【解析】施工预算的编制以施工定额为主要依据，施工图预算的编制以预算定额为主

要依据，故 A 项错误；"两算"对比的方法有实物对比法和金额对比法，故 B 正确；施工预算的人工数量及人工费比施工图预算一般要低 6% 左右，故 C 项错误；施工预算的材料消耗量及材料费一般低于施工图预算，故 D 项错误。

思考题

1. 什么是施工图预算？施工图预算有什么作用？
2. 施工图预算有哪两种模式？其区别是什么？
3. 简述施工图预算的编制依据。

第八章

建设项目施工阶段工程造价的计价与控制

第一节 工程变更与合同价款调整

一、工程变更概述

（一）工程变更的分类

工程变更包括工程量的变更、工程项目的变更（如发包人提出增加或删减原项目内容）、进度计划的变更、施工条件的变更等。考虑到设计变更在工程变更中的重要性，往往将工程变更分为设计变更和其他变更两大类。

1. 设计变更

在施工过程中如果发生设计变更，将对施工进度产生很大的影响。因此，应尽量减少设计变更。如果必须对设计进行变更，必须严格按照国家的规定和合同约定的程序进行。

由于发包人对原设计进行变更，以及经工程师同意的、承包人要求进行的设计变更，导致合同价款的增减及造成的承包人损失，由发包人承担，延误的工期相应顺延。

2. 其他变更

合同履行中发包人要求变更工程质量标准及发生其他实质性变更，由双方协商解决。

（二）工程变更的处理要求

（1）如果出现了必须变更的情况，应当尽快变更。

（2）工程变更后，应当尽快落实变更。工程变更指令发出后，应当迅速落实指令，全面修改相关的各种文件。承包人也应当抓紧落实，如果承包人不能全面落实变更指令，则扩大的损失应当由承包人承担。

(3) 对工程变更的影响应当作进一步分析。

二、《建设工程施工合同（示范文本）》条件下的工程变更

（一）工程变更的程序

监理人发出变更指示包括下列三种情形。

1. 监理人认为可能要发生变更的情形

在合同履行过程中，监理人认为可能要发生变更情形的，监理人可向承包人发出变更意向书。变更意向书应说明变更的具体内容和发包人对变更的时间要求，并附必要的图纸和相关资料。变更意向书应要求承包人提交包括拟实施变更工作的计划、措施和竣工时间等内容的实施方案。发包人同意承包人根据变更意向书要求提交的变更实施方案的，由监理人发出变更指示。若承包人收到监理人的变更意向书后认为难以实施此项变更，应立即通知监理人，说明原因并附详细依据。监理人与承包人和发包人协商后确定撤销、改变或不改变原变更意向书。

2. 监理人认为发生了变更的情形

在合同履行过程中，发生合同约定的变更情形的，监理人应向承包人发出变更指示。承包人收到变更指示后，应按变更指示进行变更工作。

3. 承包人认为可能要发生变更的情形

承包人收到监理人按合同约定发出的图纸和文件，经检查认为其中存在变更情形的，可向监理人提出书面变更建议。变更建议应阐明要求变更的依据，并附必要的图纸和说明。监理人收到承包人书面建议后，应与发包人共同研究，确认存在变更的，应在收到承包人书面建议后的 14 天内作出变更指示；经研究后不同意作为变更的，应由监理人书面答复承包人。无论何种情况确认的变更，变更指示只能由监理人发出。变更指示应说明变更的目的、范围、变更内容以及变更的工程量及其进度和技术要求，并附有关图纸和文件。承包人收到变更指示后，应按变更指示进行变更工作。

（二）工程变更的范围和内容

（1）更改有关部分的标高、基线、位置和尺寸。
（2）增减合同中约定的工程量。
（3）改变有关工程的施工时间和顺序。
（4）其他有关工程变更需要的附加工作。

（三）变更后合同价款的确定

1. 变更后合同价款的确定程序

变更发生后，承包人在工程变更确定后 14 天内，提出变更工程价款的报告，经工程师确认后调整合同价款，承包人在确定变更后 14 天内不向工程师提出变更工程价款报告时，视为该项变更不涉及合同价款的变更。工程师收到变更工程价款报告之日起 7 天内，予以

确认。工程师无正当理由不确认时,自变更价款报告送达之日起14天后变更工程价款报告自行生效。

2. 变更后合同价款的确定方法

变更合同价款按照下列方法进行:

(1)已标价工程量清单中有适用于变更工作子目的,采用该子目的单价。此种情况适用于变更工作采用的材料、施工工艺和方法与工程量清单中已有子目相同,同时也不因变更工作增加关键线路工程的施工时间。

(2)已标价工程量清单中无适用于变更工作子目但有类似子目的,可在合理范围内参照类似子目的单价,由发、承包双方商定或确定变更工作的单价。此种情况适用于变更工作采用的材料、施工工艺和方法与工程量清单中已有子目基本相似,同时也不因变更工作增加关键线路上工程的施工时间。

(3)已标价工程量清单中无适用或类似子目的单价,可按照成本加利润的原则,由发、承包双方商定或确定变更工作的单价。

(4)因分部分项工程量清单漏项或非承包人原因的工程变更,引起措施项目发生变化,造成施工组织设计或施工方案变更,原措施费中已有的措施项目,按原措施费的组价方法调整;原措施费中没有的措施项目,由承包人根据措施项目变更情况,提出适当的措施费变更,经发包人确认后调整。

(四)承包人的合理化建议

在履行合同过程中,承包人对发包人提供的图纸、技术要求及其他方面提出的合理化建议,均应以书面形式提交监理人。合理化建议书的内容应包括建议工作的详细说明、进度计划和效益及与其他工作的协调等,并附必要的文件。监理人应与发包人协商是否采纳建议。建议被采纳并构成变更的,监理人应向承包人发出变更指示。

承包人提出的合理化建议降低了合同价格、缩短了工期或者提高了工程经济效益的,发包人可按国家有关规定在专用合同条款中约定给予奖励。

(五)暂列金额与计日工

暂列金额只能按照监理人的指示使用,并对合同价格进行相应调整。尽管暂列金额列入合同价格,但并不属于承包人所有,也不必然发生。只有按照合同约定实际发生后,才成为承包人的应得金额,纳入合同结算价款中。扣除实际发生额后的暂列金额余额仍属于发包人所有。

发包人认为有必要时,由监理人通知承包人以计日工方式实施变更的零星工作,其价款按列入已标价工程量清单中的计日工计价子目及其单价进行计算。采用计日工计价的任何一项变更工作,应从暂列金额中支付。承包人应在该项变更的实施过程中,每天提交以下报表和有关凭证报送监理人审批:

(1)工作名称、内容和数量。

(2)投入该工作所有人员的姓名、工种、级别和耗用工时。

(3）投入该工作的材料类别和数量。

(4）投入该工作的施工设备型号、台数和耗用台时。

(5）监理人要求提交的其他资料和凭证。

（六）暂估价

在工程招标阶段已经确定的材料、工程设备或专业工程项目，但无法在当时确定准确价格，而可能影响招标效果的，可由发包人在工程量清单中给定一个暂估价。确定暂估价实际开支分以下三种情况。

1．依法必须招标的材料、工程设备和专业工程

发包人在工程量清单中给定暂估价的材料、工程设备和专业工程属于依法必须招标的范围并达到规定的规模标准的，由发包人和承包人以招标的方式选择供应商或分包人。发包人和承包人的权利义务关系在专用合同条款中约定。中标金额与工程量清单中所列的暂估价的金额差及相应的税金等其他费用列入合同价格。

2．依法不需要招标的材料、工程设备

发包人在工程量清单中给定暂估价的材料和工程设备不属于依法必须招标的范围或未达到规定的规模标准的，应由承包人提供。经监理人确认的材料、工程设备的价格与工程量清单中所列的暂估价的金额差及相应的税金等其他费用列入合同价格。

3．依法不需要招标的专业工程

发包人在工程量清单中给定暂估价的专业工程不属于依法必须招标的范围或未达到规定的规模标准的，由监理人按照合同约定的变更估价原则进行估价。经估价的专业工程与工程量清单中所列的暂估价的金额差及相应的税金等其他费用列入合同价格。

三、FIDIC 合同条件下的工程变更

（一）工程变更的范围

由于工程变更属于合同履行过程中的正常管理工作，工程师可以根据施工进展的实际情况，在认为必要时就以下几个方面发布变更指令。

(1）对合同中任何工作工程量的改变。

(2）任何工作质量或其他特性的变更。

(3）工程任何部分标高、位置和尺寸的改变。

(4）删减任何合同约定的工作内容。

(5）新增工程按单独合同对待。

(6）改变原定的施工顺序或时间安排。

（二）变更程序

颁发工程接收证书前的任何时间，工程师可以通过发布变更指示或以要求承包商递交建议书的任何一种方式提出变更。

1. 指令变更

工程师在业主授权范围内根据施工现场的实际情况，在确属需要时有权发布变更指令。指令的内容应包括详细的变更内容、变更工程量、变更项目的施工技术要求和有关部门文件图纸，以及变更处理的原则。

2. 要求承包商递交建议书后再确定的变更

（1）工程师将计划变更事项通知承包商，并要求承包商递交实施变更的建议书。

（2）承包商应尽快予以答复。一种情况可能是通知工程师由于受到某些非自身原因的限制而无法执行此项变更；另一种情况是承包商依据工程师的指令递交实施此项变更的说明，其内容包括：

1）将要实施的工作说明书以及该工作实施的进度计划。

2）承包商依据合同规定对进度计划和竣工时间作出任何必要修改的建议，提出工期顺延要求。

3）承包商对变更估价的建议，提出变更费用要求。

（3）工程师作出是否变更的决定，尽快通知承包商说明批准与否或提出意见。在这一过程中应注意如下问题：

1）承包商在等待答复期间，不应延误任何工作。

2）工程师发出每一项实施变更的指令，应要求承包商记录支出的费用。

3）承包商提出的变更建议书，只是作为工程师决定是否实施变更的参考。除工程师作出指令或批准以总价方式支付的情况外，每一项变更应依据计量工程量进行估价和支付。

（三）变更估价

1. 变更估价的原则

承包人按照工程师的变更指示实施变更工作后，往往会涉及对变更工程的估价问题。变更工程的价格或费率，往往是双方协商时的焦点。计算变更工程应采用的费率或价格，可分为以下三种情况：

（1）变更工作在工程量表中有同种工作内容的单价或价格，应以该单价计算变更工程费用。实施变更工作未引起工程施工组织和施工方法发生实质性变动，不应调整该项目的单价。

（2）工程量表中虽然列有同类工作的单价或价格，但对具体变更工作而言已不适用，应在原单价或价格的基础上制定合理的新单价或价格。

（3）变更工作的内容在工程量表中没有同类工作的单价或价格，应按照与合同单价水平一致的原则，确定新的单价或价格。任何一方不能以工程量表中没有此项价格为借口，将变更工作的单价定得过高或过低。

2. 可以调整合同工作单价的原则

具备以下条件时，允许对某一项工作规定的单价或价格加以调整：

（1）此项工作实际测量的工程量比工程量表或其他报表中规定的工程量的变动大于10%。

（2）工程量的变更与对该项工作规定的具体单价的乘积超过了接受的合同款额的 0.01%。

（3）由此工程量的变更直接造成该项工作每单位工程量费用的变动超过 1%。

3. 删减原定工作后对承包商的补偿

工程师发布删减工作的变更指示后承包商不再实施部分工作，合同价款中包括的直接费部分没有受到损害，但摊销在该部分的间接费、税金和利润则实际不能合理回收。因此，承包商可以就其损失向工程师发出通知并提供具体的证明资料，工程师与合同双方协商后确定一笔补偿金额加入到合同价内。

（四）承包商申请的变更

承包商根据工程施工的具体情况，可以向工程师提出对合同内任何一个项目或工作的详细变更请求报告。未经工程师批准前，承包商不得擅自变更；若工程师同意，则按工程师发布变更指示的程序执行。

（1）承包商提出变更建议。承包商认为如果采纳其建议将可能：加速完工；降低业主实施、维护或运行工程的费用；对业主而言能提高竣工工程的效率或价值；为业主带来其他利益。承包商可提出变更建议。

（2）承包商应自费编制此类建议书。

（3）如果由工程师批准的承包商建议包括一项对部分永久工程的设计的改变，通用条件的条款规定如果双方没有其他协议，承包商应设计该部分工程。如果承包商不具备设计资质，也可以委托有资质单位进行分包。

（4）接受变更建议的估价。

1）如果此改变造成该部分工程的合同的价值减少，工程师应与承包商商定或决定一笔费用，并将之加入合同价格。这笔费用应是以下金额差额的一半（50%）。

①合同价的减少。由此改变造成的合同价值的减少，不包括依据后续法规变化做出的调整和因物价浮动调价所做的调整。

②变更对使用功能的影响。考虑到质量、预期寿命或运行效率的降低，对业主而言已变更工作价值上的减少（如有时）。

2）如果降低工程功能的价值大于减少合同价格对业主的好处，则没有该笔奖励费用。

（五）按照计日工作实施的变更

对于一些小的或附带性的工作，工程师可以指示按计日工作实施变更。这时，工作应当按照包括在合同中的计日工作计划表进行估价。

第二节　工程索赔

一、工程索赔的概念和分类

（一）工程索赔的概念

工程索赔是指在工程承包合同履行中，当事人一方由于另一方未履行合同所规定的义务或出现了应当由对方承担的风险而遭受损失时，向另一方提出赔偿要求的行为。通常情况下，索赔是指承包人（施工单位）在合同实施过程中，对非自身原因造成的工程延期、费用增加而要求发包人给予补偿损失的一种权利要求。

索赔可以概括为以下三个方面：

（1）一方违约使另一方蒙受损失，受损方向对方提出赔偿损失的要求。

（2）发生应由业主承担责任的特殊风险或遇到不利自然条件等情况，使承包商蒙受较大损失而向业主提出补偿损失的要求。

（3）承包商本人应当获得的正当利益，由于没能及时得到监理工程师的确认和业主应给予的支付，而以正式函件向业主索赔。

（二）工程索赔产生的原因

1. 当事人违约

当事人违约常常表现为没有按照合同约定履行自己的义务。发包人违约常常表现为没有为承包人提供合同约定的施工条件、未按照合同约定的期限和数额付款等。工程师未能按照合同约定完成工作，如未能及时发出图纸、指令等也视为发包人违约。承包人违约的情况则主要是没有按照合同约定的质量、期限完成施工，或者由于不当行为给发包人造成其他损害。

2. 不可抗力事件

不可抗力可分为自然事件和社会事件。自然事件主要是不利的自然条件和客观障碍，如在施工过程中遇到了经现场调查无法发现、业主提供的资料中也未提到的、无法预料的情况。社会事件则包括国家政策、法律、法令的变更，战争，罢工等。

3. 合同缺陷

合同缺陷表现为合同文件规定不严谨甚至矛盾，合同中的遗漏或错误。在这种情况下，工程师应当给予解释。如果这种解释将导致成本增加或工期延长，发包人应当给予补偿。

4. 合同变更

合同变更表现为设计变更、施工方法变更、追加或者取消某些工作、合同其他规定的变更等。

5．工程师指令

工程师指令有时也会产生索赔，如工程师指令承包人加速施工、进行某项工作、更换某些材料、采取某些措施等。

6．其他第三方原因

其他第三方原因常常表现为与工程有关的第三方的问题而引起的对本工程的不利影响。

（三）工程索赔的分类

1．按索赔的合同依据分类

（1）合同中明示的索赔。明示的索赔是指承包人所提出的索赔要求，在该工程项目的合同文件中有文字依据，承包人可以据此提出索赔要求，并获得经济补偿。这些在合同文件中有文字规定的合同条款，称为明示条款。

（2）合同中默示的索赔。默示的索赔，即承包人的该项索赔要求，虽然在工程项目的合同条款中没有专门的文字叙述，但可以根据该合同的某些条款的含义，推论出承包人有索赔权。这种索赔要求同样有法律效力，承包人有权得到相应的经济补偿。这种有经济补偿含义的条款，在合同管理工作中被称为"默示条款"或称为"隐含条款"。

2．按索赔目的分类

（1）工期索赔。由于非承包人责任的原因而导致施工进程延误，要求批准顺延合同工期的索赔，称为工期索赔。工期索赔形式上是对权利的要求，以避免在原定合同竣工日不能完工时，被发包人追究拖期违约责任。一旦获得批准合同工期顺延后，承包人不仅免除了承担拖期违约赔偿费的严重风险，而且可能提前工期得到奖励，最终仍反映在经济收益上。

（2）费用索赔。费用索赔的目的是要求经济补偿。当施工的客观条件改变导致承包人增加开支，要求对超出计划成本的附加开支给予补偿，以挽回不应由他承担的经济损失。

3．按索赔事件的性质分类

（1）工程延误索赔。因发包人未按合同要求提供施工条件，如未及时交付设计图纸、施工现场、道路等，或因发包人指令工程暂停或不可抗力事件等原因造成工期拖延的，承包人对此提出索赔。这是工程中常见的一类索赔。

（2）工程变更索赔。由于发包人或监理人指令增加或减少工程量，或增加附加工程、修改设计、变更工程顺序等，造成工期延长和费用增加，承包人对此提出索赔。

（3）合同被迫终止的索赔。由于发包人或承包人违约及不可抗力事件等原因造成合同非正常终止，无责任的受害方因其蒙受经济损失而向对方提出索赔。

（4）工程加速索赔。由于发包人或监理人指令承包人加快施工速度，缩短工期，引起承包人的人、财、物的额外开支而提出的索赔。

（5）意外风险和不可预见因素索赔。在工程实施过程中，因人力不可抗拒的自然灾害、特殊风险以及一个有经验的承包人通常不能合理预见的不利施工条件或外界障碍，如地下水、地质断层、溶洞、地下障碍物等引起的索赔。

（6）其他索赔。如因货币贬值、汇率变化、物价上涨、政策法令变化等原因引起的索赔。

二、工程索赔的处理程序

（一）索赔程序

1.《建设工程施工合同（示范文本）》规定的工程索赔程序

（1）索赔的提出。承包人向发包人的索赔应在索赔事件发生后，持证明索赔事件发生的有效证据和依据正当的索赔理由，按合同约定的时间向发包人递交索赔通知；发包人应按合同约定的时间对承包人提出的索赔进行答复和确认。当发、承包双方在合同中对此通知未作具体约定时，可按以下规定办理：

1）承包人应在确认引起索赔的事件发生后 28 天内向发包人发出索赔通知，否则，承包人无权获得追加付款，竣工时间不得延长。承包人应在现场或发包人认可的其他地点，保持证明索赔可能需要的记录。发包人收到承包人的索赔通知后，未承认发包人责任前，可检查记录保持情况，并可指示承包人保持进一步的同期记录。

2）在承包人确认引起索赔的事件后 42 天内，承包人应向发包人递交一份详细的索赔报告，包括索赔的依据、要求追加付款的全部资料。

3）如果引起索赔的事件具有连续影响，承包人应按月递交进一步的中间索赔报告，说明累计索赔的金额。承包人应在索赔事件产生的影响结束后 28 天内，递交一份最终索赔报告。

（2）承包人索赔的处理程序。发包人在收到索赔报告后 28 天内，应作出回应，表示批准或不批准并附具体意见。还可以要求承包人提供进一步的资料，但仍要在上述期限内对索赔作出回应。发包人在收到最终索赔报告后的 28 天内，未向承包人作出答复，视为该项索赔报告已经认可。

（3）承包人提出索赔的期限。承包人接受了竣工付款证书后，应被认为已无权再提出在合同工程接收证书颁发前所发生的任何索赔。承包人提交的最终结清申请单中，只限于提出工程接收证书颁发后发生的索赔。提出索赔的期限自接受最终结清证书时终止。

2. FIDIC 合同条件规定的工程索赔程序

FIDIC 合同条件只对承包商的索赔作出了以下规定：

（1）承包商发出索赔通知。如果承包商认为有权得到竣工时间的任何延长期和（或）任何追加付款，承包商应当向工程师发出通知，说明索赔的事件或情况。该通知应当尽快在承包商察觉或者应当察觉该事件或情况后 28 天内发出。

（2）承包商未及时发出索赔通知的后果。如果承包商未能在上述 28 天期限内发出索赔通知，则竣工时间不得延长，承包商无权获得追加付款，而业主应免除有关该索赔的全部责任。

（3）承包商递交详细的索赔报告。在承包商察觉或者应当察觉该事件或情况后 42 天内，或在承包商可能建议并经工程师认可的其他期限内，承包商应当向工程师递交一份充分详细的索赔报告，包括索赔的依据、要求延长的时间和（或）追加付款的全部详细资料。如果引起索赔的事件或情况具有连续影响，则：

1）上述充分详细索赔报告应被视为中间的。

2）承包商应当按月递交进一步的中间索赔报告，说明累计索赔延误时间和（或）金额，以及所有可能的合理要求的详细资料。

3）承包商应当在索赔的事件或情况产生影响结束后 28 天内，或在承包商可能建议并经工程师认可的其他期限内，递交一份最终索赔报告。

（4）工程师的答复。工程师在收到索赔报告或对过去索赔的任何进一步证明资料后 42 天内，或在工程师可能建议并经承包商认可的其他期限内作出回应，表示批准或不批准并附具体意见。工程师应当商定或者确定应给予竣工时间的延长期及承包商有权得到的追加付款。

（二）索赔报告的内容

索赔报告的具体内容随该索赔事件的性质和特点而有所不同。一般来说，完整的索赔报告应包括以下四个部分。

（1）总论部分。应概要地论述索赔事件发生的日期与过程；施工单位为该索赔事件所付出的努力和附加开支；施工单位的具体索赔的要求。

（2）根据部分。本部分主要是说明自己具有的索赔权利，这是索赔能否成立的关键。

（3）计算部分。该部分是以具体的计算方法和计算过程，说明自己应得经济补偿的款额或延长时间。

（4）证据部分。

1）索赔依据的要求。真实性、全面性、关联性、及时性、具有法律证明效力。

2）索赔依据的种类。

①招标文件、工程合同、发包人认可的施工组织设计、工程图纸、技术规范等。

②工程各项有关的设计交底记录、变更图纸、变更施工指令等。

③工程各项经发包人或监理人签认的签证。

④工程各项往来信件、指令、信函、通知、答复等。

⑤工程各项会议纪要。

⑥施工计划及现场实施情况记录。

⑦施工日报及工长工作日志、备忘录。

⑧工程送电、送水、道路开通、封闭的日期及数量记录。

⑨工程停电、停水和干扰事件影响的日期及恢复施工的日期记录。

⑩工程预付款、进度款拨付的数额及日期记录。

⑪工程图纸、图纸变更、交底记录的送达份数及日期记录。

⑫工程有关施工部位的照片及录像等。

⑬工程现场气候记录，如有关天气的温度、风荷载、雨雪等。

⑭工程验收报告及各项技术鉴定报告等。

⑮工程材料采购、订货、运输、进场、验收、使用等方面的凭据。

⑯国家和省级或行业建设主管部门有关影响工程造价、工期的文件、规定等。

三、工程索赔的处理原则和计算

（一）工程索赔的处理原则

1．索赔必须以合同为依据

无论是风险事件的发生，还是当事人不完成合同工作，都必须在合同中找到相应的依据。当然，有些依据可能是合同中隐含的。工程师依据合同和事实对索赔进行处理是其公平性的重要体现。在不同的合同条件下，这些依据很可能是不同的。如因为不可抗力导致的索赔，在国内《标准施工招标文件》的合同条款中，承包人机械设备损坏的损失是由承包人承担的，不能向发包人索赔；但在 FIDIC 合同条件下，不可抗力事件一般都列为业主承担的风险，损失都应当由业主承担。如果到了具体的合同中，各个合同的协议条款不同，其依据的差别就更大了。

2．及时、合理地处理索赔

索赔事件发生后，索赔的提出应当及时，索赔的处理也应当及时。

3．加强主动控制，减少工程索赔

对于工程索赔应当加强主动控制，尽量减少索赔。这就要求在工程管理过程中，应当尽量将工作做在前面，减少索赔事件的发生。这样能够使工程更顺利地进行，降低工程投资、减少施工工期。

（二）索赔的计算

1．可索赔的费用

费用内容一般可以包括以下几个方面：

（1）人工费。人工费包括增加工作内容的人工费、停工损失费和工作效率降低的损失费等累计。其中，增加工作内容的人工费应按照计日工费计算，而停工损失费和工作效率降低的损失费按窝工费计算，窝工费的标准双方应在合同中约定。

（2）设备费。可采用机械台班费、机械折旧费、设备租赁费等几种形式。当工作内容增加引起设备费索赔时，设备费的标准按照机械台班费计算。因窝工引起的设备费索赔，当施工机械属于施工企业自有时，按照机械折旧费计算索赔费用；当施工机械是施工企业从外部租赁时，索赔费用的标准按照设备租赁费计算。

（3）保函手续费。工程延期时，保函手续费相应增加；反之，取消部分工程且发包人与承包人达成提前竣工协议时，承包人的保函金额相应折减，则计入合同价内的保函手续费也应扣减。

（4）迟延付款利息。发包人未按约定时间进行付款的，应按银行同期贷款利率支付迟延付款的利息。

（5）管理费。此项又可分为现场管理费和公司管理费两部分，由于两者的计算方法不一样，所以在审核过程中应区别对待。

（6）利润。在不同的索赔事件中可以索赔的费用是不同的。根据《中华人民共和国标准施工招标文件》中通用合同条款的内容,可以合理补偿承包人索赔的条款见表 8-1。

表 8-1 可以合理补偿承包人索赔的条款

序号	条款号	主要内容	可补偿内容		
			工期	费用	利润
1	1.10.1	施工过程发现文物、古迹,以及其他遗迹、化石、钱币或物品	√	√	
2	4.11.2	承包人遇到不利物质条件	√	√	
3	5.2.4	发包人要求向承包人提前交付材料和工程设备		√	
4	5.2.6	发包人提供的材料和工程设备不符合合同要求	√	√	√
5	8.3	发包人提供基准资料错误导致承包人的返工或造成工程损失	√	√	√
6	11.3	发包人的原因造成工期延误	√	√	√
7	11.4	异常恶劣的气候条件	√		
8	11.6	发包人要求承包人提前竣工		√	
9	12.2	发包人原因引起的暂停施工	√	√	√
10	12.4.2	发包人原因造成暂停施工后无法按时复工	√	√	√
11	13.1.3	发包人原因造成工程质量达不到合同约定验收标准的		√	√
12	13.5.3	监理人对隐蔽工程重新检查,经检验证明工程质量符合合同要求的	√	√	√
13	16.2	法律变化引起的价格调整		√	
14	18.4.2	发包人在全部工程竣工前,使用已接收的单位工程导致承包人费用增加	√	√	√
15	18.6.2	发包人的原因导致试运行失败的		√	√
16	19.2	发包人原因导致的工程缺陷和损失		√	√
17	21.3.1	不可抗力	√		

2. 费用索赔的计算

(1)实际费用法。该方法是按照索赔事件所引起损失的费用项目分别分析计算索赔值,然后将各费用项目的索赔值汇总,即可得到总索赔费用值。这种方法以承包商为某项索赔工作所支付的实际开支为依据,但仅限于由于索赔事项引起的、超过原计划的费用,故也称额外成本法。

(2)修正的总费用法。这种方法是对总费用法的改进,即在总费用计算的原则上,去掉一些不确定的可能因素,对总费用法进行相应的修改和调整,使其更加合理。

3. 工期索赔中应当注意的问题

(1)划清施工进度拖延的责任。因承包人的原因造成施工进度滞后,属于不可原谅的延期;只有承包人不应承担任何责任的延误,才是可原谅的延期。有时,工程延期的原因中可能包含有双方责任,此时监理人应进行详细分析,分清责任比例,只有可原谅延期部分才能批准顺延合同工期。可原谅延期,又可细分为可原谅并给予补偿费用的延期和可原谅但不给予补偿费用的延期;后者是指非承包人责任的影响并未导致施工成本的额外支出，大多属于发包人应承担风险责任事件的影响，如异常恶劣的气候条件影响的停工等。

（2）被延误的工作应是处于施工进度计划关键线路上的施工内容。只有位于关键线路上工作内容的滞后，才会影响到竣工日期。但有时也应注意，既要看被延误的工作是否在批准进度计划的关键路线上，又要详细分析这一延误对后续工作的可能影响。因为若对非关键路线工作的影响时间较长，超过了该工作可用于自由支配的时间，也会导致进度计划中非关键路线转化为关键路线，其滞后将影响总工期的拖延。此时，应充分考虑该工作的自由时间，给予相应的工期顺延，并要求承包人修改施工进度计划。

4．工期索赔的计算

工期索赔的计算主要有网络图分析和比例计算两种方法。

（1）网络图分析法，是利用进度计划的网络图，分析其关键线路。如果延误的工作为关键工作，则总延误的时间为批准顺延的工期；如果延误的工作为非关键工作，当该工作由于延误超过时差限制而成为关键工作时，可以批准延误时间与时差的差值；若该工作延误后仍为非关键工作，则不存在工期索赔问题。

（2）比例计算法，对于已知部分工程延期的时间：

工期索赔值＝受干扰部分工程的合同价／原合同总价×该受干扰部分工期拖延时间

对于已知额外增加工程量的价格：

工期索赔值＝额外增加的工程量的价格／原合同总价×原合同总工期

【例8-1】 某工程原合同规定分两阶段进行施工，土建工程21个月，安装工程12个月。假定以一定量的劳动力需要量为相对单位，则合同规定的土建工程量可折算为310个相对单位，安装工程量折算为70个相对单位。合同规定，在工程量增减10%的范围内，作为承包商的工期风险，不能要求工期补偿。在工程施工过程中，土建和安装的工程量都有较大幅度的增加。实际土建工程量增加到430个相对单位，实际安装工程量增加到117个相对单位。求承包商可以提出的工期索赔额。

【解】 承包商提出的工期索赔：

不索赔的土建工程量的上限为：310×1.1=341个相对单位

不索赔的安装工程量的上限为：70×1.1=77个相对单位

由于工程量增加而造成的工期延长：

土建工程工期延长 =21×［（430／341）－1］=5.5（月）

安装工程工期延长 =12×［（117／77）－1］=6.2（月）

总工期索赔为：5.6+6.2=11.8（月）

（三）共同延误的处理

在实际施工过程中，工期拖期很少是只由一方造成的，往往是两三种原因同时发生（或相互作用）而形成的，故称为"共同延误"。在这种情况下，要具体分析哪一种情况延误是有效的，应依据以下原则：

（1）首先，判断造成拖期的哪一种原因是最先发生的，即确定"初始延误"者，它应对工程拖期负责。在初始延误发生作用期间，其他并发的延误者不承担拖期责任。

(2) 如果初始延误者是发包人原因,则在发包人原因造成的延误期内,承包人既可得到工期延长,又可得到经济补偿。

(3) 如果初始延误者是客观原因,则在客观因素发生影响的延误期内,承包人可以得到工期延长,但很难得到费用补偿。

(4) 如果初始延误者是承包人原因,则在承包人原因造成的延误期内,承包人既不能得到工期补偿,也不能得到费用补偿。

【例8-2】某施工单位(乙方)与某建设单位(甲方)签订了建造无线电发射试验基地施工合同。合同工期为38天。由于该项目急于投入使用,在合同中规定,工期每提前(或拖后)1天奖励(或罚款)5 000元。乙方按时提交了施工方案和施工网络进度计划(图8-1),并得到甲方代表的批准。

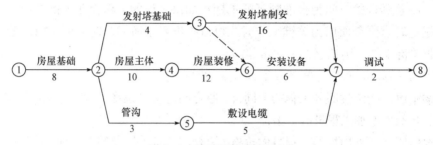

图8-1 施工网络进度计划

实际施工过程中发生了以下几项事件:

事件1:在房屋基坑开挖后,发现局部有软弱下卧层,按甲方代表指示乙方配合地质复查,配合用工为10个工日。地质复查后,根据经甲方代表批准的地基处理方案,增加直接费4万元,因地基复查和处理使房屋基础作业时间延长3天,人工窝工15个工日。

事件2:在发射塔基础施工时,因发射塔原设计尺寸不当,甲方代表要求拆除已施工的基础,重新定位施工。由此造成增加用工30工日,材料费1.2万元,机械台班费3 000元,发射塔基础作业时间拖延2天。

事件3:在房屋主体施工中,因施工机械故障,造成工人窝工8个工日,该项工作作业时间延长2天。

事件4:在房屋装修施工基本结束时,甲方代表对某项电气暗管的敷设位置是否准确有疑义,要求乙方进行剥漏检查。检查结果为某部位的偏差超出了规范允许范围,乙方根据甲方代表的要求进行返工处理,合格后甲方代表予以签字验收。该项返工及覆盖用工20个工日,材料费为1 000元。因该项电气暗管的重新检验和返工处理使安装设备的开始作业时间推迟了1天。

事件5:在敷设电缆时,因乙方购买的电缆线材质量差,甲方代表令乙方重新购买合格线材。由此造成该项工作多用人工8个工日,作业时间延长4天,材料损失费8 000元。

事件6:鉴于该工程工期较紧,经甲方代表同意乙方在安装设备作业过程中采取了加快施工的技术组织措施,使该项工作作业时间缩短2天,该项技术组织措施费为6 000元。

其余各项工作实际作业时间和费用均与原计划相符。

问题：

（1）在上述事件中，乙方可以就哪些事件向甲方提出工期补偿和费用补偿要求？为什么？

（2）该工程的实际施工天数为多少天？可得到的工期补偿为多少天？工期奖罚款为多少？

（3）假设工程所在地人工费标准为30元／工日，应由甲方给予补偿的窝工人工费补偿标准为18元／工日，该工程综合取费费率为30%。则在该工程结算时，乙方应该得到的索赔款为多少？

【解】（1）事件1可以提出工期补偿和费用补偿要求，因为地质条件变化属于甲方应承担的责任，且该项工作位于关键线路上。

事件2可以提出费用补偿要求，不能提出工期补偿要求，因为发射塔设计位置变化是甲方的责任，由此增加的费用应由甲方承担，但该项工作的拖延时间（2天）没有超出其总时差（8天）。

事件3不能提出工期和费用补偿要求，因为施工机械故障属于乙方应承担的责任。

事件4不能提出工期和费用补偿要求，因为乙方应该对自己完成的产品质量负责。甲方代表有权要求乙方对已覆盖的分项工程剥离检查，检查后发现质量不合格，其费用由乙方承担；工期也不补偿。

事件5不能提出工期和费用补偿要求，因为乙方应该对自己购买的材料质量和完成的产品质量负责。

事件6不能提出补偿要求，因为通过采取施工技术组织措施使工期提前，可按合同规定的工期奖罚办法处理，因赶工而发生的施工技术组织措施费应由乙方承担。

（2）计算实际施工天数和工期补偿天数及工期罚款。

1）通过对网络图的分析，该工程施工网络进度计划的关键线路为①—②—④—⑥—⑦—⑧，计划工期为38天，与合同工期相同。将图7-1中所有各项工作的持续时间均以实际持续时间代替，计算结果表明：关键线路不变（仍为①—②—④—⑥—⑦—⑧），实际工期为42天。

2）将网络图中所有由甲方负责的各项工作持续时间延长天数加到原计划相应工作的持续时间上，计算结果表明：关键线路也不变（仍为①—②—④—⑥—⑦—⑧），工期为41天。41-38=3（天），所以，该工程可补偿工期天数为3天。

3）工期罚款为：[42-（38+3）]×5 000=5 000（元）

（3）乙方应该得到的索赔款包括：

由事件1引起的索赔款：（10×30+40 000）×（1+30%）+15×18=52 660（元）

由事件2引起的索赔款：（30×30+12 000+3 000）×（1+30%）=20 670（元）

所以，乙方应该得到的索赔款为：52 660+20 670=73 330（元）

第三节 建设工程价款结算

一、我国工程价款结算方法

(一) 工程价款结算的重要意义

所谓工程价款结算，是指承包商在工程实施过程中，依据承包合同中关于付款条款的规定和已经完成的工程量，并按照规定的程序向建设单位（业主）收取工程价款的一项经济活动。

工程价款结算是工程项目承包中的一项十分重要的工作，主要表现在以下几个方面：

(1) 工程价款结算是反映工程进度的主要指标。
(2) 工程价款结算是加速资金周转的重要环节。
(3) 工程价款结算是考核经济效益的重要指标。

(二) 工程价款的主要结算方式

(1) 按月结算。实行旬末或月中预支，月终结算，竣工后清算的方法。跨年度竣工的工程，在年终进行工程盘点，办理年度结算。我国现行建筑安装工程价款结算中，相当一部分是实行这种按月结算。

(2) 竣工后一次结算。建设项目或单项工程全部建筑安装工程建设期在12个月以内，或者工程承包合同价值在100万元以下的，可以实行工程价款每月月中预支，竣工后一次结算。

(3) 分段结算。即当年开工，当年不能竣工的单项工程或单位工程按照工程形象进度，划分不同阶段进行结算。分段结算可以按月预支工程款。分段的划分标准，由各部门、自治区、直辖市、计划单列市规定。

对于以上三种主要结算方式的收支确认，财政部在1999年1月1日起实行的《企业会计准则——建造合同》讲解中作了如下规定：

1) 实行旬末或月中预支，月终结算，竣工后清算办法的工程合同，应分期确认合同价款收入的实现，即各月末与发包单位进行已完工程价款结算时，确认为承包合同已完工部分的工程收入实现，本期收入额为月终结算的已完工程价款金额。

2) 实行合同完成后一次结算工程价款办法的工程合同，应于合同完成，施工企业与发包单位进行工程合同价款结算时，确认为收入实现，实现的收入额为承、发包双方结算的合同价款总额。

3) 实行按工程形象进度划分不同阶段、分段结算工程价款办法的工程合同，应按合同规定的形象进度分次确认已完阶段工程收益实现。即应于完成合同规定的工程形象进度或工程阶段，与发包单位进行工程价款结算时，确认为工程收入的实现。

(4) 目标结款方式。即在工程合同中，将承包工程的内容分解成不同的控制界面，以业主验收控制界面作为支付工程价款的前提条件。也就是说，将合同中的工程内容分解成不同的验收单元，当承包商完成单元工程内容并经业主（或其委托人）验收后，业主支付构成单元工程内容的工程价款。目标结款方式实质上是运用合同手段、财务手段对工程的完成进行主动控制。

（5）结算双方约定的其他结算方式。

（三）工程预付款及其计算

1．预付备料款的限额

施工企业承包工程，一般都实行包工包料，这就需要有一定数量的备料周转金。在工程承包合同条款中，一般要明文规定发包人在开工前拨付给承包人一定限额的工程预付款。预付款是发包人为解决承包人在施工准备阶段资金周转问题提供的协助。此预付款构成施工企业为该承包工程项目储备主要材料、结构件所需的流动资金。

预付备料款限额由下列主要因素决定：主要材料（包括外购构件）占工程造价的比重、材料储备期、施工工期。

对于施工企业常年应备的备料款限额，可按下式计算：

备料款限额＝年度承包工程总值×主要材料所占比重/年度施工日历天数×材料储备天数

一般建筑工程不应超过当年建筑工作量（包括水、电、暖）的30%，安装工程按年安装工作量的10%；材料占比重较多的安装工程按年计划产值的15%左右拨付。

2．工程预付款的支付时间

按照《建设工程价款结算暂行办法》的规定，在具备施工条件的前提下，发包人应在双方签订合同后的一个月内或不迟于约定的开工日期前的7天内预付工程款，发包人不按约定预付，承包人应在预付时间到期后10天内向发包人发出要求预付的通知，发包人收到通知后仍不按要求预付，承包人可在发出通知14天后停止施工，发包人应从约定应付之日起向承包人支付应付款的利息（利率按同期银行贷款利率计），并承担违约责任。

工程预付款仅用于承包人支付施工开始时与本工程有关的动员费用。如承包人滥用此款，发包人有权立即收回。除专用合同条款另有约定外，承包人应在收到预付款的同时向发包人提交预付款保函，预付款保函的担保金额与预付款金额相同，在发包人全部扣回预付款之前，该银行保函将一直有效。当预付款被发包人扣回时，银行保函金额相应递减。

3．工程预付款的扣回

发包单位拨付给承包单位的备料款属于预支性质，工程实施后，随着工程所需主要材料储备的逐步减少，应以抵充工程价款的方式陆续扣回。扣款的方法有以下两种：

（1）可以从未施工工程尚需的主要材料及构件的价值相当于备料款数额时起扣，从每次结算工程价款中，按材料比重扣抵工程价款，竣工前全部扣清。其基本表达公式如下：

$$T = p - M/N$$

式中　T——起扣点，即预付备料款开始扣回时的累计完成工作量金额；

　　　M——预付备料款限额；

N——主要材料所占比重；

p——承包工程价款总额。

（2）扣款的方法也可以在承包方完成金额累计达到合同总价的一定比例后，由承包方开始向发包方还款，发包方从每次应付给承包方的金额中扣回工程预付款，发包方至少在合同规定的完工工期前将工程预付款的总计金额逐次扣回。

【例 8-3】 某建设项目工程合同价款为 1 000 万元，材料费比重为 50%，预付款为 20%。试计算当已完工工程价值为多少万元时，即可开始扣回工程预付款？

【解】 预付款 =1 000×20%=200（万元）

起扣时已完工工程价值（起扣点）= 合同价款－工程预付款/材料费比重

$$=1\,000-200/50\%$$

$$=600（万元）$$

即当已完工工程价值达 600 万元，即可开始扣回工程预付款。

（四）工程进度款的支付（中间结算）

施工企业在施工过程中，按逐月（或形象进度，或控制界面等）完成的工程数量计算各项费用，向建设单位（业主）办理工程进度款的支付（即中间结算）。

1. 已完工程量的计量

根据工程量清单计价规范形成的合同价中包含综合单价和总价包干两种不同形式，应采取不同的计量方法。除专用合同条款另有约定外，综合单价子目已完成工程量按月计算，总价包干子目的计量周期按批准的支付分解报告确定。

（1）综合单价子目的计量。已标价工程量清单中的单价子目工程量为估算工程量。若发现工程量清单中出现漏项、工程量计算偏差，以及工程量变更引起的工程量增减，应在工程进度款支付即中间结算时调整。结算工程量是承包人在履行合同义务过程中实际完成，并按合同约定的计量方法进行计量的工程量。

（2）总价包干子目的计量。总价包干子目的计量和支付应以总价为基础，不因物价波动引起的价格调整的因素而进行调整。承包人实际完成的工程量，是进行工程目标管理和控制进度支付的依据。总价包干子目的支付分解表形成一般有以下三种方式：

1）对于工期较短的项目，将总价包干子目的价格按合同约定的计量周期平均。

2）对于合同价值不大的项目，按照总价包干子目的价格占签约合同价的百分比，以及各个支付周期内所完成的总价值，以固定百分比方式均摊支付。

3）根据有合同约束力的进度计划、预先确定的里程碑形象进度节点（或者支付周期）、组成总价子目的价格要素的性质 [与时间、方法和（或）当期完成合同价值等的关联性]，将组成总价包干子目的价格分解到各个形象进度节点（或者支付周期中），汇总形成支付分解表。实际支付时，经检查核实其实际形象进度，达到支付分解表的要求后，即可支付经批准的每阶段总价包干子目的支付金额。

2. 已完工程量复核

当发、承包双方在合同中未对工程量的复核时间、程序、方法和要求作约定时，按以下规定办理：

（1）承包人应提供条件并按时参加。如承包人收到通知后不参加计量核对，则由发包人核实的计量应认为是对工程量的正确计量。如发包人未在规定的核对时间内通知承包人，致使承包人未能参加计量核对的，则由发包人所做的计量核实结果无效。如发、承包双方均同意计量结果，则双方应签字确认。

（2）如发包人未在规定的核对时间内进行计量核对，承包人提交的工程计量视为发包人已经认可。

（3）对于承包人超出施工图纸范围或因承包人原因造成返工的工程量，发包人不予计量。

（4）如承包人不同意发包人核实的计量结果，承包人应在收到上述结果后 7 天内向发包人提出，申明承包人认为不正确的详细情况。发包人收到后，应在 2 天内重新核对有关工程量的计量，或予以确认，或将其修改。

发、承包双方认可的核对后的计量结果，应作为支付工程进度款的依据。

3．承包人提交进度款支付申请

在工程量经复核认可后，承包人应在每个付款周期末，向发包人递交进度款支付申请，并附相应的证明文件。除合同另有约定外，进度款支付申请应包括下列内容：

（1）本期已实施工程的价款。

（2）累计已完成的工程价款。

（3）累计已支付的工程价款。

（4）本周期已完成计日工金额。

（5）应增加和扣减的变更金额。

（6）应增加和扣减的索赔金额。

（7）应抵扣的工程预付款。

（8）应扣减的质量保证金。

（9）根据合同应增加和扣减的其他金额。

（10）本付款周期实际应支付的工程价款。

4．进度款支付时间

发包人应在收到承包人的工程进度款支付申请后 14 天内核对完毕。否则，从第 15 天起，承包人递交的工程进度款支付申请视为被批准。发包人应在批准工程进度款支付申请 14 天内，向承包人按不低于计量工程价款的 60%、不高于计量工程价款的 90% 向承包人支付工程进度款。若发包人未在合同约定时间内支付工程进度款，可按以下规定办理：

（1）发包人超过约定的支付时间不支付工程进度款，承包人应及时向发包人发出要求付款的通知，发包人收到承包人通知后仍不能按要求付款，可与承包人协商签订延期付款协议，经承包人同意后可延期支付，协议应明确延期支付的时间和从付款申请生效后按同期银行贷款利率计算应付工程进度款的利息。

（2）发包人不按合同约定支付工程进度款，双方又未达成延期付款协议，导致施工无法进行，承包人可停止施工，由发包人承担违约责任。

(五)工程保证金(尾留款)的预留

按照有关规定,工程项目总造价中应预留出一定比例的尾留款作为质量保修费用(又称保证金),待工程项目保修期结束后进行拨付。

1. 保证金的预留和返还

(1)承、发包双方的约定。发包人应当在招标文件中明确保证金预留、返还等内容,并与承包人在合同条款中对涉及保证金的下列事项进行约定:

1)保证金预留、返还方式。
2)保证金预留比例、期限。
3)保证金是否计付利息,如计付利息,利息的计算方式。
4)缺陷责任期的期限及计算方式。
5)保证金预留、返还及工程维修质量、费用等争议的处理程序。
6)缺陷责任期内出现缺陷的索赔方式。

(2)保证金的预留。从第一个付款周期开始,在发包人的进度付款中,按约定比例扣留质量保证金,直至扣留的质量保证金总额达到专用条款约定的金额或比例为止。全部或者部分使用政府投资的建设项目,按工程价款结算总额5%左右的比例预留保证金。社会投资项目采用预留保证金方式的,预留保证金的比例可参照执行。

(3)保证金的返还。缺陷责任期内,承包人认真履行合同约定的责任。约定的缺陷责任期满,承包人向发包人申请返还保证金。如无异议,发包人应当在核实后14日内将保证金返还给承包人,逾期支付的,从逾期之日起,按照同期银行贷款利率计付利息,并承担违约责任。

缺陷责任期满时,承包人没有完成缺陷责任的,发包人有权扣留与未履行责任剩余工作所需金额相应的质量保证金余额,并有权根据约定要求延长缺陷责任期,直至完成剩余工作为止。

2. 保证金的管理及缺陷修复

(1)保证金的管理。缺陷责任期内,实行国库集中支付的政府投资项目,保证金的管理应按国库集中支付的有关规定执行。

(2)缺陷责任期内缺陷责任的承担。缺陷责任期内,由承包人原因造成的缺陷,承包人应负责维修,并承担鉴定及维修费用。如承包人不维修也不承担费用,发包人可按合同约定扣除保证金,并由承包人承担违约责任。承包人维修并承担相应费用后,不免除对工程的一般损失赔偿责任。由他人原因造成的缺陷,发包人负责组织维修,承包人不承担费用,且发包人不得从保证金中扣除费用。

(六)工程价款调整

1. 工程合同价款中综合单价的调整

对实行工程量清单计价的工程,应采用单价合同方式。即合同约定的工程价款中所包含的工程量清单项目综合单价在约定条件内是固定的,不予调整,工程量允许调整。工程量清单项目综合单价在约定的条件外，允许调整。调整方式、方法应在合同中约定。若合同未作约定，可参照以下原则办理：

（1）当工程量清单项目工程量的变化幅度在10%以内时，其综合单价不作调整，执行原有综合单价。

（2）当工程量清单项目工程量的变化幅度在10%以外，且其影响分部分项工程费超过0.1%时，其综合单价以及对应的措施费（如有）均应作调整。调整的方法是由承包人对增加的工程量或减少后剩余的工程量提出新的综合单价和措施项目费，经发包人确认后调整。

2. 物价波动引起的价格调整

一般情况下，因物价波动引起的价格调整，可采用以下两种方法中的某一种计算。

（1）采用价格指数调整价格差额。此方法主要适用于使用的材料品种较少，但每种材料使用量较大的土木工程，如公路、水坝等。因人工、材料和设备等价格波动影响合同价格时，根据投标函附录中的价格指数和权重表约定的数据，按以下价格调整公式计算差额并调整合同价格：

$$\Delta P = P_0 \left[A + \left(B_1 \times \frac{F_{t1}}{F_{01}} + B_2 \times \frac{F_{t2}}{F_{02}} + B_3 \times \frac{F_{t3}}{F_{03}} + \cdots + B_n \times \frac{F_{tn}}{F_{0n}} \right) - 1 \right]$$

式中　　ΔP——需调整的价格差额；

P_0——根据进度付款、竣工付款和最终结清等付款证书中，承包人应得到的已完成工程量的金额。此项金额应不包括价格调整、不计质量保证金的扣留和支付、预付款的支付和扣回。变更及其他金额已按现行价格计价的，也不计在内；

A——定值权重（即不调部分的权重）；

B_1、B_2、B_3、$\cdots$、B_n——各可调因子的变值权重（即可调部分的权重），为各可调因子在投标函投标总报价中所占的比例；

F_{t1}、F_{t2}、F_{t3}、$\cdots$、F_{tn}——各可调因子的现行价格指数，指根据进度付款、竣工付款和最终结清等约定的付款证书相关周期最后一天的前42天的各可调因子的价格指数；

F_{01}、F_{02}、F_{03}、$\cdots$、F_{0n}——各可调因子的基本价格指数，指基准日期（即投标截止时间前28天）的各可调因子的价格指数。

在运用这一价格调整公式进行工程价格差额调整中，应注意以下三点：

1）暂时确定调整差额。在计算调整差额时得不到现行价格指数的，可暂用上一次价格指数计算，并在以后的付款中再按实际价格指数进行调整。

2）权重的调整。按变更范围和内容所约定的变更，导致原定合同中的权重不合理时，由监理人与承包人和发包人协商后进行调整。

3）承包人工期延误后的价格调整。由于承包人原因未在约定的工期内竣工的，则对原约定竣工日期后继续施工的工程，在使用价格调整公式时，应采用原约定竣工日期与实际竣工日期的两个价格指数中较低的一个作为现行价格指数。

【例8-4】某工程合同价为1 000万元，合同约定：物价变化时合同价款调整采用价格指数法,其中固定要素比例为 0.3,调价要素为人工费、钢材、水泥三类,分别占合同价的比例为 0.2、0.15、0.35,结算时价格指数分别增长了 20%、15%、25%,则该工程实际价款的变化值为多少万元?

【解】ΔP=1 000×[0.3+0.2×(1+20%)+0.15×(1+15%)+0.35×(1+25%)]−1 000
=150(万元)

【例 8-5】2013 年 5 月实际完成的某工程按 2012 年 5 月签约时的价格计算,工程价款为 1 000 万元,该工程固定要素的系数为 0.2,各参加调值的部分除钢材的价格指数增长了 10% 外其余都未发生变化,钢材费用占调值部分的 50%,按价格指数调整法公式计算,则该工程实际价款变化值为多少万元?

【解】ΔP=1 000×[0.2+0.8×50%×(1+10%)+0.8×50%×1]−1 000
=40(万元)

【例 8-6】某工程合同总价为 100 万元,合同基准日期为 2015 年 3 月,固定系数为 0.2,2015 年 8 月完成的工程款占合同总价的 20%。调值部分中仅混凝土价格变化,混凝土占调值部分的 30%。2015 年 3 月混凝土的价格指数为 100,7 月、8 月的价格指数分别为 110 和 115,则 2015 年 8 月经调值后应付的工程款为多少万元?

【解】8 月的工程款:

$$100\times20\%=20(万元)$$

8 月经调值后应付的工程款:

$$20\times(0.2+0.8\times30\%\times110/100+0.8\times70\%\times1)=20.48(万元)$$

(2)采用造价信息调整价格差额。此方法适用于使用的材料品种较多,相对而言每种材料使用量较小的房屋建筑与装饰工程。

1)人工单价发生变化时,发、承包双方应按省级或行业建设主管部门或其授权的工程造价管理机构发布的人工成本文件调整工程价款。

2)材料价格变化超过省级或行业建设主管部门或其授权的工程造价管理机构规定的幅度时应当调整,承包人应在采购材料前就采购数量和新的材料单价报发包人核对,确认用于本合同工程时,发包人应确认采购材料的数量和单价。发包人在收到承包人报送的确认资料后 3 个工作日内不予答复的视为已经认可,作为调整工程价款的依据。如果承包人未报经发包人核对即自行采购材料,再报发包人确认调整工程价款的,如发包人不同意,则不作调整。

3)施工机械台班单价或施工机械使用费发生变化超过省级或行业建设主管部门或其授权的工程造价管理机构规定的范围时,按其规定进行调整。

3. 法律、政策变化引起的价格调整

在基准日后,因法律、政策变化导致承包人在合同履行中所需要的工程费用发生增减时,监理人应根据法律、国家或省、自治区、直辖市有关部门的规定,商定或确定需调整的合同价款。

4. 工程价款调整的程序

工程价款调整报告应由受益方在合同约定时间内向合同的另一方提出,经对方确认后调整合同价款。受益方未在合同约定时间内提出工程价款调整报告的，视为不涉及合同价款的调整。当合同未作约定时，可按下列规定办理：

（1）调整因素确定后14天内，由受益方向对方递交调整工程价款报告。受益方在14天内未递交调整工程价款报告的，视为不调整工程价款。

（2）收到调整工程价款报告的一方应在收到之日起14天内予以确认或提出协商意见，如在14天内未作确认也未提出协商意见时，视为调整工程价款报告已被确认。

经发、承包双方确定调整的工程价款，作为追加（减）合同价款，与工程进度款同期支付。

（七）工程竣工结算及其审查

1．工程竣工结算的含义及要求

工程竣工结算是指施工企业按照合同规定的内容全部完成所承包的工程，经验收质量合格，并符合合同要求之后，向发包单位进行的最终工程价款结算。

《建设工程施工合同（示范文本）》中对竣工结算作了详细规定：

（1）工程竣工验收报告经发包方认可后28天内，承包方向发包方递交竣工结算报告及完整的结算资料，双方按照协议书约定的合同价款及专用条款约定的合同价款调整内容，进行工程竣工结算。

（2）发包方收到承包方递交的竣工结算报告及结算资料后28天内进行核实，给予确认或者提出修改意见。发包方确认竣工结算报告后通知经办银行向承包方支付工程竣工结算价款。承包方收到竣工结算价款后14天内将竣工工程交付发包方。

（3）发包方收到竣工结算报告及结算资料后28天内无正当理由不支付工程竣工结算价款，从第29天起按承包方同期向银行贷款利率支付拖欠工程价款的利息，并承担违约责任。

（4）发包方收到竣工结算报告及结算资料后28天内不支付工程竣工结算价款，承包方可以催告发包方支付结算价款。发包方在收到竣工结算报告及结算资料后56天内仍不支付的，承包方可以与发包方协议将该工程折价，也可以由承包方申请人民法院将该工程依法拍卖，承包方就该工程折价或拍卖的价款优先受偿。

（5）工程竣工验收报告经发包方认可后28天内，承包方未能向发包方递交竣工结算报告及完整的结算资料，造成工程竣工结算不能正常进行或工程竣工结算价款不能及时支付，承包方要求交付工程的，承包方应当交付；发包方不要求交付工程的，承包方承担保管责任。

（6）发包方和承包方对工程竣工结算价款发生争议时，按争议的约定处理。

2．工程竣工结算的编制内容

在采用工程量清单计价的方式下，工程竣工结算的编制内容应包括工程量清单计价表所包含的各项费用内容：

（1）分部分项工程费应依据双方确认的工程量、合同约定的综合单价计算，如发生调整的，以发、承包双方确认调整的综合单价计算。

（2）措施项目费的计算应遵循以下原则：

1）采用综合单价计价的措施项目，应依据发、承包双方确认的工程量和综合单价计算。

2）明确采用"项"计价的措施项目，应依据合同约定的措施项目和金额或发、承包双方确认调整后的措施项目费金额计算。

3）措施项目费中的安全文明施工费应按照国家或省级、行业建设主管部门的规定计算。施工过程中，国家或省级、行业建设主管部门对安全文明施工费进行了调整的，措施项目费中的安全文明施工费应作相应调整。

（3）其他项目费应按以下规定计算：

1）计日工的费用应按发包人实际签证确认的数量和合同约定的相应项目综合单价计算。

2）暂估价中的材料单价应按发、承包双方最终确认价在综合单价中调整；专业工程暂估价应按中标价或发包人、承包人与分包人最终确认价计算。

3）总承包服务费应依据合同约定金额计算，如发生调整的，以发、承包双方确认调整的金额计算。

4）索赔费用应依据发、承包双方确认的索赔事项和金额计算。

5）现场签证费用应依据发、承包双方签证资料确认的金额计算。

6）暂列金额应减去工程价款调整与索赔、现场签证金额计算，如有余额归发包人。

（4）规费和税金应按照国家或省级、行业建设主管部门对规费和税金的计取标准计算。

在实际工作中，当年开工、当年竣工的工程，只需办理一次性结算。跨年度的工程，在年终办理一次年终结算，将未完工程结转到下一年度，此时竣工结算等于各年度结算的总和。

办理工程价款竣工结算的一般公式如下：

竣工结算工程价款＝预算（概算）或合同价款＋施工过程中预算或合同价款调整数额－预付及已结算工程价款－保证金

3．工程竣工结算的审查

工程竣工结算审查是竣工结算阶段的一项重要工作。经审查核定的工程竣工结算是核定建设工程造价的依据，也是建设项目验收后编制竣工决算和核定新增固定资产价值的依据。因此，建设单位、监理公司及审计部门等，都十分关注竣工结算的审核把关。一般从以下几个方面把关：

（1）核对合同条款。

（2）检查隐蔽验收记录。

（3）落实设计变更签证。

（4）按图核实工程数量。

（5）认真核实单价。

（6）注意各项费用计取。

（7）防止各种计算误差。

（八）工程价款动态结算和价差调整的主要方法

1．工程造价指数调整法

工程造价指数调整法是甲乙双方采用当时的预算（或概算）定额单价计算出承包合同价，待竣工时，根据合理的工期及当地工程造价管理部门所公布的该月度（或季度）的工程造价（指工程合同价数），对原承包合同价予以调整，重点调整那些由于实际人工费、材料费、施工机械费等费用上涨及工程变更因素造成的价差，并对承包商给以调价补偿。

2. 实际价格调整法

在我国，由于建筑材料需要市场采购的范围越来越大，有些地区规定对钢材、木材、水泥等三大材的价格采取按实际价格结算的方法。工程承包商可凭发票按实报销。这种方法方便而正确，但由于是实报实销，因而承包商对降低成本不感兴趣，为了避免副作用，地方主管部门要定期发布最高限价，同时合同文件中应规定建设单位或工程师有权要求承包商选择更廉价的供应来源。

3. 调价文件计算法

调价文件计算法是甲乙方采取按当时的预算价格承包，在合同工期内，按照造价管理部门调价文件的规定，进行抽料补差，在同一价格期内按所完成的材料用量乘以价差。也有的地方定期发布主要材料供应价格和管理价格，对这一时期的工程进行抽料补差。

4. 调值公式法

建筑安装工程费用价格调值公式一般包括固定部分、材料部分和人工部分，但当建筑安装工程的规模和复杂性增大时，公式也变得更为复杂。调值公式如下：

$$p = p_0 (a_0 + a_1 \cdot A/A_0 + a_2 \cdot B/B_0 + a_3 \cdot C/C_0 + a_4 \cdot D/D_0 + \cdots)$$

式中　p——调值后合同价款或工程实际结算款；

　　　p_0——合同价款中工程预算进度款；

　　　a_0——固定要素，代表合同支付中不能调整的部分占合同总价中的比重；

　　　a_1、a_2、a_3、a_4、$\cdots$——代表有关各项费用（如人工费用、钢材费用、水泥费用、运输费等）在合同总价中所占比重，$a_0+a_1+a_2+a_3+a_4+\cdots=1$；

　　　A_0、B_0、C_0、D_0、$\cdots$——基准日期与 a_1、a_2、a_3、$a_4\cdots$对应的各项费用的基期价格指数或价格；

　　　A、B、C、D、$\cdots$——与特定付款证书有关的期间最后一天的 49 天前与 a_1、a_2、a_3、$a_4\cdots$对应的各项费用的现行价格指数或价格。

在运用这一调值公式进行工程价款价差调整中要注意以下几点：

（1）固定要素通常的取值范围为 0.15～0.35。

（2）调值公式中有关的各项费用，按一般国际惯例，只选用量大、价格高且具有代表性的一些典型人工费和材料费，并用它们的价格指数变化综合代表材料费的价格变化，以便尽量与实际情况接近。

（3）各部分成本的比重系数，在许多招标文件中要求承包方在投标中提出，并在价格分析中予以论证。

（4）调整有关各项费用要与合同条款规定相一致。

（5）调整有关各项费用应注意地点与时点。

（6）各品种系数之和加上固定要素系数应该等于1。

【例 8-7】某承包商于某年承包某外资工程项目施工。与业主签订的承包合同的部分内容包括：

(1) 工程合同价 2 000 万元，工程价款采用调值公式动态结算。该工程的人工费占工程价款的 35%，材料费占 50%，不调值费用占 15%。具体的调值公式如下：

$$P=P_0\times(0.15+0.35A/A_0+0.23B/B_0+0.12C/C_0+0.08D/D_0+0.07E/E_0)$$

式中　A_0、B_0、C_0、D_0、E_0——基期价格指数；
　　　A、B、C、D、E——工程结算日期的价格指数。

(2) 开工前，业主向承包商支付合同价 20% 的工程预付款，当工程进度款达到 60% 时，开始从工程结算款中按 60% 抵扣工程预付款，竣工前全部扣清。

(3) 工程进度款逐月结算。

(4) 业主自第一个月起，从承包商的工程价款中按 5% 的比例扣留质量保证金。工程保修期为一年。

该合同的原始报价日期为当年 3 月 1 日。结算各月份的工资、材料价格指数见表 8-2。

表 8-2　工资、材料价格指标

代号	A_0	B_0	C_0	D_0	E_0
3 月指数	100	153.4	154.4	160.3	144.4
代号	A	B	C	D	E
5 月指数	110	156.2	154.4	162.2	160.2
6 月指数	108	158.2	156.2	162.2	162.2
7 月指数	108	158.4	158.4	162.2	164.2
8 月指数	110	160.2	158.4	164.2	162.4
9 月指数	110	160.2	160.2	164.2	162.8

未调值前各月完成的工程情况为：

5 月份完成工程 200 万元，本月业主供料部分材料费为 5 万元。

6 月份完成工程 300 万元。

7 月份完成工程 400 万元，另外由于业主方设计变更，导致工程局部返工，造成拆除材料费损失 1 500 元，人工费损失 1 000 元，重新施工人工、材料等费用合计 1.5 万元。

8 月份完成工程 600 万元，另外，由于施工中采用的模板形式与定额不同，造成模板增加费用 3 000 元。

9 月份完成工程 500 万元，另有批准的工程索赔款 1 万元。

问题：

(1) 工程预付款是多少？

(2) 确定每月业主应支付给承包商的工程款。

(3) 工程在竣工半年后，发生屋面漏水，业主应如何处理此事？

【解】(1) 工程预付款：

$$2\ 000\times20\%=400（万元）$$

(2) 每月业主应支付给承包商的工程款：

1) 工程预付款的起扣点：

$$T=2\ 000\times60\%=1\ 200（万元）$$

2）每月终业主应支付的工程款：

5 月份月终支付：

$200×(0.15+0.35×110/100+0.23×156.2/153.4+0.12×154.4/154.4+0.08×162.2/160.3+0.07×160.2/144.4)×(1-5\%)-5=194.08$（万元）

6 月份月终支付：

$300×(0.15+0.35×108/100+0.23×158.2/153.4+0.12×156.2/154.4+0.08×162.2/160.3+0.07×162.2/144.4)×(1-5\%)=298.16$（万元）

7 月份月终支付：

$[400×(0.15+0.35×108/100+0.23×158.4/153.4+0.12×158.4/154.4+0.08×162.2/160.3+0.07×164.2/144.4)+0.15+0.1+1.5]×(1-5\%)=400.34$（万元）

8 月份月终支付：

$600×(0.15+0.35×110/100+0.23×160.2/153.4+0.12×158.4/154.4+0.08×164.2/160.3+0.07×162.4/144.4)×(1-5\%)-300×60\%=423.62$（万元）

9 月份月终支付：

$[500×(0.15+0.35×110/100+0.23×160.2/153.4+0.12×160.2/154.4+0.08×164.2/160.3+0.07×162.8/144.4)+1]×(1-5\%)-(400-300×60\%)=284.72$（万元）

（3）工程在竣工半年后，发生屋面漏水，由于在保修期内，业主应首先通知原承包商进行维修。如果原承包商不能在约定的时限内派人维修，业主也可委托他人进行修理，费用从质量保证金中支付。

二、设备、工器具和材料价款的支付与结算

（一）国内设备、工器具和材料价款的支付与结算

1．国内设备、工器具价款的支付与结算

按照我国现行规定，银行、单位和个人办理结算都必须遵守结算原则：一是恪守信用，及时付款；二是谁的钱进谁的账，由谁支配；三是银行不垫款。

2．国内材料价款的支付与结算

建筑安装工程承发包双方的材料往来，可以按以下方式结算：

（1）由承包单位自行采购建筑材料的，发包单位可以在双方签订工程承包合同后按年度工作量的一定比例向承包单位预付备料资金。

（2）按工程承包合同规定，由承包方包工包料的，则由承包方负责购货付款，并按规定向发包方收取备料款。

（3）按工程承包合同规定，由发包单位供应材料的，其材料可按材料预算价格转给承包单位。材料价款在结算工程款时陆续抵扣。

（二）进口设备、工器具和材料价款的支付与结算

进口设备分为标准机械设备和专制机械设备两类。标准机械设备是指通用性广泛、供

应商（厂）有现货，可以立即提交的货物。专制机械设备是指根据业主提交的定制设备图纸专门为该业主制造的设备。

1. 标准机械设备的结算

标准机械设备的结算，大都使用国际贸易广泛使用的不可撤销的信用证。这种信用证在合同生效之后一定日期由买方委托银行开出，经买方认可的卖方所在地银行为议付银行。以卖方为收款人的不可撤销的信用证，其金额与合同总额相等。

（1）标准机械设备首次合同付款。当采购货物已装船，卖方提交下列文件和单证后，即可支付合同总价的90%。

1）由卖方所在国的有关当局颁发的允许卖方出口合同货物的出口许可证，或不需要出口许可证的证明文件。

2）由卖方委托买方认可的银行出具的以买方为受益人的不可撤销保函。担保金额与首次支付金额相等。

3）装船的海运提单。

4）商业发票副本。

5）由制造厂（商）出具的质量证书副本。

6）详细的装箱单副本。

7）向买方信用证的出证银行开出以买方为受益人的即期汇票。

8）相当于合同总价形式的发票。

（2）最终合同付款。机械设备在保证期截止时，卖方提交下列单证后支付合同总价的尾款，一般为合同总价的10%。

1）说明所有货物无损、无遗留问题、完全符合技术规范要求的证明书。

2）向出证行开出以买方为受益人的即期汇票。

3）商业发票副本。

（3）支付货币与时间。

1）合同付款货币：买方以卖方在投标书标价中说明的一种或几种货币，和卖方在投标书中说明在执行合同中所需的一种或几种货币比例进行支付。

2）付款时间：每次付款在卖方所提供的单证符合规定之后，买方须从卖方提出日期的一定期限内（一般45天内）将相应的货款付给卖方。

2. 专制机械设备的结算

专制机械设备的结算一般分为三个阶段，即预付款、阶段付款和最终付款。

（1）预付款。一般专制机械设备的采购，在合同签订后开始制造前，由买方向卖方提供合同总价的10%~20%的预付款。

预付款一般在提交下列文件和单证后进行支付：

1）由卖方委托银行出具以买方为受益人的不可撤销的保函，担保金额与预付款货币金额相等。

2）相当于合同总价形式的发票。

3）商业发票。

4）由卖方委托的银行向买方的指定银行开具由买方承兑的即期汇票。

（2）阶段付款。按照合同条款，当机械制造开始加工到一定阶段，可按设备合同价一定的百分比进行付款。阶段的划分是当机械设备加工制造到关键部位时进行一次付款，到货物装船买方收货验收后再付一次款。每次付款都应在合同条款中作较详细的规定。

机械设备制造阶段付款的一般条件如下：

1）当制造工序达到合同规定的阶段时，制造厂应以电传或信件通知业主。

2）开具经双方确认完成工作量的证明书。

3）提交以买方为受益人的所完成部分保险发票。

4）提交商业发票副本。

机械设备装运付款，包括成批订货分批装运的付款，应由卖方提供下列文件和单证：

1）有关运输部门的收据。

2）交运合同货物相应金额的商业发票副本。

3）详细的装箱单副本。

4）由制造厂（商）出具的质量和数量证书副本。

5）原产国证书副本。

6）货物到达买方验收合格后，当事双方签发的合同货物验收合格证书副本。

（3）最终付款。最终付款是指在保证期结束时的付款。付款时应提交下列文件：

1）商业发票副本。

2）全部设备完好无损，所有待修缺陷及待办的问题，均已按技术规范说明圆满解决后的合格证副本。

3. 利用出口信贷方式支付进口设备、工器具和材料价款

对进口设备、工器具和材料价款的支付，我国还经常利用出口信贷的形式。出口信贷根据借款的对象分为卖方信贷和买方信贷。

（1）卖方信贷是卖方将产品赊销给买方，规定买方在一定时期内延期或分期付款。卖方通过向本国银行申请出口信贷，来填补占用的资金。

（2）买方信贷有两种形式：一种是由产品出口国银行将出口信贷直接贷给买方，买卖双方以即期现汇成交。买方信贷的另一种形式，是由出口国银行将出口信贷贷给进口国银行，再由进口国银行转贷给买方，买方用现汇支付借款，进口国银行分期向出口国银行偿还借款本息。

（三）设备、工器具和材料价款的动态结算

（1）设备、工器具和材料价款的动态结算主要是依据国际上流行的货物及设备价格调值公式来计算，即

$$p_1 = p_0 (a + b \cdot M_1/M_0 + c \cdot L_1/L_0)$$

式中　p_1——应付给供货人的价格或结算款；

　　　p_0——合同价格（基价）；

　　　M_0——原料的基本物价指数，取投标截止前28天的指数；

L_0——特定行业人工成本的基本指数,取投标截止日期前 28 天的指数;

M_1、L_1——在合同执行时的相应指数;

a——代表管理费用和利润占合同价的百分比,这一比例是不可调整的,因而称为"固定成分";

b——代表原料成本占合同价的百分比;

c——代表人工成本占合同价的百分比。

在公式中,$a+b+c=1$,其中:

a——数值可因货物性质的不同而不同,一般占合同的 5%~15%;

b——通过设备、工器具制造中消耗的主要材料的物价指数进行调整的;

c——根据整个行业的物价指数调整的(如机床行业)。

(2)对于有多种主要材料和成分构成的成套设备合同,则可采用更为详细的公式进行逐项的计算调整:

$$p_1 = p_0 (a + b \cdot M_{s1}/M_{s0} + c \cdot M_{c1}/M_{c0} + d \cdot M_{p1}/M_{p0} + e \cdot L_{e1}/L_{e0} + f \cdot L_{p1}/L_{p0})$$

式中 M_{s1}/M_{s0}——钢板的物价指数;

M_{c1}/M_{c0}——电解铜的物价指数;

M_{p1}/M_{p0}——塑料绝缘材料的物价指数;

L_{e1}/L_{e0}——电器工业的人工费用指数;

L_{p1}/L_{p0}——塑料工业的人工费用指数;

a——固定成本在合同价格中所占的百分比;

b、c、d——每类材料成分的成本在合同价格中所占的百分比;

e、f——每类人工成分的成本在合同价格中所占的百分比。

思考题

1. 简述建筑工程概预算的计价特点体现在哪些方面?
2. 建设投资中的静态、动态投资内容是什么?
3. 简述施工图预算审查的方法和编制依据。
4. 工程造价控制的重点阶段是哪个阶段?
5. 某城市某土建工程,合同价款为 170 万元,报价日期为 2019 年 8 月,工程于 2019 年 10 月建成交付使用。根据表 8-3 中所列工程人工费、材料费构成比例以及有关造价指数,计算工程实际结算款。

表 8-3 工程人工费、材料费构成比例及有关造价指数

项目	人工费	钢材	水泥	集料	一级红砖	砂	木材	不调值费用
比例	44%	10%	11%	4%	8%	5%	5%	13%
2019 年 8 月指数	108	110	113.0	95.6	100	95.4	93.4	
2019 年 10 月指数	116	107	112.9	96.9	99.0	94.1	117.9	

第九章

建设工程竣工结算和决算

工程完工后,发承包双方必须在合同约定的时间内办理工程竣工结算。工程竣工结算应由承包人或受其委托具有相应资质的工程造价咨询人编制,并应由发包人或受其委托具有相应资质的工程造价咨询人核对。

第一节 竣工结算编制与审核

一、竣工结算的含义

竣工结算是指承包人完成合同约定的全部工作内容且经验收合格,发承包双方按照合同确定工程造价的活动。竣工结算价是指发承包双方依据国家有关法律、法规和标准规定,按照合同约定确定的,包括在履行合同过程中按合同约定进行的合同价款调整,是承包人按合同约定完成了全部承包工作后,发包人应付给承包人的合同总金额。竣工结算反映该工程项目上施工企业的实际造价及还有多少工程款要结清。

通过竣工结算,施工企业可以考核实际的工程费用是降低还是超支。竣工结算是建设单位竣工决算的一个组成部分。建筑安装工程竣工结算造价加上设备购置费、勘察设计费、征地拆迁费和一切建设单位为这个建设项目开支的其他全部费用,才能成为该项目完整的竣工决算。

二、竣工结算的编制

由于工程项目建设周期较长,在建设过程中必然会出现各式各样的施工变化,原设计方案不能得到完全执行,因而以设计图纸为依据的原预算也会出现不真实的部分。同时,建筑材料的市场价格标准也在随时变动着,这些变动直接影响工程造价。所以,必须根据施工合同规定对合同价款或施工图预算进行调整与修正。

1. 竣工结算的编制内容

（1）工程竣工资料（竣工图、各类签证、核定单、设计变更通知等）。

（2）竣工结算说明，包括各类设备清单及价格、工程调整情况及其原因、执行的定额文件、费用标准、材差调整、国家及地方调整文件。

（3）竣工结算汇总表，包括各单位工程结算造价、技术经济指标。

（4）各单位工程结算表，包括结算计算分析表。

（5）各种费用汇总表，包括各种已经发生的费用。

2. 竣工结算的编制依据

竣工结算编制的质量取决于编制依据及原始材料的积累。

工程竣工结算应根据下列依据编制和复核：工程量清单计价规范；工程合同；发承包双方实施过程中已确认的工程量及其结算的合同价款；发承包双方实施过程中已确认调整后追加（减）的合同价款；建设工程设计文件及相关资料；投标文件；其他依据。

3. 竣工结算的编制方法

（1）工程竣工结算方式。工程竣工结算分为单位工程竣工结算、单项工程竣工结算和建设项目竣工总结算。其中，单位工程竣工结算和单项工程竣工结算也可看作是分阶段结算。单位工程竣工结算由承包人编制，发包人审查；实行总承包的工程，由具体承包人编制，在总包人审查的基础上，发包人审查。单项工程竣工结算或建设项目竣工总结算由总（承）包人编制，发包人可以直接进行审查，也可以委托具有相应资质的工程造价咨询机构进行审查。政府投资项目还须由同级财政部门审查。单项工程竣工结算或建设项目竣工总结算经发承包人签字盖章后有效。

（2）工程竣工结算编制方法。

方法一：在审定的施工图预算造价或合同价款总额基础上，根据变更资料计算，在原预算造价基础上作出调整。

方法二：根据竣工图、原始资料、预算定额及有关规定，按施工图预算的编制方法，全部重新进行计算。这种编制方法虽然工作量较大，但完整性好、准确性强，适用于变更较大、变更项目较多的工程。

4. 竣工结算的编制要求

（1）分部分项工程和措施项目中的单价项目，应依据发承包双方确认的工程量与已标价工程量清单的综合单价计算；发生调整的，应以发承包双方确认调整的综合单价计算。

（2）措施项目中的总价项目，应依据已标价工程量清单的项目和金额计算；发生调整的，应以发承包双方确认调整的金额计算。其中的安全文明施工费应按照国家或省级、行业建设主管部门的规定计算。

（3）其他项目应按下列规定计价：

1）计日工，应按发包人实际签证确认的事项计算。

2）暂估价，应按工程价款调整的有关规定计算。

3）总承包服务费，应依据已标价工程量清单的金额计算；发生调整的，应以发承包双方确认调整的金额计算。

4）索赔费用，应依据发承包双方确认的索赔事项和金额计算。

5）现场签证费用，应依据发承包双方签证资料确认的金额计算。

6）暂列金额，应减去合同价款调整金额（包括索赔、现场签证）计算，若有余额归发包人。

（4）规费和税金，应按国家或省级、行业建设主管部门的规定计算。规费中的工程排污费，应按工程所在地环境保护部门规定的标准缴纳后按实列入。

（5）发承包双方在合同工程施工过程中已经确认的工程计量结果和合同价款，在竣工结算办理中应直接进入结算。

（6）合同工程完工后，承包人应在经发承包双方确认的合同工程期中价款结算的基础上汇总编制完成竣工结算文件，并应在提交竣工验收申请的同时向发包人提交竣工结算文件。

承包人未在合同约定的时间内提交竣工结算文件，经发包人催告后14天内仍未提交或没有明确答复的，发包人有权根据已有资料编制竣工结算文件，作为办理竣工结算和支付结算款的依据，承包人应予以认可。

三、竣工结算的审核

1．竣工结算的审核内容

（1）审核工程施工合同。工程施工合同是明确建设单位和施工企业双方责任、权利与义务的法律文件之一。审核竣工结算时，首先必须了解合同中有关工程造价确定的具体内容和要求，以此确定竣工结算审核的重点。

1）对未经过招标投标程序的一般包工包料的合同工程，竣工结算审核重点应落实在竣工结算全部内容上，从工程量审核入手，直至进行对设计变更、材料价格等有关项目审核。审核过程同施工图预算审核。

2）对招标承包的合同工程，竣工结算审核不能实施全过程审核。其中，通过招标投标确定下来的合同价款部分，只审核其中是否有违反合同法和实际施工不合理费用项目，不再进行从工程量到定额套用的具体项目审核，以维护合同与招标投标过程的严肃性。

（2）审核设计变更。

1）审核设计变更手续是否合理、合规。

2）审核设计变更的工程实体与设计变更通知要求是否相吻合。

3）设计变更数量的准确性。

（3）审核施工进度。

在上述审核过程完结后，汇总审核后竣工结算造价，达成由建设单位、施工企业和审核单位三方认可的审定数额，并以此为标准编写审核报告。审定后的竣工结算数额是建设单位支付工程款的最终标准。

2. 工程竣工结算审查期限

（1）发包人应在收到承包人提交的竣工结算文件 28 天内核对。发包人经核实，认为承包人还应进一步补充资料和修改结算文件，应在上述期限内向承包人提出核实意见；承包人在收到核实意见后的 28 天内应按照发包人提出的合理要求补充资料，修改竣工结算文件，并应再次提交给发包人复核后批准。

（2）发包人应在收到承包人再次提交的竣工结算文件后的 28 天内予以复核，将复核结果通知承包人，并遵守下列规定：

1）发包人、承包人对复核结果无异议的，应在 7 天内在竣工结算文件上签字确认，竣工结算办理完毕。

2）发包人或承包人对复核结果认为有误的，无异议部分按照计价规范规定办理不完全竣工结算，有异议部分由发承包双方协商解决；协商不成的，应按照合同约定的争议解决方式处理。

3）发包人在收到承包人竣工结算文件后的 28 天内，不核对竣工结算或未提出核对意见的，应视为承包人提交的竣工结算文件已被发包方认可，竣工结算办理完毕。

4）承包人在收到发包人提出的核实意见后的 28 天内，不确认也未提出异议的，应视为发包人提出的核实意见已被承包人认可，竣工结算办理完毕。

5）发包人委托工程造价咨询人核对竣工结算的，工程造价咨询人应在 28 天内核对完毕，核对结论与承包人竣工结算文件不一致的，应提交给承包人复核；承包人应在 14 天内将同意核对结论或不同意见的说明提交工程造价咨询人。工程造价咨询人收到承包人提出的异议后应再次复核，复核无异议的，应在 7 天内在竣工结算文件上签字确认，竣工结算办理完毕；复核后仍有异议的，无异议部分按照计价规范规定办理不完全竣工结算，有异议部分由发承包双方协商解决；协商不成的，应按照合同约定的争议解决方式处理。承包人逾期未提出书面异议的，应视为工程造价咨询人核对的工程结算文件已经承包人认可。

3. 竣工结算的审核其他规定

（1）对发包人或发包人委托的工程造价咨询人指派的专业人员与承包人指派的专业人员经核对无异议后签名确认竣工结算文件。除非发承包人能提出具体、详细的不同意见，否则发承包人都应在竣工结算文件上签名确认，如其中一方拒不签认，按下列规定办理：

1）若发包人拒不签认的，承包人可不提供竣工验收备案资料，并有权拒绝与发包人或其上级部门委托的工程造价咨询人重新核对竣工结算文件。

2）若承包人拒不签认的，发包人要求办理竣工验收备案的，承包人不得拒绝提供竣工验收资料，否则，由此造成的损失，承包人承担相应责任。

（2）合同工程竣工结算核对完成，发承包双方签字确认后，发包人不得要求承包人与另一个或多个工程造价咨询人重复核对竣工结算。

（3）发包人对工程质量有异议，拒绝办理工程竣工结算的，已竣工验收或已竣工未验收但实际投入使用的工程，其质量争议应按该工程保修合同执行，竣工结算应按合同约定办理；已竣工未验收且未实际投入使用的工程及停工、停建工程的质量争议，双方应就有争议的部分委托有资质的检测鉴定机构进行检测，并应根据检测结果确定解决方案，或按工程质量监督机构的处理决定执行后办理竣工结算，无争议部分的竣工结算应按合同约定办理。

四、竣工结算价款的支付

1．承包人提交竣工结算款支付申请

承包人应根据办理的竣工结算文件向发包人提交竣工结算款支付申请。申请应包括下列内容：

（1）竣工结算合同价款总额。
（2）累计已实际支付的合同价款。
（3）应预留的质量保证金。
（4）实际应支付的竣工结算款金额。

2．发包人审核竣工结算和支付结算款

（1）发包人应在收到承包人提交竣工结算款支付申请后 7 天内予以核实，向承包人签发竣工结算支付证书。

（2）发包人签发竣工结算支付证书后的 14 天内，应按照竣工结算支付证书列明的金额向承包人支付结算款。

（3）发包人在收到承包人提交的竣工结算款支付申请后 7 天内不予核实，不向承包人签发竣工结算支付证书的，应视为承包人的竣工结算款支付申请已被发包人认可；发包人应在收到承包人提交的竣工结算款支付申请 7 天后的 14 天内，按照承包人提交的竣工结算款支付申请列明的金额向承包人支付结算款。

（4）发包人未按照规定支付竣工结算款的，承包人可催告发包人支付，并有权获得延迟支付的利息。发包人在竣工结算支付证书签发后或在收到承包人提交的竣工结算款支付申请 7 天后的 56 天内仍未支付的，除法律另有规定外，承包人可与发包人协商将该工程折价，也可直接向人民法院申请将该工程依法拍卖。承包人应就该工程折价或拍卖的价款优先受偿。

五、建设工程质量保证金的处理

建设工程质量保证金是指发包人与承包人在建设工程承包合同中约定，从应付的工程款中预留，用以保证承包人在缺陷责任期内对建设工程出现的缺陷进行维修的资金。"缺陷"是指建设工程质量不符合工程建设强制性标准、设计文件及承包合同的约定。"缺陷责任期"一般为 6～12 个月，具体可由发承包双方在合同中约定。

（1）发包人应按合同约定的质量保证金比例从结算款中预留质量保证金。全部或者部分使用政府投资的建设项目,按工程价款结算总额5%左右的比例预留保证金。社会投资项目采用预留保证金方式的,预留保证金的比例可参照执行。

(2)承包人未按照合同履行属于自身责任的工程缺陷修复义务的,发包人有权从质量保证金扣除用于缺陷维修的各项支出。经查验,工程缺陷属于发包人原因造成的,应由发包人承担查验和缺陷修复的费用。

六、最终结清

1. 提交最终结清支付申请

缺陷责任期终止后,承包人应按照合同约定向发包人提交最终结清支付申请。发包人对最终结清支付申请有异议的,有权要求承包人进行修正和提供补充资料。承包人修正后,应再次向发包人提交修正后的最终结清支付申请。

2. 签发最终结清支付证书

发包人应在收到最终结清支付申请后的14天内予以核实,并应向承包人签发最终结清支付证书。发包人未在约定的时间内核实,又未提出具体意见的,应视为承包人提交的最终结清支付申请已被发包人认可。

3. 支付最终结清款

发包人应在签发最终结清支付证书后的14天内,按照最终结清支付证书列明的金额向承包人支付最终结清款。发包人未按期最终结清支付的,承包人可催告发包人支付,并有权获得延迟支付的利息。最终结清时,承包人被预留的质量保证金不足以抵减发包人工程缺陷修复费用的,承包人应承担不足部分的补偿责任。承包人对发包人支付的最终结清款有异议的,应按照合同约定的争议解决方式处理。

七、合同解除的价款结算与支付

发承包双方协商一致解除合同的,应按照达成的协议办理结算和支付合同价款。

1. 由于不可抗力致使合同无法履行而解除合同

由于不可抗力致使合同无法履行解除合同的,发包人应向承包人支付合同解除之日前已完成工程但尚未支付的合同价款。此外,还应支付以下金额:

(1)合同中约定的应由发包人承担的费用。

(2)已实施或部分实施的措施项目应付价款。

(3)承包人为合同工程合理订购且已交付的材料和工程设备货款。

(4)承包人撤离现场所需的合理费用,包括员工遣送费和临时工程拆除、施工设备运离现场的费用。

(5)承包人为完成合同工程而预期开支的任何合理费用,且该项费用未包括在本款其他各项支付之内。

发承包双方办理结算合同价款时,应扣除合同解除之日前发包人应向承包人收回的价款。当发包人应扣除的金额超过了应支付的金额，承包人应在合同解除后的 56 天内将其差额退还给发包人。

2. 承包人违约解除合同时价款结算与支付的原则

因承包人违约解除合同的，发包人应暂停向承包人支付任何价款。发包人应在合同解除后 28 天内核实合同解除时承包人已完成的全部合同价款及按施工进度计划已运至现场的材料和工程设备货款，按合同约定核算承包人应支付的违约金及造成损失的索赔金额，并将结果通知承包人。发承包双方应在 28 天内予以确认或提出意见，并办理结算合同价款。如果发包人应扣除的金额超过了应支付的金额，承包人应在合同解除后的 56 天内将其差额退还给发包人。发承包双方不能就解除合同后的结算达成一致的，按照合同约定的争议解决方式处理。

3. 由于发包人违约解除合同时价款结算与支付的原则

因发包人违约解除合同的，发包人除应按规定向承包人支付各项价款外，应按合同约定核算发包人应支付的违约金、给承包人造成损失或损害的索赔金额费用。该笔费用应由承包人提出，发包人核实后应于承包人协商确定后的 7 天内向承包人签发支付证书。协商不能达成一致的，应按照合同约定的争议解决方式处理。

第二节 竣工决算

一、竣工决算的定义

竣工决算是反映建设项目实际造价和投资效果的文件，是竣工验收报告的重要组成部分。所有竣工验收项目在办理验收手续之前，必须对所有财产和物资进行清理，编制竣工决算。及时、正确地进行竣工决算，对于总结分析建设过程的经验教训、提高工程造价管理水平、积累技术经济资料，具有重要的意义。

竣工决算由建设单位编制，包括为建成该项目所实际支出的一切费用的总和。

二、竣工决算的一般规定

（1）新建、改建、扩建和技术改造项目竣工交付使用都应按照国家有关规定编制竣工决算。竣工决算是反映竣工项目建设成果和财务状况的总结性文件，是办理交付使用财产价值的依据，也是建设项目进行经济后评估的依据。要认真执行有关财务核算办法，严肃财经纪律，实事求是地编制竣工决算，做到编报及时、数字准确、内容完整。

（2）建设单位及其主管部门应加强对建设项目竣工决算的组织领导，组织专门人员及时编制竣工决算。设计、施工等单位应积极配合建设单位做好竣工决算编制工作。在竣工决算未经批准之前，原机构不得撤销，有关人员不得调离。

（3）建设项目在批准的设计文件所规定的建设内容全部建成验收后，应及时编制竣工决算。但对工期长、单项工程多的大型或特大型建设项目，可分期分批地对具有独立生产能力的单项工程办理单项工程竣工决算，并向使用单位移交。单项工程竣工决算是建设项目竣工决算的组成部分，在建设项目全部竣工并经初步验收后，应当及时汇总编制建设项目总决算。

（4）建设项目交付使用应符合竣工验收标准。未完工程可根据合同或工程预算所确定的投资列入决算，但不得大于总概算的5%，并限期完成。

（5）建设项目在编制竣工决算前，要认真做好各项清理工作。包括建设项目档案资料的归集整理、账务处理、财产物资的盘点核实及债权债务的清偿，做到账账、账证、账实、账表相符。各种材料、设备、工具、器具等要逐项盘点核实，填列清单，妥善保管，或按照国家规定进行处理，不准任意侵占、挪用。

（6）国有投资建设项目的竣工财务决算按财政部的规定进行报批。

三、竣工决算的内容

建设项目竣工决算包括从筹建到竣工投产全过程全部实际支出费用。

竣工决算由竣工决算报告说明书、竣工工程平面示意图、竣工决算报表、工程造价比较分析四部分组成。

1. 竣工决算报告说明书

竣工决算报告说明书总括反映竣工工程建设成果和经验，是全面考核分析工程投资与造价的书面总结，其主要内容包括建设项目概况；项目建设和管理工作的重大事件；工程造价管理采取的措施和效果；财务管理工作的基本情况；工程建设的经验教训；建设项目遗留的问题和决算中存在的问题、处理意见。

2. 竣工决算报表

竣工决算报表主要包括竣工财务决算报表和竣工财务决算说明书两个部分。

3. 工程造价比较分析

工程造价比较分析主要是建设项目竣工决算与批准的概算或修正概算比较分析。竣工决算报告中必须对控制工程造价所采取的措施、效果及其动态变化进行认真的比较分析，总结经验教训。

四、竣工决算的审计

1. 竣工决算进行审计的重点

（1）竣工决算的编报时间应按照国家规定在项目（工程）办理验收手续之前完成。工业项目在投料试车产出合格品后3个月内（引进成套项目可按合同规定）应进行试生产考核，考核合格后即办理交付使用资产和验收手续，其他项目都不得超过3个月期限。如确有困难，报主管部门同意可以延长，延长期最多不得超过3个月。

（2）竣工决算内各表之间相关数字是否相符。

（3）竣工决算中的概（预）算数是否与批准的设计文件中的概（预）算数一致，资金成本数是否与账簿报表一致。

（4）竣工工程项目是否已经过验收，是否已验收而不能投产使用。

（5）有无计划外工程项目和楼、堂、馆、所等项目。

（6）计划内项目有无扩大面积、提高标准、超出投资。

（7）工程质量是否符合验收规范的要求，有无因工程质量低劣影响投产和使用的情况。

（8）工程竣工验收时有无铺张浪费现象。

（9）有无下马停建工程，如有，应审查其损失情况。

（10）竣工项目剩余材料设备的处理有无问题。

（11）是否拖欠施工企业的工程款，如有，应查明原因。

（12）基建结余资金是否清理并结转清楚。

除以上12项审计重点内容外，审计署办公厅在《审计署办公厅关于印发国家基本建设项目竣工决算审计工作要求（暂行）的通知》［审办投发〔1996〕44号文］中明确对国家基本建设项目竣工决算审计中抽查建筑安装工程结算，抽查面不少于建筑安装完成额的15%，抽查重点是超概算金额较大的单位工程。

2．交付使用资产的审计

建设单位已经完成购置建造过程，并已交付生产使用单位的各项投资，主要包括固定资产和为生产准备的不够固定资产标准的设备、工具、器具、家具等流动资产，还包括建设单位用基建拨款或投资借款购建的在建设期限自用的固定资产，都属于交付使用资产。

交付使用资产的依据是竣工决算中的交付使用资产明细表。建设单位在办理竣工验收和财产交接工作以前，必须凭经双方签证后的"建筑安装工程投资""设备投资""其他投资"和"待摊投资"等科目的明细表，才能作为交接使用资产入账的依据。

交付使用资产的审计，按规定审查以下几个方面：

（1）交付使用资产明细表所列数量金额是否与账面相符，是否与交付使用资产总表相符，是否与设计概（预）算书相符，其中，建安工程和大、中型设备应逐一核对，小型设备及工具、器具、家具等可只抽查一部分，但其总金额应与有关数字相符。

（2）交付使用资产明细表应经过移交单位和接受单位双方签章，交接双方必须落实到人，交接财产必须双方清点过目，不可看表不看物。

（3）交付使用资产的固定资产是否经过有关部门组织竣工验收，没有竣工验收报告的不得列入交付使用资产。

（4）审查交付使用资产中有无应列入待摊投资和其他投资的，若有发现应予调整。

（5）审查待摊投资的分摊方法是否符合会计制度；工程竣工时，应全部分摊完毕，不留余额。

【例9-1】某施工单位承包某工程项目。甲、乙双方签订的关于工程价款的合同内容有：（1）建筑安装工程造价660万元；（2）工程预付款为建筑安装工程造价的20%，预付款 3 月至 6 月在月进度付款中每月按该预付款金额的 1/4 平均扣还；（3）工程进度款逐月计算；（4）工程保证金为建筑安装工程造价的 5%，保修期半年。

工程各月实际完成产值见表 9-1。

表 9-1　各月实际完成产值　　　　　　　　　万元

月份	2	3	4	5	6
完成产值	55	110	165	220	110

问题：

（1）通常工程竣工结算的前提是什么？

（2）该工程的预付款为多少？每月扣还金额为多少？

（3）该工程 2 月至 5 月，每月拨付工程款为多少？累计工程款为多少？

（4）6 月份办理工程竣工结算，该工程结算总造价为多少？甲方应付工程尾款为多少？

（5）该工程在保修期间出现质量缺陷，甲方多次催促乙方处理，乙方一再拖延，最后甲方另请施工单位进行了修理，修理费为 1.5 万元，该项费用如何处理？

【解】（1）工程竣工结算的前提是竣工验收合格。（注：这是与工程竣工结算的含义相关联的。工程竣工结算的含义在工程验收合格、符合合同要求后，承发包双方进行的最终工程价款结算，因此，前提条件首先是工程验收合格。）

（2）工程预付款 =660×20%=132（万元）

每月扣还金额 =132÷4=33（万元）

（3）2 月至 5 月每月拨付工程款和累计工程款见表 9-2。

表 9-2　拨付工程款和累计工程款　　　　　　　　万元

月份	实际完成产值	累计完成产值	实际结算	累计结算
2	55	55	55	55
3	110	165	110-33=77	132
4	165	330	165-33=132	264
5	220	550	220-33=187	451

（4）工程结算总造价 =55+110+165+220+110=660（万元）

工程尾款 =110-33-660×5%=44（万元）

（5）建设工程在保修范围和保修期限内发生质量问题的，施工单位（承包商）应当履行保修义务，并承担相应费用。若施工单位拖延履行保修义务，业主可另行委托其他单位修理，相应发生的费用从预留的保留金中给付。

【例 9-2】某工程项目施工合同价为 560 万元，合同工期为 6 个月，施工合同中规定：

（1）开工前业主向施工单位支付合同价 20% 的预付款。

（2）业主自第 1 个月起，从施工单位的应得工程款中按 10% 比例扣留保证金，保证金限额暂定为合同价的 5%，保证金到第三个月底全部扣完。

（3）预付款在最后两个月扣除，每月扣 50%。

(4) 工程进度款按月结算，不考虑调价。

(5) 业主供料价款在发生当月的工程款中扣回。

(6) 经业主签认的施工进度计划和实际完成产值见表9-3。

表9-3 施工进度计划与实际完成产值表　　　　　　　　　万元

时间/月	1	2	3	4	5	6
计划完成产值	70	90	110	110	100	80
实际完成产值	70	80	120			
业主供料价款	8	12	15			

该工程施工进入第四个月时，由于业主资金出现困难，合同被迫终止。为此，施工单位提出费用补偿要求：施工现场存有为本工程购买的特殊工程材料，计10万元。

问题：

(1) 该工程的工程预付款是多少？应扣留的保证金为多少？

(2) 第一个月到第三个月，造价工程师各月签证的工程款是多少？应签发的付款凭证金额是多少？

(3) 合同终止时，业主已支付施工单位各类工程款为多少？

(4) 合同终止后，施工单位提出的补偿要求是否合理？业主应补偿多少？

(5) 合同终止后，业主应向施工单位支付的工程款是多少？

【解】(1) 预付款及保留金：

工程预付款 =560×20%=112（万元）

保证金 =560×5%=28（万元）

(2) 各月工程款及签发的付款凭证金额：

第一个月：签证的工程款为70万元。

应签发的付款凭证金额 =70-70×10%-8=55（万元）

第二个月：签证的工程款 =80万元。

应签发的付款凭证金额 =80-80×10%-12=60（万元）

第三个月：签证的工程款 =120万元。

本月扣保证金 =28-（70+80）×10%=13（万元）

应签发的付款凭证金额 =120-13-15=92（万元）

(3) 合同终止时业主已支付施工单位各类工程款 =112+55+60+92=319（万元）

(4) 承包商要求业主补偿已购特殊工程材料价款10万元的要求合理。

(5) 业主共应向施工单位支付的工程款 =70+80+120+10-8-12-15

=245（万元）

思考题

1. 简述我国现行建设项目投资构成。

2. 某项工程，业主与承包商签订了建筑安装工程总包施工合同，承包施工范围包括土建工程和水、电、风等建筑设备安装工程，合同总价为 4 600 万元。工期二年，第一年已完成合同总价的 2 200 万元，第二年应完成合同总价的 2 400 万元。承包合同规定：

（1）业主应向承包商支付当年合同价 20% 的预付备料款。

（2）预付备料款应从未施工工程尚需的主要材料及构配件的价值相当于预付备料款额时起扣，每月以抵充工程款的方式陆续扣回。主材费占总费用比重可按 60% 考虑。

（3）工程竣工验收前，工程结算款不应超过承包合同总价的 95%，经双方协商，业主从每月承包商的工程款中按 5% 的比例扣留，作工程款尾数，待竣工验收后进行结算。

（4）当承包商每月实际完成的建安工作量少于计划完成建安工作量的 10% 以上（含 10%）时，业主可按 5% 的比例扣留工程款。

（5）除设计变更和其他不可抗力因素外，合同总价不作调整。

（6）由业主直供的材料和设备应在发生当月的工程款中扣回其费用。经监理工程师签认的承包商在第二年各月计划和实际完成的建安工作量以及业主直供的材料、设备的价值见表 9-4。

表 9-4　第二年各月计划和实际完成的建安工作量及业主直供的材料、设备的价值　　　万元

月份	1～6	7	8	9	10	11	12
计划完成建安工作量	1 300	200	200	200	190	190	120
实际完成建安工作量	1 320	180	205	210	195	180	110
业主直供材料设备的价值	89.53	35.5	24.1	10.4	20.2	10.4	4.9

问题：预付备料款是多少？预付备料款从什么时候开始扣？1～6 月以及各月监理工程师应签证的工程价款是多少？实际签发的付款凭证金额是多少？

编制某传达室工程（土建）施工图预算书

要求：用定额方法和工程量清单计算方法计算所给图纸工程量，分别用定额计价、清单计价进行报价。

1. **编制依据**

（1）传达室设计图样（建筑和结构）一套两张（见附图）。

（2）现行地方建筑与装饰工程计价表。

（3）当地现行有关取费文件。

2. **设计说明**

（1）图样尺寸除高程以 m 计外，其余均以 mm 为单位。

（2）基础用 MU10 普通黏土砖，M5 水泥砂浆砌筑。

（3）墙基防潮层用 20 厚 1∶2 水泥砂浆（加 5% 避水浆）铺设。

（4）砖墙用 MU10 普通黏土砖、M5 混合砂浆砌筑，其中半砖墙沿墙高度每隔 1 m 用 2φ6 通长钢筋加固。

（5）门窗过梁采用 M5 水泥砂浆砌筑的钢筋砖过梁，其钢筋为 GL-2 配 4φ6，GL-3 配 3φ6，GL-4 配 2φ6，各过梁两端钢筋弯钩，伸入墙内为 250 mm。

（6）圈梁 QL 现浇，其期料均为 C20 混凝土，钢筋级别为 HRB335。

（7）屋面预应力空心板详见苏 G8007 图集，其中，KB 35-01 采用 KB 36-01 板配筋，仅将板长由 3 580 改为 3 480 即可。

（8）屋面泛水以③轴线为准，其坡度为 $i=2\%$。

（9）室内地坪：素土夯实，干铺 40 厚碎砖垫层，80 厚 C10 混凝土随捣随抹光（加浆），传达室地坪加 5% 红粉。门廊做红缸砖地面，其做法详见苏 J 9501—5/11 图集。

（10）室内均做 120 高 1∶2.5 水泥砂浆踢脚线，厕所和厨房洗涤池处均做 1 200 高 1∶2.5 水泥砂浆墙裙。

（11）内粉刷：

墙面——15 厚水泥白石屑浆底，1∶3 水泥砂浆，刷 106 涂料。

平顶——12 厚水泥白石屑浆底，1∶3 水泥砂浆，刷 106 涂料。

（12）外粉刷：

外墙面绿豆砂水刷石——15厚1∶3水泥砂浆底，10厚1∶2水泥砂浆面（水洗石子，加10%棕绿色玻璃屑）。

屋檐白水泥斩假石——15厚1∶3水泥砂浆底，10厚1∶2水泥白石屑面（分格嵌条宽20）。

（13）木门窗做法详见苏J73—2，其油漆颜色：窗及外门，外侧用栗壳色，内侧用乳黄色；内门全部用栗壳色。

（14）屋面排水用φ100PVC落水管，PVC方形落水斗，铸铁落水口。

（15）屋面架空隔热板规格为495 mm×495 mm×30 mm，C20细石混凝土预制板，配⌀4@150双向钢筋网，板周四角下部用M5水泥砂浆砌120 mm×120 mm三皮砖高砖垫层架空。

（16）室外检查井采用M10水泥砂浆砌一砖厚方形（600 mm×600 mm×1 500 mm）检查井1座。

（17）室外化粪池采用砖砌2号化粪池一座。

（18）室外污水管采用φ100U-PVC塑料管与室内排水管相接，总长度为10 m。

（19）外门（M-1及M-312）、卧室外门及储藏室内门，均装执手锁。全部外窗（翻窗除外）均加设铁窗栅。制作方法：用一根—30×4扁钢横档4道（开孔），⌀12@150钢筋铁栅穿入焊牢。

3．施工条件

（1）本传达室建在市区内某地，建设场地平坦，周围有已建房屋多幢。交通运输较为方便，工地旁有市内主要交通道路通过，施工中所用的主要建筑材料与构件均可经该城市道路直接运进工地。施工中需用的电力和给水，也可从附近已有的电路和水网中引出。

（2）多孔板、架空板和木门窗由场外混凝土预制构件厂和木材加工厂制作，由汽车运入工地进行安装，运输距离均为5 km。其他零星混凝土预制构件均在现场预制。

（3）本工程由某县级集体建筑公司承包施工（包工包料）。根据该公司的技术力量和实际情况，施工中拟采用人力挖土，机夯填土，人力车运土，井架吊运材料和构件。工程余土采用人力车运输至场外3 km处弃土。

4．编制要求

（1）要求用定额方法和工程量清单计算方法计算所给图样工程量。

（2）要求用定额计价进行报价。

（3）要求用清单计价进行报价。

5．附图

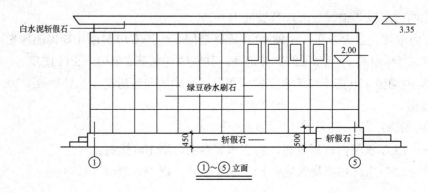

附件 编制某传达室工程（土建）施工图预算书

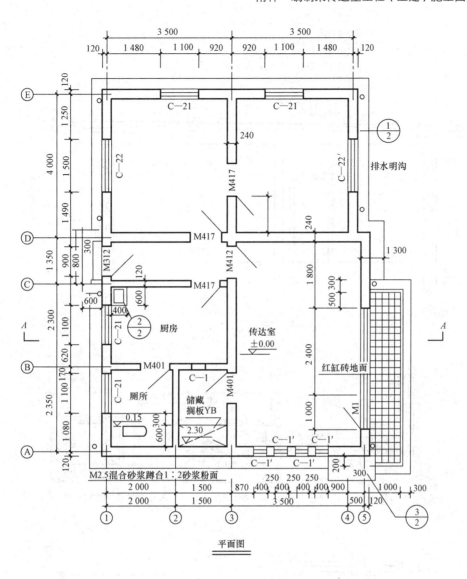

平面图

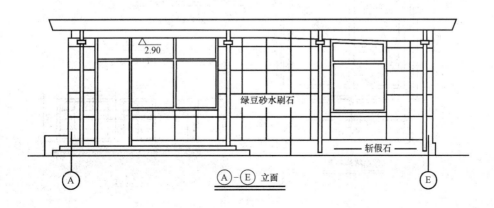

Ⓐ—Ⓔ 立面

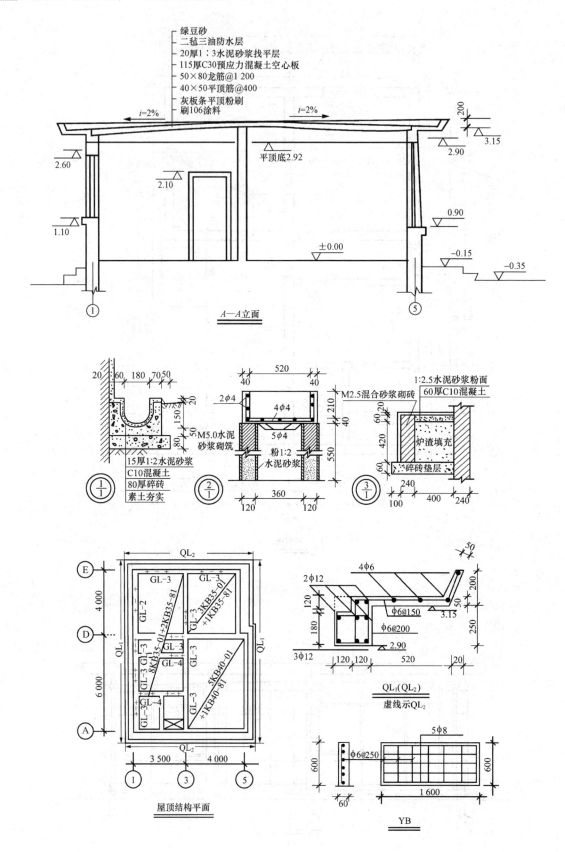

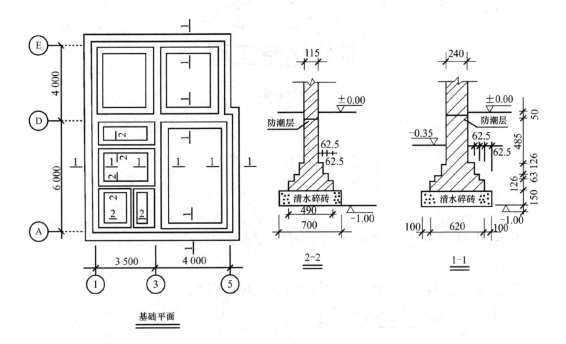

某传达室工程

（招标标底）

招 标 人：＿＿××厅＿＿（单位签字盖章）

法 定 代 表 人：＿＿王××＿＿（单位签字盖章）

中 介 机 构

法 定 代 表 人：＿＿张××＿＿（单位签字盖章）

造 价 工 程 师

及 注 册 证 号：＿＿刘××＿＿（签字盖执行业专用章）

编 制 时 间：＿××年×月×日＿

总 说 明

1．工程名称：某传达室。

2．工程概况：本工程的建筑面积为 77.26 m^2，是一个一层的传达室，为砖混结构。基础为砖基础。

3．招标范围：土建工程。

4．工程质量要求：优良级。

5．编制依据：

由 ×× 市建筑工程设计院设计的图纸一套。

《建设工程工程量清单计价规范》（GB 50500—2013）。

2014 年《江苏省建筑（装饰）工程工程量清单计价指引》。

2014 年《江苏省安装工程工程量清单计价指引》。

招标文件、施工图纸。

采用"营改增"中调整后的三类工程企业管理费率 26% 和利润率 12%。

6．工程质量、材料、施工等特殊要求：

（1）工程质量：合格。

（2）材料质量的约定：合格标准。

（3）施工严格按设计要求及施工规范施工，确保工程质量、施工安全、按期竣工验收。

（4）本工程清单中所有已标明厚度的材料只允许正偏差，不允许负偏差。

单项工程招标报价汇总表

工程名称：

序号	单位工程名称	金额/元	其中		
			暂估价/元	安全文明费/元	规费/元
1	某传达室	171 996.45			6 382.30

单位工程招标报价汇总表

工程名称：

序号	项目名称			计算公式	金额/元
一	分部分项工程工程量清单报价			清单工程量×除税综合单价	130 872.14
二	措施项目报价				10 450.79
三	其他项目报价				18 700.00
四	规费				6 382.30
	其中	1. 工程排污费			166.23
		2. 社会保险费		（一+二+三—除税工程设备费）×费率	5 332.82
		3. 住房公积金			883.25
五	税金			［一+二+三+四—（除税甲供材料费+除税甲供设备费）/1.01］×费率	5 591.22
六	工程造价			一+二+三+四—（除税甲供材料费+除税甲供设备费）/1.01+五	171 996.45

措施项目清单与计价表

工程名称：

序号	定额编号	项目名称	计量单位	工程数量或计算基数	金额/元	
					综合单价或费率/%	合价
1	20—10	外墙砌筑脚手架	10 m²	13.35	137.43	1 834.69
2	20—9	内墙砌筑脚手架	10 m²	10.29	16.33	167.99
3	8—82	空心板安装	m³	4.47	152.72	682.66
4	8—38	铁窗栅运输	t	0.12	103.1	12.37
5	8—8	空心板运输	m³	4.48	141.39	633.43
		小计				3 331.14
6		冬雨期施工费	元	131 845.38	0.20%	263.69
7		安全文明施工费	元	131 845.38	3.00%	3 955.36
8		临时设施费	元	131 845.38	2.20%	2 900.60
		小计	元			7 119.65
		合计	元			10 450.79

其他项目清单与计价表

工程名称：

序号	项目名称	计量单位	金额/元	备注
1	暂列金额	项	14 000	
2	暂估价		4 700	
2.1	材料暂估价	项		
2.2	专业工程暂估价	项	4 700	
3	计日工			
4	总承包服务费			
	合计		18 700	

规费、税金项目清单与计价表

工程名称：

序号	项目名称		计算基数	费率/%	金额/元 合价
1	规费	1.1 工程排污费	166 225.82	0.10%	166.23
		1.2 社会保险费	166 650.64	3.2%	5 332.82
		1.3 住房公积金	166 650.64	0.53%	883.25
		合计			6 382.3
2	税金			3.36%	5 591.22
3	工程造价				171 996.45

建筑工程企业管理费和利润取费

工程名称：

项目名称	计算基础	企业管理费率 三类工程	利润率
建筑工程	人工费+除税施工机具使用费	26%	12%
某传达室工程	49 320.95	26%	12%
	企业管理费	12 823.447	
	利润	5 918.514	

工程预算表

序号	定额编号	名称	单位	工程量	金额 综合单价	金额 合价	人工费 单价	人工费 合价	材料费 单价	材料费 合价	机械费 单价	机械费 合价	管理费 单价	管理费 合价	利润 单价	利润 合价	合价/元
		一、土（石）方工程															10 510.86
6	1-98	平整场地	10 m²	7.73	60.13	464.56	43.89	339.09					10.97	84.75	5.27	40.72	
7	1-19	人工挖地槽	m³	46.88	18.99	890.25	13.86	649.76					3.47	162.67	1.66	77.82	
8	4-104	地槽原土打底夯	10 m²	7.21	197.42	1 423.79	65.45	472.03	98.96	713.70	6.42	46.30	17.97	129.60	8.62	62.17	
10	4-1	水泥砂浆砌筑MU10砖基础	m³	14.89	406.25	6 049.06	98.40	1 465.18	263.38	3 921.73	5.89	87.70	26.07	388.18	12.51	186.27	
11	4-52	墙基防潮层 20 厚	10 m²	1.34	173.94	232.21	58.22	77.72	87.13	116.32	5.15	6.88	15.84	21.15	7.60	10.15	
12	1-104	墙基回填土	m³	29.44	31.17	917.64	21.56	634.73			1.19	35.03	5.69	167.51	2.73	80.37	
13	1-99	室内地坪素土夯实	10 m²	6.39	12.04	76.95	7.70	49.21			1.09	6.97	2.20	14.06	1.05	6.71	
14	1-102	室内地坪回填土	m³	12.78	28.40	362.95	20.02	255.86			0.71	9.07	5.18	66.20	2.49	31.82	
15	1-92	人工余土	m³	4.66	20.05	93.43	14.63	68.18					3.66	17.06	1.76	8.20	
		二、混凝土及钢筋混凝土结构工程															20 243.39
16	6-21	现浇 C20 钢筋混凝土圈梁	m³	2.25	498.27	1 121.11	157.44	354.24	268.48	604.08	10.29	23.15	41.93	94.34	20.13	45.29	
17	6-56	现浇 C20 钢筋混凝土挑檐	m³	1.29	561.22	723.97	191.88	247.53	275.60	355.52	16.60	21.41	52.12	67.23	25.02	32.28	
18	6-93	预制 C20 细石混凝土架空隔热板	m³	1.92	543.08	1 042.71	123.82	237.73	304.12	583.91	50.60	97.15	43.61	83.73	20.93	40.19	
19	5-11	预制 C20 细石混凝土搁板（YB）	m³	0.06	5 634.03	326.77	1 003.68	58.21	4 158.47	241.19	73.37	4.26	269.26	15.62	129.25	7.50	
20	4-26	屋面预应力空心板	m³	4.44	3 835.32	17 028.82	2 088.54	9 273.12	2 883.30	12 801.85	32.68	145.10	173.73	771.36	83.39	370.25	
		三、门窗及木结构工程															6 470.32
21	16-172	门连窗单独计算	10 m²	0.69	1 129.18	779.13	142.52	98.34	904.83	624.33	21.24	14.66	19.65	13.56	10.91	7.53	
22	16-232	纤维板门	10 m²	1.35	1 182.62	1 591.81	166.04	223.49	904.24	1 217.11	37.02	49.82	50.80	68.38	24.38	32.82	
23	16-57	一般木玻璃窗	10 m²	1.33	975.46	1 292.48	195.50	259.04	683.84	906.09	17.36	23.00	53.22	70.52	25.54	33.84	
24	7-57	铁窗栅制安	t	0.12	8 944.78	1 031.33	2 125.44	245.06	4 968.26	572.84	777.13	89.60	725.64	83.67	348.31	40.16	
25	18-45	门窗贴脸	10 m²	0.95	1 461.83	1 390.20	524.45	498.75	739.12	702.90	3.08	2.93	131.88	125.42	63.30	60.20	

续表

序号	定额编号	名称	单位	工程量	金额 综合单价	金额 合价	人工费 单价	人工费 合价	材料费 单价	材料费 合价	机械费 单价	机械费 合价	管理费 单价	管理费 合价	利润 单价	利润 合价	合价/元
		四、砌筑工程															14 133.74
26	16-312	门锁	把	4.00	96.34	385.36	14.45	57.80	76.55	306.20			3.61	14.44	1.73	6.92	
27	4-41	M2.5混合砂浆砌一砖内墙（含砖过梁）	m³	10.68	426.57	4 555.77	108.24	1 156.00	270.39	2 887.77	5.76	61.52	28.50	304.38	13.68	146.10	
28	4-39	M2.5混合砂浆砌半砖内墙（含砖过梁）	m³	2.81	461.14	1 295.80	132.02	370.98	273.72	769.15	4.78	13.43	34.20	96.10	16.42	46.14	
29	4-35	M2.5混合砂浆砌一砖外墙（含砖过梁）	m³	18.71	442.66	8 282.17	118.90	2 224.62	271.87	5 086.69	5.76	107.77	31.17	583.19	14.96	279.90	
		五、楼地面工程															15 711.72
30	4-104	70厚清水碎砖垫层	m³	4.47	197.42	882.47	65.45	292.56	98.96	442.35	6.42	28.70	17.97	80.33	8.62	38.53	
31	13-26	80厚C10混凝土随捣随抹光（加浆）	10 m²	6.39	1 439.68	9 200.99	826.56	5 282.54	280.32	1 791.53	19.68	125.77	315.43	2 015.91	135.19	864.00	
33	13-27	1:2.5水泥砂浆踢脚线，高120	10 m	7.47	62.94	469.91	37.73	281.69	9.92	74.06	0.98	7.32	9.68	72.27	4.64	34.64	
34	14-12	1:2.5水泥砂浆墙裙（1 200 mm）	10 m²	1.14	244.58	278.82	119.72	136.48	73.31	83.57	6.75	7.70	31.62	36.05	15.18	17.31	
35	13-16	屋面水泥砂浆找平层	10 m²	10.45	163.84	1 712.29	68.88	719.86	60.91	636.57	6.25	65.32	18.78	196.27	9.02	94.27	
36	13-80	砖砌台阶	10 m²	0.76	1 440.57	1 090.51	303.45	229.71	1 012.79	766.68	8.80	6.66	114.83	86.93	55.12	41.73	
37	13-166	明沟	10 m	3.60	490.01	1 762.08	201.72	725.39	201.06	723.01	9.19	33.05	52.73	189.62	25.31	91.01	
38	13-64	红缸砖地面	10 m²	0.43	730.05	314.65	233.75	100.75	399.14	172.03	7.79	3.36	60.39	26.03	28.98	12.49	
		六、道路及排水															23 848.33
40	12-55	检查井	座	1.00	1 658.49	1 658.49	373.76	373.76	1 117.09	1 117.09	21.42	21.42	98.80	98.80	47.42	47.42	
41	12-60	化粪池	座	1.00	21 895.31	21 895.31	9 568.05	9 568.05	7 549.10	7 549.10	362.42	362.42	3 279.74	3 279.74	1 136.00	1 136.00	
42	12-41	室外污水管	10 m	1.00	294.53	294.53	75.44	75.44	190.91	190.91	0.19	0.19	18.91	18.91	9.08	9.08	

续表

序号	定额编号	名称	单位	工程量	金额 综合单价	金额 合价	人工费 单价	人工费 合价	材料费 单价	材料费 合价	机械费 单价	机械费 合价	管理费 单价	管理费 合价	利润 单价	利润 合价	合价/元
七、防水及屋面工程																	8 019.30
43	10-125	屋面二毡三油一砂	10 m²	10.45	555.70	5 808.73	65.60	685.72	465.83	4 869.32			16.10	168.29	7.87	82.27	
44	10-202	φ100PVC落水管	10 m	2.80	364.58	1 020.82	37.72	105.62	312.90	876.12			9.43	26.40	4.53	12.68	
45	10-206	PVC方形落水管	10 个	0.80	422.04	337.63	31.16	24.93	379.35	303.48			7.79	6.23	3.74	2.99	
46	10-211	铸铁弯落水管	10 个	0.80	1 065.14	852.11	144.32	115.46	867.42	693.94			36.08	28.86	17.32	13.86	
八、装饰工程																	24 628.39
47	15-83	石灰砂浆抹平顶	10 m²	7.21	177.74	1 281.86	103.32	745.14	32.32	233.09	2.82	20.34	26.54	191.41	12.74	91.88	
48	14-38	石灰砂浆粉内墙面	10 m²	22.09	209.95	4 637.17	111.52	2 463.14	49.77	1 099.27	5.40	119.27	29.23	645.60	14.03	309.88	
49	14-73	斩假石勒脚	10 m²	1.23	924.64	1 133.61	619.10	759.02	71.94	88.20	3.31	4.06	155.60	190.77	74.69	91.57	
50	14-61	绿豆砂水刷石外墙面	10 m²	8.59	488.41	4 195.44	296.84	2 549.86	88.20	757.64	3.31	28.43	75.04	644.59	36.02	309.41	
51	14-75	白水泥斩假石屋檐	10 m²	1.66	2 431.93	4 039.44	1 722.82	2 861.60	67.30	111.79	3.19	5.30	431.50	716.72	207.12	344.03	
52	14-15	水泥砂浆粉窗台	10 m²	0.52	797.01	414.45	532.18	276.73	59.85	31.12	5.89	3.06	134.52	69.95	64.57	33.58	
53	17-1	木门油漆	10 m²	4.07	334.40	1 361.68	182.75	744.16	84.03	342.17			45.69	186.05	21.93	89.30	
54	17-2	木窗油漆	10 m²	3.61	320.40	1 156.64	182.75	659.73	70.03	252.81			45.69	164.94	21.93	79.17	
55	17-230	平顶及内墙粉刷106涂料	10 m²	33.04	193.95	6 408.11	82.45	2 724.15	81.00	2 676.24			20.61	680.95	9.89	326.77	
九、脚手架工程																	2 002.68
56	20-10	外墙砌筑脚手架	10 m²	13.35	137.43	1 834.69	54.94	733.45	52.84	705.41	6.80	90.78	15.44	206.12	7.41	98.92	
57	20-9	内墙砌筑脚手架	10 m²	10.29	16.33	167.99	8.20	84.35	3.85	39.60	0.91	9.36	2.28	23.45	1.09	11.21	
十、构件运输与安装																	1 327.98
61	8-8	空心板运输	m³	4.48	141.39	633.43	15.40	68.99	3.58	16.04	85.19	381.65	25.15	112.67	12.07	54.07	
63	8-82	空心板安装	m³	4.47	152.72	682.66	37.72	168.61	45.60	203.83	40.47	180.90	18.55	82.92	9.38	41.93	
64	8-38	铁窗栅运输	t	0.12	103.10	11.89	10.78	1.24	4.17	0.48	61.43	7.08	18.05	2.08	8.67	1.00	
十一、隔热工程																	3 975.44
65	11-28	屋面架空隔热板	m³	1.92	2 070.54	3 975.44	374.74	719.50	1 557.14	2 989.71			93.69	179.88	44.97	86.34	
报价/元						130 872.14											

土建工程分部分项工程量计算表

工程名称：

序号	项目名称	部位编号（名称）	单位	计算式	结果
一	基本参数			不扣门窗洞口尺寸	
1	建筑面积		m^2	按外墙勒脚以上结构外围水平面积计算 $S=(3.5+4.0+0.24)×(6.0+0.24)+4×(3.5+3.5+0.24)$ $=77.26(m^2)$	77.26
2	外墙中心线长		m	$L_{中}=(3.5+4.0+6.0+4)×2=35.00(m)$	35
3	外墙外边线长			$L_{外}=L_{中}+4×墙厚=35.00+4×0.24=35.96(m)$	35.96
4	内墙净长（240墙）			$L_{内1}=(7.0-0.24)+(10.0-0.24×2)=16.28(m)$	16.28
5	内墙净长（120墙）			$L_{内2}=(2+1.5-0.24)×2+(2.35-0.12-0.06)=8.69(m)$	8.69
二	土（石）方工程				
6	平整场地		$10\ m^2$	按设计图示尺寸以建筑物首层面积计算 $S=(3.5+4.0+0.24)×(6.0+0.24)+4×(3.5+3.5+0.24)$ $=77.26(m^2)$	7.726
7	人工挖地槽		m^3	按实挖体积以m^3计算；墙基宽小于3 m，为挖地槽	46.88
		地槽深度		从室外地坪算到槽底的垂直高度 槽底标高－室内外高差=1.0-0.35=0.65(m)	
		剖面1—1	m	每边加宽工作面20 cm 地槽宽度=0.62+0.1×2+0.2×2=1.22(m)	
			m^2	地槽断面：地槽宽度×地槽深度 $S_1=1.22×0.65=0.793(m^2)$	
		剖面2—2	m	地槽宽度=0.7+0.2×2=1.1(m)	
			m^2	地槽断面：$S_2=1.1×0.65=0.715(m^2)$	
		外墙		$V_1=L_{中}×S_1=35.00×0.793=27.755(m^3)$	
		内墙（240墙）		$V_2=L_{内1}×S_1=16.28×0.793=12.91(m^3)$	
		内墙（120墙）	m^3	$V_3=L_{内2}×S_2=8.69×0.715=6.213(m^3)$	
		合计		$\sum V_{地槽}=V_1+V_2+V_3=27.755+12.91+6.213$ $=46.88(m^3)$	
8	地槽原土打底夯		$10\ m^2$		7.212

续表

序号	项目名称	部位编号（名称）	单位	计算式	结果
		外墙		$S_{外1}=L_{中}\times L_1=35.00\times1.22=42.7$（m²）	
		内墙		$S_{外2}=L_{内1}\times L_1+L_{内2}\times L_2=16.28\times1.22+8.69\times1.1$ 　　$=19.86+9.56=29.42$（m²）	
		合计		$\sum S_{地槽}=S_{外1}+S_{外2}=42.7+29.42=72.12$（m²）	
9	清水碎砖基础垫层		m³	按垫层图示尺寸以m³计算	7.22
		剖面1—1		垫层断面：垫层宽度×垫层厚度 $S_{垫1}=(0.62+0.1\times2)\times0.15=0.123$（m²）	
		剖面2—2		垫层断面：垫层宽度×垫层厚度 $S_{垫2}=0.70\times0.15=0.105$（m²）	
		外墙基垫层体积		外墙基垫层体积=$S_{垫1}\times L_{中}=0.123\times35=4.305$（m³）	
		内墙基垫层体积		内墙基垫层体积 =$S_{垫1}\times L_{内1}+S_{垫2}\times L_{内2}$ =$0.123\times16.28+0.105\times8.69$ =2.915（m³）	
		基础垫层总体积		基础垫层总体积 =外墙基垫层体积+内墙基垫层体积 =4.305+2.915 =7.22（m³）	
10	M5水泥砂浆砌筑MU10砖基础		m³	按砖基图示尺寸以m³计算	14.89
		砖基高		基底标高－基础垫层标高=1.00-0.15=0.85（m）	
		剖面1—1		砖基宽：0.24 m（顶面宽度）	
				砖基断面： $S_{断1}=0.24\times(0.05+0.485)+[(0.24+3\times0.062\ 5)\times$ $(0.126+0.063+0.126)]$ $=0.263$（m²）	
		剖面2—2		砖基宽：0.12 m	
				砖基断面： $S_{断2}=0.12\times(0.05+0.485)+[(0.12+3\times0.062\ 5)\times$ $(0.126+0.063+0.126)]$ $=0.161$（m²）	
		外墙基		$V_{外基}=L_{中}\times S_{断1}=35.00\times0.263=9.205$（m³）	
		内墙基		$V_{内基}=L_{内1}\times S_{断1}+L_{内2}\times S_{断2}$ 　　$=16.28\times0.263+8.69\times0.161=5.681$（m³）	

续表

序号	项目名称	部位编号（名称）	单位	计算式	结果
		墙基总体积		$\sum S_{墙基}=V_{外基}+V_{内基}=9.205+5.681=14.89$（$m^3$）	
11	墙基防潮层20厚（1:2水泥砂浆加5%避水浆）		10 m^2	按砖基顶面积以m^2计算 $0.24×(L_{中}+L_{内1})+0.12×L_{内2}$ $=0.24×(35+16.28)+0.12×8.69=13.35$（$m^2$）	1.335
12	墙基回填土		m^3	按实际回填土方体积以m^3计算	29.44
				室外地坪以上砖基体积=墙厚×内外墙长×室内外高差 $=[0.24(L_{中}+L_{内1})+0.12L_{内2}]×0.35$ $=[0.24×(35+16.28)+0.12×8.69]×0.35$ $=4.67$（m^3）	
				墙基回填土体积=地槽挖土体积-（基垫层体积+砖基体积-室外地坪以上砖基体积）=46.88-（7.22+14.89-4.67）=29.44（m^3）	
13	室内地坪素土夯实		10 m^2	按室内主墙间净面积，以m^2计算为 建筑面积-内外墙面积=77.26-0.24×(35+16.28)－0.12×8.69=63.91（m^2）	6.391
14	室内地坪回填土		m^3	按室内主墙间实填土体积以m^3计算	12.78
		地坪厚		清水砖碎石垫层+混凝土找平层=0.07+0.08=0.15（m）	
		回填土厚		室内外高差-地坪厚=0.35-0.15=0.20（m）	
		回填土体积		63.91×0.20=12.78（m^3）	
15	人工余土外运		m^3	余土体积=挖土体积-回填土体积 $=46.88-(29.44+12.78)=4.66$（$m^3$）	4.66
三		混凝土及钢混结构工程			
16	现浇C20钢筋混凝土圈梁		m^3	按圈梁实体积计算	2.25
		QL$_1$		圈梁断面=0.24×0.3-0.12×0.12=0.057 6（m^2）	
				圈梁长=10.24+10.24+0.5=20.98（m）	
				圈梁体积=0.057 6×20.98=1.21（m^3）	
		QL$_2$		圈梁断面=0.24×0.3=0.072（m^2）	
				圈梁长度=7.5×2-0.5=14.5（m）	
				圈梁体积=0.072×14.5=1.044（m^3）	
		圈梁总体积		圈梁总体积=1.21+1.044=2.25（m^3）	

续表

序号	项目名称	部位编号（名称）	单位	计算式	结果
17	现浇C20钢筋混凝土挑檐		m^3	按图例尺寸以实体积m^3计算	1.29
				挑檐1断面：$0.52 \times 0.05 = 0.026$（m^2）	
				挑檐$1_{L中}$＝（7.24＋0.52）＋（10.24＋0.52＋0.5）＋（7.74＋0.52）＋（10.24＋0.52）＝38.04（m）	
				挑檐1体积：$0.026 \times 38.04 = 0.989$（$m^3$）	
				挑檐2断面：$0.15 \times 0.05 = 0.0075$（$m^2$）	
				挑檐$2L_{中}$＝（7.24＋1.06）＋（10.24＋1.06＋0.5）＋（7.74＋1.062）＋（10.24＋1.06）＝40.2（m）	
				挑檐2体积：$0.0075 \times 40.2 = 0.302$（$m^3$）	
				挑檐体积＝0.989＋0.302＝1.29（m^3）	
18	预制C20细石混凝土架空隔热板		m^3	按隔热板实体积以m^3计算	1.92
		D→A		屋面横向长＝横墙中长－墙厚 ＝7.5－0.24＝7.26（m）	
				横向架空板块数：7.26÷0.505＝14（块）	
		D→E		屋面横向长＝横墙中长－墙厚 ＝7.0－0.24＝6.76（m）	
				横向架空板块数：6.76÷0.505＝13（块）	
				屋面纵向长＝纵墙中长－墙厚＝10－0.24＝9.76（m）	
				纵向架空板块数：9.76÷0.505＝19（块）	
		A、D轴上①→⑤		屋面纵向长＝纵墙中长－墙厚 ＝6.0－0.12＝5.88（m）	
				纵向板架空块数＝长÷板宽＝5.88÷0.505＝12（块）	
				屋面架空板总块数＝12×14＋（19－12）×13 ＝259（块）	
				每块板体积＝长×宽×厚 ＝0.495×0.495×0.03＝0.0074（m^3）	
				架空板总体积＝每块体积×数量 ＝0.0074×259＝1.92（m^3）	
19	预制C20混凝土搁板（YB）		m^3	按图示尺寸以m^3计算 YB体积：$1.6 \times 0.6 \times 0.06 = 0.058$（$m^3$）	0.058
20	屋面预应力空心板		m^3	按扣除空腹后的实体积计算	4.44

续表

序号	项目名称	部位编号（名称）	单位	计算式	结果
		KB35—01		每块体积×块数=0.222×11=2.442（m^3）	
		KB35—81		每块体积×块数=0.178×3=0.534（m^3）	
		KB40—01		每块体积×块数=0.253×5=1.265（m^3）	
		KB40—81		每块体积×块数=0.202×1=0.202（m^3）	
				体积和计： 0.202+1.265+0.534+2.442=4.44（m^3）	
四		门窗及木结构工程			
21	门连窗单独计算	M-1	10 m^2	按门窗洞口面积以m^2计算 面积=1.00×2.10+2.4×2.0=6.9（m^2）	0.69
22	纤维板门		10 m^2	按门洞口面积以m^2计算 面积=窗宽×窗高×数量	1.346
		M-412		面积：0.9×2.5×1=2.25（m^2）	
		M-312		面积：0.9×2.6×1=2.34（m^2）	
		M-401		面积：0.8×2.0×2=3.2（m^2）	
		M-417		面积：0.9×2.1×3=5.67（m^2）	
				合计面积：2.25+2.34+3.2+5.67=13.46（m^2）	
23	一般木玻璃窗		10 m^2	按窗洞口面积以m^2计算， 面积=门宽×门高×数量	1.325
		C-21		面积：1.1×1.5×4=6.6（m^2）	
		C-22		面积：1.5×1.5×1=2.25（m^2）	
		C-22′		面积：1.5×2.0×1=3.0（m^2）	
		C-1		面积：0.6×0.6×1=0.36（m^2）	
		C-1′		面积：0.4×0.65×4=1.04（m^2）	
				合计面积：6.6+2.25+3.0+0.36+1.04=13.25（m^2）	
24	铁窗栅制安		t	按窗栅图示尺寸以重量计算	0.115 32
		铁窗栅 M-1（门连窗）		①横档：—30×4扁钢4道 总长度=2.4×4=9.6（m） 质量=9.6×0.94=9.024（kg） ②竖条：⌀12@150，共2 400/150+1=17（条） 总长度=2×17=34（m） 重量=34×0.617=20.98（kg） 合计质量：9.024+20.98=30（kg）	

续表

序号	项目名称	部位编号（名称）	单位	计算式	结果
		铁窗栅 4 C-21		①横档：—30×4扁钢4道 总长度=1.1×4×4=17.6（m） 质量=17.6×0.94=16.544（kg） ②竖条：Φ12@150，共1 100/150+1=8（条） 总长度=1.5×8×4=48（m） 质量=48×0.617=29.62（kg） 合计质量=16.544+29.62=46.16（kg）	
		铁窗栅 C-22		①横档：—30×4扁钢4道 总长度=1.5×4=6（m） 质量=6×0.94=5.64（kg） ②竖条：Φ12@150，共1 500/150+1=11（条） 总长度=1.5×11=16.5（m） 质量=16.5×0.617=10.18（kg） 合计质量=5.64+10.18=15.82（kg）	
		铁窗栅 C-22′		①横档：—30×4扁钢4道，气窗上也做一道，最少5道 总长度=1.5×5=7.5（m） 重量=7.5×0.94=7.05（kg） ②竖条：Φ12@150，共1 500/150+1=11（条） 考虑气窗上也装铁窗栅较为安全 总长度=（2+0.4）×11=26.4（m） 重量=26.4×0.617=16.29（kg） 合计重量=7.05+16.29=23.34（kg）	
	铁窗栅总重			30+46.16+15.82+23.34=115.32（kg）	
25	门窗贴脸		100 m	窗按外围，门按侧边与顶面之和的长度以延长米计算	0.951
		M-1		2.9×2+1.0+2.4×2+2.0=13.6（m）	
		M-412		0.9+2.5×2=5.9（m）	
		M-312		0.9+2.6×2=6.10（m）	
		M-401		（0.8+2.0）×2×2=9.6（m）	
		M-417		（0.9+2.1×2）×3=15.3（m）	
		4C-21		（1.1+1.5）×2×4=20.8（m）	
		C-22		（1.5+1.5）×2=6.0（m）	
		C-22		（1.5+2.0）×2=7.0（m）	
		C-1		（0.6+0.6）×2=2.4（m）	
		C-1′		（0.4+0.65）×2×4=8.4（m）	
				合计长度： 13.6+5.9+6.1+9.6+15.3+20.8+6.0+7.0+2.4+8.4 =95.10（m）	

续表

序号	项目名称	部位编号（名称）	单位	计算式	结果
26	门锁		把	4把	4把
五	砌筑工程				
27	M2.5混合砂浆砌一砖内墙（含砖过梁）		m³	按实砌墙体体积以m³计算	10.68
		③轴上 A→E		内墙净长：10−0.24=9.76（m）	
				内墙厚：0.24 m	
				内墙净高：3.35−（0.115+0.02）=3.215（m）	
				内墙体积：9.76×0.24×3.215=7.53（m³）	
		D轴上 ①→③		内墙净长：3.5−0.24=3.26（m）	
				①轴点净高：3.15 m	
				找坡高度：3.5×2%=0.07（m） ③轴点的内墙高度=3.15+0.07=3.22（m）	
				内墙体积：0.24×1/2×（3.15+3.22）×3.26=2.49（m³）	
		D轴上 ④→③		计算同D轴上①→③：2.49 m³	
				应扣除的门窗洞口面积：M417×2，M412，M401 0.90×2.1×2+0.9×2.5+0.8×2 =7.63（m²）	
				内墙体积：7.53+2.49×2−7.63×0.24=10.68（m³）	
28	M2.5混合砂浆砌半砖内墙（含砖过梁）		m³	按实砌墙体体积以m³计算	2.81
		C轴上 ①→③		内墙净长：3.26 m 内墙墙厚：0.12 m	
				内墙高度：①轴点净高：3.15 m ③轴点的内墙高度：3.22 m	
				内墙体积：0.12×0.5×（3.15+3.22）×3.26=1.246（m³）	
		B轴上 ①→③		计算同上：1.246 m³	
		②轴上 A→B		内墙净长=2.35−1/2×0.24−1/2×0.12=2.17（m） 内墙墙厚：0.12 m 内墙高度：3.15+2×2%=3.19（m）	
				内墙体积：2.17×0.12×3.19=0.83（m³）	

续表

序号	项目名称	部位编号（名称）	单位	计算式	结果
				内墙毛体积：1.246+1.246+0.83=3.322（m³）	
				扣除门洞体积：M417，M401，C-1 1.89+1.6+0.36=3.85（m²）	
				内墙实体积：3.322−3.85×0.12=2.86（m³）	
29	M2.5混合砂浆砌一砖外墙（含砖过梁）		m³	按实砌体积以m³计算	18.71
				墙长：35 m，墙高：3.15 m，墙厚：0.24	
				外墙毛体积：35×0.24×3.15=26.46（m³）	
				应扣除门窗洞口面积： 4C-21（6.6），C-22（2.25）， C-22'（3.0），4C-1'（1.04）， M-1（7.7），M-312（2.34） 6.6+2.25+3.0+1.04+7.7+2.34=22.93（m²）	
				应扣除圈梁体积：2.25 m³	
				外墙实体积=26.46−22.93×0.24−2.25=18.71（m³）	
六	楼地面工程				
30	70厚清水碎砖垫层		m³	按主墙间净面积乘以厚度，以m³计算 净面积为63.91 m²，厚度为0.07 m， 垫层体积：63.91×0.07=4.47（m³）	4.47
31	80厚C10混凝土随捣随抹光（加浆）		10 m²	按主墙间净面积以10 m²计算 净面积：63.91 m²；63.91/10=6.391（10 m²）	6.391
32	传达室地坪加5%红粉		m²	按传达室主墙间净面积，以m²计算 净面积：（4.0−0.24）×（6.0−0.24）=21.66（m²）	21.66
33	1：2.5水泥砂浆踢脚线，高120		10 m	按内墙净长度以延长米计算	7.466
		A轴		墙面净长=（3.5−0.12×3）+（4−0.12×2） =6.9（m）	
		B轴		墙面净长=（3.5−0.12×2）+（3.5−0.12×3） =6.4（m）	
		C轴		墙面净长=（3.5−0.12×2）×2=6.52（m）	

续表

序号	项目名称	部位编号（名称）	单位	计算式	结果
		D轴		墙面净长=（3.5-0.12×2）×2+（3.5-0.12×2）+（4-0.12×2）=13.54（m）	
		E轴		墙面净长=（3.5-0.12×2）+（3.5-0.12×2）=6.52（m）	
		①轴		墙面净长=（2.35-0.12-0.06）+（2.3-0.12）+（1.35-0.12-0.06）+（4-0.12×2）=9.28（m）	
		②轴		墙面净长=（2.35-0.12-0.06）×2=4.34（m）	
		③轴		墙面净长=（6.0-0.12×4）+（4.0-0.12×2）×2+（6.0-0.12×2）=18.8（m）	
		④轴		墙面净长=4.0-0.12×2=3.76（m）	
		⑤轴		墙面净长=6.0-0.12×2=5.76（m）	
				合计长度：81.82 m	
				应减去部分，包括	
				（1）厕所墙裙长度=（2.0-0.12-0.06）+（2.35-0.12-0.06）×2=6.16（m） （2）洗涤处墙裙长度=0.6+0.4=1.0（m）	
				墙裙总长度：6.16+1.0=7.16（m）	
				踢脚线净长度： 81.82-7.16=74.66（m）	
34	1:2.5水泥砂浆墙裙（1 200 mm）		10 m²	按图示尺寸以延长乘高度按面积计算	1.14
		厕所		（2.35-0.12）×2+（2.0-0.12-0.06）×2=8.1（m）	
		洗涤池		0.6+0.4×2=1.40（m）	
				合计长度=8.10+1.40=9.50（m）	
				9.50×1.2=11.4（m²）	
35	屋面水泥砂浆找平层		10 m²	按实面积以m²计算 找平层面积=底层建筑面积+挑檐面积 底层建筑面积为77.26 m² 挑檐面积=0.72×［（10+0.72）×2+（7.5+0.72）×2］=27.27（m²） 找平层面积=77.26+27.27=104.53（m²）	10.453

续表

序号	项目名称	部位编号（名称）	单位	计算式	结果
36	砖砌台阶		10 m²	按水平投影面积计算 水平面积=1.8×0.6+5.5×（1.3-0.12）=7.57（m²）	0.757
37	明沟		10 m	按延长米计算 （10.24+7.74）×2=35.96（m）	3.596
38	红缸砖地面		10 m²	按水平投影面积以m²计算 （1.0-0.12）×（6.0-1.8+0.5+0.2）=4.31（m²）	0.431
39	洗涤池		m³	按实体积以m³计算 0.6×0.4×（0.55+0.04+0.21）=0.19（m³）	0.19
七	道路及排水工程				
40	检查井		座	规格：600×600×1 500	1
41	化粪池		座	砖砌2号化粪池1座	1
42	室外污水管		10 m	按实际长度以m计算，为10 m	1
八	防水及屋面工程				
43	屋面二毡三油一砂		10 m²	同屋面水泥砂浆找平层面积为104.53 m²（见序号35）	10.453
44	φ100PVC落水管		10 m	按板底至室外地坪高度以延长米计算 落水管长度=屋面标高+室内外高差=3.15+0.35=3.50（m），落水管数量为8根 共计长度=3.5×8=28（m）	2.8
45	PVC方形落水管		10 个	共计8个	0.8
46	铸铁弯落水管		10 个	共计8个	0.8
九	装饰工程				
47	石灰砂浆抹平顶		10 m²	按实际尺寸以m²计算 室内平顶面积=楼地面面积=72.12 m²（见序号8）	7.212
48	石灰砂浆粉内墙面		10 m²	按内墙间净面积以m²计算	22.087
				内墙毛面积=踢脚线（墙裙）长度×净高（见序号33） =（74.66+7.16）×3.12=255.28（m²）	
				内墙净面积=内墙毛面积-门窗面积 =255.28-34.41=220.87（m²）	

续表

序号	项目名称	部位编号（名称）	单位	计算式	结果
49	斩假石勒脚		10 m²	按外墙勒脚净面积以m²计算	1.226
				勒脚毛面积=外墙周长×高=35.96×0.45=16.18（m²）	
				应扣除的面积：M1=宽×勒脚高×数量=1×0.45×1=0.45 m²；M312=0.9×0.45×1=0.41（m²）；台阶侧面积=（1.8+5）×0.45=3.06（m²）	
				勒脚净面积：16.18-0.45-0.41-0.36=12.26（m²）	
50	绿豆砂水刷石外墙面		10 m²	按外墙面净面积以m²计算	8.59
				外墙面高=3.15+0.35-0.45=3.05（m）	
				外墙毛面积=周长×高=35.96×3.05=109.68（m²）	
				应扣除的门窗洞口的面积为22.93 m²（见序号29）	
				应扣除的勒脚面积为0.45×1.9=0.86（m）	
				外墙净面积=109.68-22.93-0.86=85.90（m²）	
51	白水泥斩假石屋檐		10 m²	按圈梁和挑檐外侧面积计算 圈梁净面积=周长×高=35×（3.15-2.90）=8.75（m²） 挑檐面积=周长×高=39.32×0.2=7.86（m²） 屋檐面积=8.75+7.86=16.61（m²）	1.661
52	水泥砂浆粉窗台		10 m²	按规则，窗台抹灰面积=（窗宽+0.2）×0.36	0.52
		M-1		抹灰面积=（2.4+0.2）×0.36=0.94（m²）	
		C-1		抹灰面积=（0.6+0.2）×0.36=0.29（m²）	
		C-21		抹灰面积=（1.1+0.2）×0.36×4=1.87（m²）	
		C-22		抹灰面积=（1.5+0.2）×0.36×1=0.61（m²）	
		C-22		抹灰面积=（1.5+0.2）×0.36×1=0.61（m²）	
		C-1		抹灰面积=（0.4+0.2）×0.36×4=0.864（m²）	
				合计面积0.94+0.29+1.87+0.61+0.61+0.864=5.184（m²）	
53	木门油漆		10 m²	按木门面积计算，双面油漆 （13.46+6.9）×2=40.72（m²）（见序号21、22）	4.072
54	木窗油漆		10 m²	按木窗面积计算，双面油漆 [13.25+2.4×2.0]×2=36.10（m²）（见序号21、23）	3.610

续表

序号	项目名称	部位编号（名称）	单位	计算式	结果
55	平顶及内墙粉刷106涂料		10 m²	按平顶及内墙面积以m²计算 面积=平顶面积（见序号47）+内墙净面积（见序号48）=72.12+225.28=297.4（m²）	29.74
十	脚手架工程				
56	外墙砌筑脚手架		10 m²	按外墙外边线长度（$L_{中}$）×外墙高度以m²计算	13.305
				脚手架高度=室内外高差+檐口底高度 =0.35+3.15+0.2=3.70（m）	
				脚手架面积：35.96×3.7=133.05（m²）	
57	内墙砌筑脚手架		10 m²	按内墙净长×内墙净高以m²计算	10.287
				内墙净长=（10.0-0.24）+（3.5-0.24）×2+（2.35-0.12-0.058）+10.5-0.24=28.712（m）	
				按室内地坪至平顶底的高度为2.92 m	
				内墙砌筑脚手架面积=28.712×2.92=83.839（m²）	
58	内墙抹灰脚手架（外侧）			已包括在砌筑脚手架内，不再计算	
59	外墙内侧及内墙抹灰脚手架			因层高<3.6 m，已包括在抹灰定额内，不再计算	
60	砌砖基础脚手架			因基础深<1.5 m，底宽<3 m，故不再计算	
十一	构件运输与安装				
61	空心板运输		m³	空心板制作体积×（1+运输损耗率）=4.443×1.008=4.48（m³）	4.48
62	架空板运输		m³	架空板体积×（1+运输损耗率）=1.81×1.008=1.82（m³）	1.82
63	空心板安装		m³	空心板制作体积×（1+安装损耗率）=4.443×1.005=4.47（m³）	4.47
64	铁窗栅运输		t	同铁窗栅制作重量115.32 kg	0.115 32
十二	隔热工程				
65	屋面架空隔热板		m³	按实铺设架空板体积以m³计算	1.92
				总体积1.92 m³（见序号18）	

综合单价分析表

一、土石方工程

项目编码：010101001001　　　　项目名称：平整场地　　　　单位：10 m²

项目		单位	单价	平整场地	
				数量	合价
综合单价			元	60.13	
其中	人工费		元	43.89	
	材料费		元		
	机械费		元		
	管理费		元	10.97	
	利润		元	5.27	
三类工		工日	77.00	0.57	43.89

项目编码：010101002001　　　　项目名称：人工挖地槽　　　　单位：m³

项目		单位	单价	人工挖地槽	
				数量	合价
综合单价			元	18.99	
其中	人工费		元	13.86	
	材料费		元		
	机械费		元		
	管理费		元	3.47	
	利润		元	1.66	
三类工		工日	77.00	0.18	13.86

项目编码：010401001001　　　　项目名称：条形砖基础　　　　单位：m³

项目		单位	单价	条形砖基础	
				数量	合价
综合单价			元	406.25	
其中	人工费		元	98.40	
	材料费		元	263.38	
	机械费		元	5.89	
	管理费		元	26.07	
	利润		元	12.51	
二类工		工日	82.00	1.20	98.4
材料	标准砖	百块	42.00	5.22	219.24
	水	m³	4.70	0.104	0.49
机械	灰浆搅拌机 200 L	台班	122.64	0.048	5.89

附件 编制某传达室工程（土建）施工图预算书

项目编码：010401001001　　　　项目名称：墙基防潮层　　　　单位：10 m²

项目		单位	单价	墙基防潮层	
				数量	合价
综合单价			元	173.94	
其中	人工费		元	58.22	
	材料费		元	87.13	
	机械费		元	5.15	
	管理费		元	15.84	
	利润		元	7.60	
二类工		工日	82.00	0.71	58.22
材料	防水砂浆 1：2	m³	414.89	0.21	87.13
机械	灰浆搅拌机 200 L	台班	122.64	0.042	5.15

项目编码：010103001001　　　　项目名称：墙基（地槽）回填土　　　　单位：m³

项目		单位	单价	墙基（地槽）回填土	
				数量	合价
综合单价			元	31.17	
其中	人工费		元	21.56	
	材料费		元		
	机械费		元	1.19	
	管理费		元	5.69	
	利润		元	2.73	
三类工		工日	77.00	0.28	21.56
机械	电动夯实机（打夯）	台班	26.47	0.045	1.19

项目编码：010103002001　　　　项目名称：室内原土打底夯　　　　单位：10 m²

项目		单位	单价	室内原土打底夯	
				数量	合价
综合单价			元	12.04	
其中	人工费		元	7.70	
	材料费		元		
	机械费		元	1.09	
	管理费		元	2.20	
	利润		元	1.05	
三类工		工日	77.00	0.10	7.70
机械	电动夯实机（打夯）	台班	26.47	0.041	1.09

项目编码：010103001002　　　　项目名称：室内回填土　　　　单位：m³

项目		单位	单价	室内回填土	
				数量	合价
综合单价			元	28.40	
其中	人工费		元	20.02	
	材料费		元		
	机械费		元	0.71	
	管理费		元	5.18	
	利润		元	2.49	
三类工		工日	77.00	0.26	20.02
机械	电动夯实机（打夯）	台班	26.47	0.027	0.71

项目编码：010103002002　　　　项目名称：人工余土外运　　　　单位：m³

项目		单位	单价	人工余土外运	
				数量	合价
综合单价			元	20.05	
其中	人工费		元	14.63	
	材料费		元		
	机械费		元		
	管理费		元	3.66	
	利润		元	1.76	
三类工		工日	77.00	0.19	14.63

二、混凝土及钢混结构工程

项目编码：010503004001　　　　项目名称：现浇钢筋混凝土圈梁　　　　单位：m³

项目		单位	单价	现浇钢筋混凝土圈梁	
				数量	合价
综合单价			元	498.27	
其中	人工费		元	157.44	
	材料费		元	268.48	
	机械费		元	10.29	
	管理费		元	41.93	
	利润		元	20.13	
二类工		工日	82.00	1.92	157.44
材料	塑料薄膜	m³	0.80	2.2	1.76
	水	m³	4.70	1.74	8.18
	现浇 C20 混凝土	m³	254.72	1.015	258.54
机械	混凝土搅拌机 400 L	台班	156.81	0.057	8.94
	混凝土振动器（插入式）	台班	11.87	0.114	1.35

项目编码：010505007001　　　　项目名称：现浇混凝土挑檐　　　　单位：m³

项目		单位	单价	现浇混凝土挑檐	
				数量	合价
综合单价			元	561.22	
其中	人工费		元	191.88	
	材料费		元	275.60	
	机械费		元	16.60	
	管理费		元	52.12	
	利润		元	25.02	
	二类工	工日	82.00	2.34	191.88
材料	塑料薄膜	m³	0.80	6.92	5.54
	水	m³	4.70	2.45	11.52
	现浇 C20 混凝土	m³	254.72	1.015	258.54
机械	混凝土搅拌机 400 L	台班	156.81	0.092	14.43
	混凝土振动器（插入式）	台班	11.87	0.183	2.17

项目编码：011001002001　　　　项目名称：预制架空隔热板　　　　单位：m³

项目		单位	单价	预制架空隔热板	
				数量	合价
综合单价			元	543.08	
其中	人工费		元	123.82	
	材料费		元	304.12	
	机械费		元	50.60	
	管理费		元	43.61	
	利润		元	20.93	
	二类工	工日	82.00	1.51	123.82
材料	周转木材	m³	1 850.00	0.003	5.55
	塑料薄膜	m³	0.80	5.90	4.72
	预制 C20 混凝土	m³	251.70	1.02	256.73
	其他材料	元			4
机械	混凝土搅拌机 400 L	台班	156.81	0.044	6.90
	机动翻斗车 1 t	台班	190.03	0.065	12.35
	皮带运输机	台班	190.02	0.044	8.36
	混凝土振动器（平板式）	台班	14.93	0.087	1.30
	起重机械	台班	493.04	0.044	21.69

项目编码：010512001001　　　　项目名称：预制C20混凝土搁板（YB）　　　　单位：m³

项目		单位	单价	预制混凝土搁板（YB）	
				数量	合价
综合单价			元	5 634.03	
其中	人工费		元	1 003.68	
	材料费		元	4 158.47	
	机械费		元	73.37	
	管理费		元	269.26	
	利润		元	129.25	
	二类工	工日	82.00	12.24	1 003.68
材料	钢筋	t	4 020.00	1.02	4 100.40
	镀锌钢丝	kg	5.50	7.47	41.09
	电焊条	kg	5.80	2.88	16.70
	水	m³	4.70	0.06	0.28
机械	钢筋调直机	台班	33.63	0.073	2.45
	电动卷扬机单筒慢速5 t	台班	154.65	0.236	36.50
	钢筋切断机	台班	43.93	0.128	5.62
	钢筋弯曲机	台班	23.93	0.2	4.79
	交流电焊机	台班	90.97	0.203	18.47
	对焊机	台班	131.86	0.042	5.54

项目编码：010512002001　　　　项目名称：屋面预应力空心板　　　　单位：m³

项目		单位	单价	屋面预应力空心板	
				数量	合价
综合单价			元	7 078.97	
其中	人工费		元	2 088.54	
	材料费		元	4 138.90	
	机械费		元	57.50	
	管理费		元	536.51	
	利润		元	257.52	
	二类工	工日	82.00	25.47	2 088.54
材料	钢筋	t	4 020.00	1.02	4 100.40
	镀锌钢丝	kg	5.50	7	38.50
机械	电动卷扬机单筒慢速5 t	台班	154.65	0.32	49.49
	钢筋切断机	台班	43.93	0.18	7.91

三、门窗及木结构工程

项目编码：010808007001　　　　项目名称：一般木玻璃窗　　　　单位：10 m²

项目		单位	单价	普通木窗	
				数量	合价
综合单价			元		975.46
其中	人工费		元		195.50
	材料费		元		683.84
	机械费		元		17.36
	管理费		元		53.22
	利润		元		25.54
	一类工	工日	85.00	2.30	195.50
材料	普通成材	m³	1 600.00	0.355	568.00
	木砖与拉条	m³	1 500.00	0.049	73.50
	铁钉	kg	4.20	0.27	1.13
	乳胶	kg	8.50	0.22	1.87
	防腐油	kg	6.00	6.35	38.10
	清油	kg	16.00	0.06	0.96
	油漆溶剂油	kg	14.00	0.02	0.28
机械	木工机械师	元			17.36

四、砌筑工程

项目编码：010401003001　　　　项目名称：一砖内墙　　　　单位：m³

项目		单位	单价	一砖内墙	
				数量	合价
综合单价			元		426.57
其中	人工费		元		108.24
	材料费		元		270.39
	机械费		元		5.76
	管理费		元		28.50
	利润		元		13.68
	二类工	工日	82.00	1.32	108.24
材料	标准砖	百砖	21.42	5.32	113.95
	混合砂浆 M5	m³	193.00	0.235	45.36
	水	m³	4.70	0.106	0.50
	水泥 32.5 级	kg	0.31	0.30	0.09
机械	灰浆搅拌机 200 L	台班	122.64	0.047	5.76

项目编码：010401003002　　　　项目名称：半砖内墙　　　　单位：m³

项目		单位	单价	半砖内墙	
				数量	合价
综合单价			元		461.14
其中	人工费		元		132.02
	材料费		元		273.72
	机械费		元		4.78
	管理费		元		34.20
	利润		元		16.42
	二类工	工日	82	1.61	132.02
材料	标准砖	百砖	42.00	5.58	234.36
	混合砂浆 M5	m³	193.00	0.196	37.83
	水	m³	4.70	0.112	0.53
机械	灰浆搅拌机 200 L	台班	122.64	0.039	4.78

项目编码：010401003003　　　　项目名称：一砖外墙　　　　单位：m³

项目		单位	单价	一砖外墙	
				数量	合价
综合单价			元		442.66
其中	人工费		元		118.90
	材料费		元		271.87
	机械费		元		5.76
	管理费		元		31.17
	利润		元		14.96
	二类工	工日	82.00	1.45	118.90
材料	标准砖	百块	42.00	5.36	225.12
	水泥 32.5 级	kg	0.31	0.3	0.09
	混合砂浆 M5	m³	193.00	0.234	45.16
	水	m³	4.70	0.107	0.50
机械	灰浆搅拌机 200 L	台班	122.64	0.047	5.76

五、楼地面工程

项目编码：011105001001　　　　项目名称：1∶2.5 水泥砂浆踢脚线（高 120）　　　　单位：10 m

项目		单位	单价	踢脚线	
				数量	合价
综合单价			元		62.95
其中	人工费		元		37.73
	材料费		元		9.92
	机械费		元		0.98
	管理费		元		9.68
	利润		元		4.64
	二类工	工日	82.00	0.46	37.72

续表

项目		单位	单价	踢脚线	
				数量	合价
材料	水泥砂浆 1∶2	m³	275.64	0.015	4.13
	水泥砂浆 1∶3	m³	239.65	0.023	5.51
	水	m³	4.70	0.06	0.28
机械	灰浆搅拌机 200 L	台班	122.64	0.008	0.98

项目编码：011201001001　　　　项目名称：1∶2.5 水泥砂浆墙裙　　　　单位：10 m²

项目		单位	单价	水泥砂浆墙裙	
				数量	合价
综合单价			元		244.58
其中	人工费		元		119.72
	材料费		元		73.31
	机械费		元		6.75
	管理费		元		31.62
	利润		元		15.18
二类工		工日	82.00	1.46	119.72
材料	水泥砂浆 1∶2	m³	275.64	0.102	28.12
	水泥砂浆 1∶3	m³	239.65	0.168	40.26
	801 胶水泥浆	m³	619.97	0.004	2.48
	水	m³	4.70	0.095	0.45
机械	灰浆搅拌机 200 L	台班	122.64	0.055	6.75

项目编码：011101006001　　　　项目名称：水泥砂浆找平层　　　　单位：10 m²

项目		单位	单价	水泥砂浆	
				数量	合价
综合单价			元		163.84
其中	人工费		元		68.88
	材料费		元		60.91
	机械费		元		6.25
	管理费		元		18.78
	利润		元		9.02
二类工		工日	82.00	0.84	68.88
材料	水泥砂浆 1∶3	m³	239.65	0.253	60.63
	水	m³	4.70	0.06	0.28
机械	灰浆搅拌机 200 L	台班	122.64	0.51	6.25

项目编码：010401012001　　　　项目名称：砖砌台阶　　　　单位：10 m²

项目		单位	单价	砖砌台阶	
				数量	合价
综合单价			元		1 440.57
其中	人工费		元		303.45
	材料费		元		1 012.79
	机械费		元		8.80
	管理费		元		114.83
	利润		元		55.12
	一类工	工日	85.00	3.57	303.45
材料	凹凸假麻石块	百块	90.00	10.20	918.00
	水泥砂浆 1∶1	m³	308.42	0.081	24.98
	水泥砂浆 1∶3	m³	239.65	0.202	48.41
	面纱头	kg	6.50	0.10	0.65
	锯木屑	m³	55.00	0.06	3.30
	白水泥	kg	0.70	1.00	0.70
	合金钢切割锯片	片	80.00	0.09	7.20
	素水泥浆	m³	426.22	0.01	4.26
	水	m³	4.70	0.26	1.22
	其他材料费	元			3.60
机械	灰浆搅拌机 200 L	台班	122.64	0.05	6.13
	石料切割机	台班	14.69	0.182	2.67

项目编码：010403010001　　　　项目名称：明沟　　　　单位：10 m

项目		单位	单价	混凝土明沟	
				数量	合价
综合单价			元		490.01
其中	人工费		元		201.72
	材料费		元		201.06
	机械费		元		9.19
	管理费		元		52.73
	利润		元		25.31
	二类工	工日	82.00	2.46	201.72
材料	现浇 C15 混凝土	m³	235.54	0.46	108.35
	水泥砂浆 1:2	m³	275.64	0.12	33.08
	草袋子 1×0.7 m	m³	1.50	1.21	1.82
	水	m³	4.70	0.20	0.94
机械	混凝土搅拌机 400 L	台班	156.81	0.038	5.96
	灰浆搅拌机 200 L	台班	122.64	0.024	2.94
	电动夯实机（打夯）	台班	26.47	0.011	0.29
	混凝土振动器（平板式）	台班	14.93		

六、道路及排水工程

项目编码:010401011001　　　　项目名称:检查井　　　　　　　　单位:座

项目		单位	单价	0.5 砖	
				数量	合价
综合单价			元		1 658.49
其中	人工费		元		373.76
	材料费		元		1 117.09
	机械费		元		21.42
	管理费		元		98.80
	利润		元		47.42
	基槽原土打底夯	10 m²	15.08	0.32	4.83
	碎石垫层	m³	175.50	0.16	28.08
	混凝土垫层模板	10 m²	558.01	0.07	39.06
	M10 水泥砂浆砖砌检查井	m³	421.95	1.22	514.78
	现场预制混凝土构件钢筋	t	5 470.72	0.027	147.71
	纤维井盖及井座安装	套	493.21	1.00	493.21
	聚合物水泥砂浆抹面	10 m²			

项目编码:010507006001　　　　项目名称:化粪池　　　　　　　　单位:座

项目		单位	单价	2 号砖砌	
				数量	合价
综合单价			元		21 895.31
其中	人工费		元		9 568.05
	材料费		元		7 549.1
	机械费		元		362.42
	管理费		元		3 279.74
	利润		元		1 136
材料	烧结普通砖	千块	525.43	4.663	2 450.00
	基槽原土打底夯	10 m²	6.17	0.19	1.17
	水泥砂浆 1∶2	m³	465	1.286	597.99
	水泥砂浆(细砂)M7.5 P.S32.5	m³	415	2.094	869.01
	防水粉	kg	2.14	34.298	73.40
	钢筋 Φ10	t	6 700	0.151	1 011.70
	石油沥青 30#	kg	5.5	117.077	643.92
	Φ700 铸铁井盖座(轻型)	套	345.00	2.00	690.00

七、防水及屋面工程

项目编码：010902002001　　　　　项目名称：屋面二毡三油一砂　　　　　单位：10 m²

项目		单位	单价	屋面二毡三油一砂	
				数量	合价
综合单价			元		555.7
其中	人工费		元		65.60
	材料费		元		465.83
	机械费		元		
	管理费		元		16.10
	利润		元		7.87
	二类工	工日	82.00	0.80	65.60
材料	石油沥青油毡 350#	m²	3.90	23.98	93.52
	石油沥青 30#	kg	5.50	56.5	310.75
	冷底子油 30∶70	100 kg	92.53	0.048	47.64
	木柴	kg	1.10	4.22	4.64
	煤	kg	1.10	8.44	9.28

项目编码：010306011001　　　　　项目名称：PVC 水落管　　　　　单位：10 m

项目		单位	单价	PVC 水落管	
				数量	合价
综合单价			元		364.58
其中	人工费		元		37.72
	材料费		元		312.90
	机械费		元		
	管理费		元		9.43
	利润		元		4.53
	二类工	工日	82.00	0.46	37.72
材料	PVC-U 排水管 DN110	m	22.96	10.20	234.19
	PVC 塑料抱箍 110 mm	副	5.00	10.60	53.00
	PVC 塑料管束接 110 mm	个	6.86	2.74	18.80
	PVC 塑料管 135°弯头 DN110	个	8.17	0.57	4.66
	胶水	kg	12.50	0.18	2.25

项目编码：010902004002　　　　　项目名称：铸铁弯落水管　　　　　单位：10 m

项目		单位	单价	铸铁落水管	
				数量	合价
综合单价			元		1 065.14
其中	人工费		元		144.32
	材料费		元		867.42
	机械费		元		
	管理费		元		36.08
	利润		元		17.32
	二类工	工日	82.00	1.76	144.32

续表

项目		单位	单价	铸铁落水管	
				数量	合价
				铸铁排水管直径100	m	82.00	10.50	861.00

	项目	单位	单价	数量	合价
材料	铸铁排水管直径100	m	82.00	10.50	861.00
	水泥 32.5 级	kg	0.31	13.00	4.03
	其他材料费	元			2.39

八、装饰工程

项目编码：011301001001　　　项目名称：石灰砂浆抹平顶墙面　　　单位：10 m²

项目		单位	单价	砂浆抹灰	
				数量	合价
综合单价			元		177.74
其中	人工费		元		103.32
	材料费		元		32.32
	机械费		元		2.82
	管理费		元		26.54
	利润		元		12.74
	二类工	工日 m	82.00	1.26	103.32
	混合砂浆 1：0.3：3	m³	253.85	0.082	20.82
	纸筋石灰浆	m³	293.41	0.031	9.10
机械	灰浆搅拌机 200 L	台班	122.64	0.023	2.82

项目编码：011204001001　　　项目名称：斩假石勒脚　　　单位：10 m²

项目		单位	单价	斩假石勒脚	
				数量	合价
综合单价			元		924.64
其中	人工费		元		619.10
	材料费		元		71.94
	机械费		元		3.31
	管理费		元		155.60
	利润		元		74.69
	二类工	工日	82.00	7.55	619.10
材料	水泥砂浆 1：3	m³	239.65	0.129	30.91
	水泥白石屑浆 1：2	m³	336.89	0.102	34.36
	普通成材	m³	1 600.00	0.002	3.20
	801 胶素水泥浆	m³	525.21	0.006	3.15
	水	m³	4.70	0.068	0.32
机械	灰浆搅拌机 200 L	台班	122.64	0.027	3.31

项目编码：011401001001　　　　　项目名称：木门油漆　　　　　　　单位：10 m²

项目		单位	单价	木窗油漆	
				数量	合价
综合单价			元		334.40
其中	人工费		元		182.75
	材料费		元		84.03
	机械费		元		
	管理费		元		45.69
	利润		元		21.93
	一类工	工日	85.00	2.15	182.75
材料	油漆溶剂油	kg	14.00	1.11	15.54
	石膏粉 325 目	kg	0.42	0.50	0.21
	酚醛无光调和漆	kg	13.00	2.50	32.50
	调和漆	kg	13.00	2.20	28.60
	酚醛清漆	kg	13.00	0.18	2.34
	砂纸	张	1.10	4.20	4.62
	白布	m²	4.00	0.03	0.12

项目编码：011402001001　　　　　项目名称：木窗油漆　　　　　　　单位：10 m²

项目		单位	单价	木窗油漆	
				数量	合价
综合单价			元		320.40
其中	人工费		元		182.75
	材料费		元		70.03
	机械费		元		
	管理费		元		45.69
	利润		元		21.93
	一类工	工日	85.00	2.15	182.75
材料	油漆溶剂油	kg	14.00	0.93	13.02
	石膏粉 325 目	kg	0.42	0.42	0.18
	酚醛无光调和漆	kg	13.00	2.08	27.04
	调和漆	kg	13.00	1.83	23.79
	酚醛清漆	kg	13.00	0.15	1.95
	砂纸	张	1.10	3.50	3.85
	白布	m²	4.00	0.03	0.12

项目编码：011407001001　　　项目名称：平顶及内墙粉刷106涂料　　　单位：10 m²

项目		单位	单价	106 涂料	
				数量	合价
综合单价			元		420.28
其中	人工费		元		108.80
	材料费		元		249.74
	机械费		元		15.68
	管理费		元		31.12
	利润		元		14.94
	一类工	工日	85.00	1.28	108.80
材料	砂胶涂料	kg	22.00	11.00	242.00
机械	电动空气压缩机 0.3 m³/min	台班	130.70	0.12	15.68

九、脚手架工程

项目编码：011701002001　　　项目名称：外墙砌筑脚手架　　　单位：10 m²

项目		单位	单价	外墙单排脚手架	
				数量	合价
综合单价			元		137.43
其中	人工费		元		54.94
	材料费		元		52.84
	机械费		元		6.80
	管理费		元		15.44
	利润		元		7.41
	二类工	工日	82.00	0.67	54.94
材料	周转材料	m³	1 850.00	0.007	12.95
	脚手钢管	kg	4.29	3.97	17.03
	底座	个	4.80	0.01	0.05
	扣件	个	5.70	0.63	3.59
	镀锌铁丝	kg	4.90	1.46	7.15
	其他材料费	元			12.07
机械	载重汽车 4 t	台班	453.50	0.015	6.80

项目编码:011701003001　　　项目名称:内墙砌筑脚手架　　　单位:10 m²

项目			单位	单价	内墙脚手架	
					数量	合价
综合单价				元	16.33	
其中	人工费			元	8.20	
	材料费			元	3.85	
	机械费			元	0.91	
	管理费			元	2.28	
	利润			元	1.09	
	二类工		工日	82.00	0.10	8.20
材料	周转材料		m³	1 850.00	0.001	1.85
	工具式金属脚手		m³	4.76	0.29	1.38
	其他材料费		kg			0.62
机械	载重汽车 4 t		台班	453.5	0.002	0.91

十、构件运输与安装

项目编码:011703001001　　　项目名称:架空板运输　　　单位:m³

项目		单位	单价	5 km 以内运输	
				数量	合价
综合单价			元	141.39	
其中	人工费		元	15.40	
	材料费		元	3.58	
	机械费		元	85.19	
	管理费		元	25.15	
	利润		元	12.07	
(一)装车					
	三类工	工日	77.00	0.10	7.70
机械	装卸机械二三类构件	台班	649.97	0.028	18.20
	小计				25.90
(二)运输					
材料	周转木材	m³	1 850.00	0.000 3	0.56
	钢丝绳 8#	kg	6.70	0.03	0.20
	镀锌钢丝	kg	4.90	0.31	1.52
机械	装卸机械二三类构件	台班	580.85	0.084	48.79
	小计				51.07

续表

项目		单位	单价	5 km 以内运输	
				数量	合价
(三) 卸车					
	三类工	工日	77.00	0.10	7.70
材料	周转木材	m³	1 850.00	0.000 7	1.30
机械	装卸机械二三类构件	台班	649.97	0.028	18.20
	小计				27.20

项目编码：011703001002　　　　项目名称：空心板运输　　　　单位：m³

项目		单位	单价	5 km 以内运输	
				数量	合价
综合单价		元			141.39
其中	人工费	元			15.40
	材料费	元			3.58
	机械费	元			85.19
	管理费	元			25.15
	利润	元			12.07
(一) 装车					
	三类工	工日	77.00	0.10	7.70
机械	装卸机械二三类构件	台班	649.97	0.028	18.20
	小计				25.90
(二) 运输					
材料	周转木材	m³	1 850.00	0.000 3	0.56
	钢丝绳 8#	kg	6.70	0.03	0.20
	镀锌钢丝	kg	4.90	0.31	1.52
机械	装卸机械二三类构件	台班	580.85	0.084	48.79
	小计				51.07
(三) 卸车					
	三类工	工日	77.00	0.10	7.70
材料	周转木材	m³	1 850.00	0.000 7	1.30
机械	装卸机械二三类构件	台班	649.97	0.028	18.20
	小计				27.20

十一、隔热工程

项目编码：011001006001　　　　项目名称：屋面架空隔热板　　　　单位：m³

项目		单位	单价	屋面架空隔热板	
				数量	合价
综合单价			元		2 070.54
其中	人工费		元		374.74
	材料费		元		1 557.14
	管理费		元		93.69
	利润		元		44.97
	二类工	工日	82.00	4.57	374.74
材料	聚苯乙烯泡沫板	m³	22.50	11.00	247.50
	石油沥青 30#	kg	5.50	116.71	641.91
	汽油	kg	10.64	58.30	620.31
	石棉粉	kg	2.00	6.00	12.00
	木柴	kg	1.10	10.70	11.77
	煤	kg	1.10	21.50	23.65

模拟试题

模拟试题（一）

一、单项选择题（每小题1分，共20分）
在下列每小题的四个备选答案中选出一个正确的答案，并将其字母标号填入括号内。

1. 下列项目，属于按建设用途分类的是（　　）。
   A. 生产性建设项目　　　B. 新建项目
   C. 扩建项目　　　　　　D. 改建项目

2. 工程建设都有一个较长的建设期。在建设期内，由于存在许多不可控制的因素，影响工程造价的变化，工程造价在整个建设期处于不确定状态，这体现了工程造价（　　）的特点。
   A. 个别性　　B. 差异性　　C. 层次性　　D. 动态性

3. 建设工程承包价格是对应于（　　）而言的。
   A. 承包人　　　　　　　B. 承发包双方
   C. 发包人　　　　　　　D. 建设单位

4. 工程造价管理包括工程造价合理确定和有效控制两个方面。其中，（　　）为控制拟建项目工程造价的最高限额。
   A. 投资估算　　　　　　B. 初步设计总概算
   C. 施工图预算　　　　　D. 承发包合同价

5. 工程造价控制的重点阶段是（　　）。
   A. 设计阶段　　　　　　B. 招投标阶段
   C. 施工阶段　　　　　　D. 结算审核阶段

6. 某砌砖班组有12名工人，砌筑某办公楼1.5砖混水外墙需8天完成，砌砖墙的时间定额为1.25工日/m³，该班组完成的砌筑工程量为（　　）m³。
   A. 80　　B. 76.8　　C. 115.2　　D. 120

7. 《建设工程价款结算暂行办法》规定，发包人根据确认的竣工结算报告向承包人支付工程竣工结算价款，保留5%左右的质量保证金，待工程交付使用一年质保期到期后清算，质保期内如有返修，发生费用应在（　　）内扣除。

  A. 预付备料款　　　　　　B. 工程进度款

  C. 质量保证金　　　　　　D. 工程结算款

8. 某砌筑工程，工程量为 10 m³，每 1 m³ 砌体需要基本用工 0.85 工日，辅助用工和超运距用工分别是基本用工的 25% 和 15%，人工幅度差系数为 10%，则该砌筑工程的人工工日消耗量是（　　）工日。

  A. 13.09　　　B. 15.58　　　C. 12.75　　　D. 12.96

9. 某工程项目遇上 20 年一遇的特殊恶劣天气，致使工程项目无法正常进行，且造成较大窝工现象，承包方可以由此不可抗力向业主提出（　　）索赔。

  A. 工期

  B. 费用

  C. 工期索赔并附带费用

  D. 上述三项均不正确

10. 合同中没有适用或类似变更工程的价格，则变更部分的价款调整应该（　　）。

  A. 按审价部门提出的价格调整

  B. 按发包人指定的价格调整

  C. 按设计部门提出的价格调整

  D. 由承包人或发包人提出适当的变更价格，经对方确认后调整

11. 预付的工程款必须在合同中约定抵扣方式，并在（　　）中进行抵扣。

  A. 合同价款　　　　　　　B. 工程进度款

  C. 预付备料款　　　　　　D. 工程结算款

12. 某土建工程实行按月结算和采用公式法结算预付备料款，施工合同总额为 750 万元，主要材料金额的比重为 60%，预付备料款为 20%，当累计结算工程款为（　　）万元时，开始扣回备料款。

  A. 300　　　B. 450　　　C. 600　　　D. 500

13. 竣工后承包人向发包人递交了竣工结算金额 1 200 万元的报告及完整的结算资料，发包人应当在（　　）天内进行核对审查并提出审查意见。

  A. 7　　　B. 14　　　C. 28　　　D. 30

14. 我国招标投标法规定投标人编制投标文件所需的时间，自招标文件发出之日起到投标截止日止，最短不得少于（　　）天。

  A. 7　　　B. 14　　　C. 20　　　D. 30

15.《中华人民共和国招标投标法》规定，中标人的投标应当符合（　　）。

  A. 中标人报价最低

  B. 经评审的合理低价

  C. 能够满足招标文件的实质性要求，并且经评审的投标价格最低；但是投标价格低于成本的除外

  D. 经评审的合理低价且不低于成本

16. 对格式合同条款有两种以上解释的，应当作出（　　）。
    A. 按照通常理解予以解释　　　B. 不利于提供格式条款一方的解释
    C. 该条款无效　　　　　　　　D. 有利于提供格式条款一方的解释
17. 在基础施工中发现地下障碍物，需对原工程设计进行变更，变更导致合同价款的增减及造成的承包商损失应由（　　）承担。
    A. 建设单位　　　　　　　　　B. 建设单位与承包商共担
    C. 承包商　　　　　　　　　　D. 勘察设计单位
18. 在下列索赔事件中，承包商不能提出费用索赔的是（　　）。
    A. 业主要求加速施工导致工程成本增加
    B. 由于业主和工程师原因造成施工中断
    C. 恶劣天气导致施工中断，工期延误
    D. 设计中某些工程内容错误导致工期延误
19. 在定额使用范围上，（　　）是工程建设定额中一种计价性定额。
    A. 施工定额　　　　　　　　　B. 预算定额
    C. 概算定额　　　　　　　　　D. 概算指标
20. 预算定额中的人工工日消耗量与劳动定额相比，主要的差额就在于（　　）。
    A. 超运距用工　　　　　　　　B. 辅助用工
    C. 人工幅度差　　　　　　　　D. 其他用工

二、**多项选择题（每小题2分，共20分）**

在下列每小题的五个备选答案中有2～5个正确答案，请将正确答案全部选出，并将其字母标号填入括号内。

1. 清单计价法的材料预算价构成包括（　　）。
    A. 材料原价　　　B. 采购保管费　　　C. 二次搬运费
    D. 包装费　　　　E. 风险费
2. 建设项目竣工决算由（　　）组成。
    A. 建设项目财务结算书　　　B. 竣工决算报告说明书
    C. 竣工工程平面示意图　　　D. 竣工决算报表
    E. 工程选价比较分析
3. 工程量清单是招标文件的组成部分，编制工程量清单必须遵循（　　）的原则。
    A. 统一项目编码　　　B. 统一项目特征　　　C. 统一计量单位
    D. 统一工程量计算规则　　E. 统一项目名称
4. 固定资产静态投资包括（　　）。
    A. 建筑安装工程费　　B. 工程建设其他费　　C. 价差预备费
    D. 铺底流动资金　　　E. 设备及工器具购置费
5. 清单计价法的工程量计算规则包括（　　）。
    A. 项目划分　　　B. 计算内容　　　C. 计算范围
    D. 计算公式　　　E. 定额含量

6. 常见的合同争议解决办法主要有（　　）。
   A. 协商 B. 调解
   C. 由建设主管部门裁决 D. 申请仲裁
   E. 申请仲裁或法院诉讼

7. 在建设项目构成中，属于分部工程的是（　　）。
   A. 管道工程 B. 通风工程 C. 土方工程
   D. 基础工程 E. 钢筋工程

8. 工程造价的特点表现在（　　）。
   A. 工程造价的大额性 B. 工程造价的个别性
   C. 工程造价的动态性 D. 工程造价的层次性
   E. 工程造价的可控性

9. 施工定额反映企业施工水平，一般根据专业施工的作业对象和工艺过程制定，是企业定额。一般具有（　　）作用。
   A. 社会平均化水平的体现
   B. 组织和指挥施工生产的有效工具
   C. 编制施工预算的依据
   D. 实行内部核算的依据
   E. 企业计划管理的重要依据

10. 预算定额中的人工工日消耗量是指在正常施工条件下生产单位合格产品所需消耗的人工工日数量，一般包括（　　）。
    A. 基本用工 B. 其他用工 C. 超运距用工
    D. 辅助用工 E. 人工幅度差

三、判断改错题（每小题2分，共20分）

1. 将工程建设项目由大到小划分为建设项目、单项工程和单位工程。单位工程由分部工程组成，分项工程又可分解为若干个单项工程。（　　）

2. 某土方工程，工程量为400 m³，时间定额为0.1工日/m³，每天有10名工人负责施工，则完成该分项工程的天数为5天。（　　）

3. 工程量清单应作为投标文件的组成部分。（　　）

4. 标底是投标人根据招标项目的具体情况编制的完成招标项目所需的全部费用，是根据国家规定的计价依据和计价方法计算出来的工程造价。（　　）

5. 某新建工厂建设项目的生产车间应看作是一个单项工程。（　　）

6. 《江苏省建设工程造价管理办法》属于地方法规。（　　）

7. 劳动定额也称人工定额，是指在正常的施工技术组织条件下，为完成一定数量的合格产品或完成一定量的工作所必需的劳动消耗量标准。（　　）

8. 施工图设计和审查属于建设项目的建设准备阶段。（　　）

9. 某分项工程产量定额提高了10%，则时间定额就减少了10%。（　　）

10. 施工定额是企业定额，有利于推广先进技术。

四、简答题（每小题5分，共20分）

1. 单位工程的定义是什么？

2. 简述建设工程项目三大目标及相关关系。

3. 建设工程费用由哪几部分组成？

4. 工程价款结算的方式有哪些？

五、案例分析题（共20分）

1. 某工程项目的基础工程土方量为 5 800 m³，采用大开挖时，安排两台挖掘机挖土，台班产量为 480 m³/台班，且两班制施工。试计算：
（1）完成该土方工程所需要多少台班？（3分）
（2）完成该土方工程需要多少时间？（2分）

2. 已知某单层房屋平面图和剖面图（题图1-1），计算该房屋建筑面积。（5分）

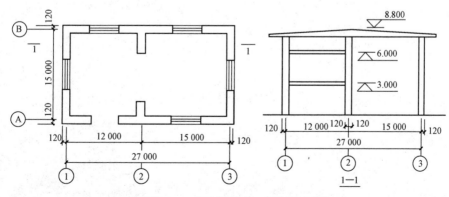

题图1-1 单层房屋平面和剖面示意

3. 某工程建筑与安装工程量计720万元，甲乙双方签订的关于工程价款的合同内容有：主要材料费占施工产值的比重为60%；工程预付款为建筑安装工程造价的20%；工程进度款逐月计算；工程保证金为建筑安装工程造价的5%，缺陷责任期为6个月。经确认材料价格平均上涨10%（6月份一次调补），见题表1-1。

题表1-1　工程各月实际完成产值

月份	2	3	4	5	6
完成产值	65	120	185	220	130

问：（1）该工程的工程预付款、起扣点为多少？（3分）

（2）该工程2～5月每月支付工程款为多少？累计支付工程款为多少？（3分）

（3）在6月份办理工程竣工结算，该工程结算总造价为多少？甲方应付工程结算款为多少？（4分）

模拟试题（二）

一、单项选择题（每小题1分，共20分）

在下列每小题的四个备选答案中选出一个正确的答案，并将其字母标号填入括号内。

1. 地砖规格为 200 mm×200 mm，灰缝 1 mm，其损耗率为 1.5%，则 100 m^2 地面地砖消耗量为（　　）块。
   A. 2 475　　　B. 2 513　　　C. 2 500　　　D. 2 512

2. （　　）是指在建设工程合同的实施过程中，合同一方非自身因素或对方不履行或未能正确履行合同规定的义务而受到损失时，向对方提出的赔偿要求。
   A. 工程索赔　　　B. 预付备料款
   C. 材料预付款　　　D. 工程结算款

3. 工程造价作为项目决策的依据与项目筹集资金的依据体现了工程造价的（　　）职能。
   A. 预测职能　　　B. 控制职能
   C. 评价职能　　　D. 调控职能

4. 随着科学技术水平和管理水平的提高，社会生产力的水平也必然会提高。原有定额不能使用生产发展时，定额授权部门根据新的情况对定额进行修订和补充。这体现了定额的（　　）。
   A. 真实性　　　B. 系统性
   C. 稳定性　　　D. 时效性

5. 以下工程建设定额不是按使用范围分类的为（　　）。
   A. 施工定额　　　B. 预算定额
   C. 概算定额　　　D. 费用定额

6. 某砌砖班组有 15 名工人，砌筑某办公楼 1.5 砖混水外墙需 8 天完成，砌砖墙的时间定额为 1.25 工日 /m^3，该班组完成的砌筑工程量为（　　）m^3。
   A. 96　　　B. 76.8　　　C. 115.2　　　D. 120

7. 《建设工程价款结算暂行办法》规定，发包人根据确认的竣工结算报告向承包人支付工程竣工结算价款，保留 5% 左右的质量保证金，待工程交付使用一年质保期到期后清算，质保期内如无返修，（　　）应全额支付给承包人。
   A. 预付备料款　　　B. 工程预付款
   C. 质量保证金　　　D. 上述A、B、C全选

8. 某砌筑工程，工程量为 20 m^3，每 m^3 砌体需要基本用工 0.85 工日，辅助用工和超运距用工分别是基本用工的 25% 和 15%，人工幅度差系数为 10%，则该砌筑工程的人工工日消耗量是（　　）工日。
   A. 13.09　　　B. 15.58　　　C. 12.75　　　D. 26.18

9. 某瓦工班组 40 人，砌 1 砖厚砖基础，基础埋深 1.3 m，10 天完成 200 m³ 的砌筑工程量，砌筑砖基础的定额是（　　）。
   A．2 工日/m³ 　　　B．0.5 m³/工日
   C．2 m³/工日 　　　D．0.5 工日/m³

10. 某土建工程实行按月结算和采用公式法结算预付备料款，施工合同总额为 1 000 万元，主要材料金额的比重为 60%，预付备料款为 24%，当累计结算工程款为（　　）万元时，开始扣回备料款。
    A．180 　　B．600 　　C．700 　　D．720

11. 砖基础的基础长度，外墙按照中心线长计算，内墙按照（　　）计算。
    A．中心线
    B．基础地面之间中心线
    C．净长线
    D．基础底面之间净长度加工作面

12. 现浇混凝土楼梯的工程量按照（　　）计算。
    A．设计图示尺寸以水平投影面积计算，不扣除宽度小于300 mm的楼梯井
    B．设计图示尺寸以水平投影面积计算，不扣除宽度小于500 mm的楼梯井
    C．设计图示尺寸以体积计算，扣除宽度小于500 mm的楼梯井
    D．设计图示尺寸以体积计算，扣除宽度小于300 mm的楼梯井

13. 对于可撤销的建设工程施工合同，当事人有权请求（　　）撤销该合同。
    A．建设行政主管部门
    B．工商行政管理部门
    C．合同管理部门
    D．人民法院

14. 计算现浇混凝土板工程量时，下列说法不正确的是（　　）。
    A．各类板伸入墙内的板头不计算体积
    B．无梁板按照板和柱帽体积之和计算
    C．不扣除构件内钢筋、预埋软件所占体积
    D．不扣除 0.3 m² 以内的孔洞所占体积

15. 分部分项工程量清单综合单价分析表应该由（　　）根据需要提出要求编写。
    A．招标人 　　　　　　　B．投标人
    C．招标人和投标人 　　　D．招标人或投标人

16. 工程造价的预测职能、控制职能、评价职能和（　　），是工程造价的特殊职能。
    A．流通职能 　　　　　　B．市场职能
    C．计划职能 　　　　　　D．调控职能

17. 围堰属于（　　）项目。
    A．临时工程 　　　　　　B．通用
    C．安装工程 　　　　　　D．装饰装修工程

18. 下列不是施工定额的作用的选项是（   ）。
    A．企业计划管理的依据
    B．组织和指挥施工生产的有效工具
    C．计算工人劳动报酬的依据
    D．工程价款结算的依据

19. 具有独立的设计文件、在竣工后可以独立地发挥效益或生产能力的产品车间生产线或独立工程是（   ）。
    A．单项工程   B．单位工程
    C．分部分项工程   D．建设项目

20. 工程量清单总说明中不包括（   ）。
    A．工程招标和分包范围
    B．工程质量、材料、施工等的特殊要求
    C．招标人自行采购材料的名称、规格和数量等
    D．分部分项工程量清单综合单价分析要求

二、多项选择题（每小题2分，共20分）

在下列每小题的五个备选答案中有2～5个正确答案，请将正确答案全部选出，并将其字母标号填入括号内。

1. 工程造价咨询企业从事工程造价咨询活动，应当遵循（   ）的原则，不得损害社会公共利益和他人的合法权益。
    A．公开透明   B．合法   C．公正
    D．客观   E．诚实信用

2. 审查施工图预算的方法有（   ）。
    A．标准预算审查法   B．全面审查法   C．对比审查法
    D．重点审查法   E．分解对比审查法

3. 工程量清单是招标文件的组成部分，编制工程量清单必须遵循（   ）的原则。
    A．统一项目编码   B．统一项目特征   C．统一计量单位
    D．统一工程量计算规则 E．统一项目名称

4. 固定资产静态投资包括（   ）。
    A．建筑安装工程费   B．工程建设其他费   C．价差预备费
    D．铺底流动资金   E．设备及工器具购置费

5. 清单计价法的工程量计算规则包括（   ）。
    A．项目划分   B．计算内容   C．计算范围
    D．计算公式   E．定额含量

6. 工程清单编制依据有（   ）。
    A．《建设工程工程量清单计价规范》（GB 50500—2013）
    B．建设工程设计文件
    C．与建设工程项目有关的标准、规范、技术资料

D. 招标文件及其补充通知、答疑纪要

E. 施工现场情况、工程特点及常规施工方案

7. 招标控制价编制依据包括（　　）。

A. 《建设工程工程量清单计价规范》（GB 50500—2013）

B. 国家或省级、行业建设主管部门颁发的计价定额和计价办法

C. 建设工程设计文件及相关资料

D. 招标文件中的工程量清单及有关要求

E. 与建设项目相关的标准、规范、技术资料

8. 工程造价控制原理包括（　　）。

A. 合理设置工程造价控制目标

B. 以施工阶段为重点进行全过程造价控制

C. 采取主动控制措施

D. 采用技术与经济相结合的控制手段

E. 加强对工程结算的审核

9. 下列属于招标控制价审查意义的选项是（　　）。

A. 发现错误，修正错误，保证招标控制价的正确率

B. 促进工程造价人员提高业务素质

C. 提供正确的工程造价基准，保证投标招标工作顺利进行

D. 提供正确的工程造价标准，保证投标招标工作顺利进行

E. 上述都不正确

10. 下列（　　）属于工程造价范围内的费用。

A. 土地使用费　　　B. 预备费　　　C. 建设期贷款利息

D. 铺底资金　　　　E. 招标代理费

三、判断题（每小题1分，共10分）

1. "2013计价规范"规定，暂列金额包括在合同价之内，是由发包人和承包人共同掌握使用的一笔款项。（　　）

2. 工程造价咨询企业依法从事工程造价咨询活动不受行政区域限制，跨省承接工程业务不需要到建设工程所在地省建设行政主管部门备案。（　　）

3. 工程量清单应作为投标文件的组成部分。（　　）

4. 标底是投标人根据招标项目的具体情况编制的完成招标项目所需的全部费用，是根据国家规定的计价依据和计价方法计算出来的工程造价。（　　）

5. 定额是指建筑安装企业根据社会平均的技术水平和管理水平，所确定的完成单位合格产品所必需的人工、材料和施工机械台班的消耗量，以及其他生产经营要素消耗的数量标准。（　　）

6. 单位工程是指具有独立的设计文件、在竣工后可以独立发挥效益或生产能力的独立工程。（　　）

7. 实行工程量清单计价的工程，宜采用单价合同，但并不排斥总价合同。（　　）

8. 经发承包双方确定调整的工程价款，作为追加（减）合同价款与工程进度款同期支付。（　　）

9. 某分项工程产量定额提高了10%，则时间定额就减少了10%。（　　）

10. 招标时现浇混凝土构件项目特征描述混凝土强度等级为C20，但施工中发包人变更混凝土强度等级为C30，这时应该重新确定综合单价。（　　）

四、简答题（每小题5分，共20分）

1. 简述建筑面积的确定方法。

2. 什么叫作"两算"对比？其内容是什么？

3. 简述施工图预算的作用。

4. 简述我国现行阶段施工定额的确定方法。

五、案例分析题（共30分）

1. 某工程建筑与安装工程量计780万元，甲乙双方签订的关于工程价款的合同内容有：主要材料费占施工产值的比重为60%；工程预付款为建筑安装工程造价的20%；工程进度款逐月计算；工程保证金为建筑安装工程造价的5%，缺陷责任期为6个月。经确认材料价格平均上涨10%（6月份一次调补），见题表2-1。

题表2-1　工程各月实际完成产值　　　　　　万元

月份	2	3	4	5	6
完成产值	65	140	195	240	140

问：（1）该工程的工程预付款、起扣点为多少？（5分）

（2）在6月份办理工程竣工结算，该工程结算总造价为多少？甲方应付工程结算款为多少？（10分）

2. 如题图 2-1 所示，某单层住宅平面图和剖面图，平屋面墙顶面标高为 2.900 m，墙厚 240 mm，设计室外地坪标高为 -0.450 m，室内地坪标高为 ±0.000。计算图中住宅的建筑面积，并按"14 计价定额"规定计算外墙脚手架工程量。（15 分）

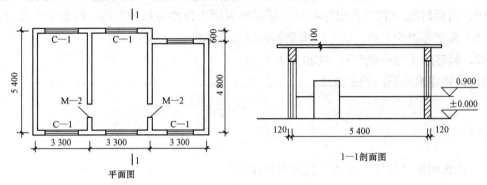

题图 2-1　平面图与 1—1 剖面图

模拟试题（三）

一、单项选择题（每小题1分，共20分）

在下列每小题的四个备选答案中选出一个正确的答案，并将其字母标号填入括号内。

1. 下列不属于措施费的是（   ）。
   A．夜间施工费   B．差旅交通费用
   C．临时设施费   D．已完工程及设备保护费

2. 我国建设工程总投资包括（   ）和流动资产投资两大部分。
   A．固定资产投资   B．直接成本投资
   C．建设投资   D．建设成本投资

3. 建设工程承包价格是对应于（   ）而言的。
   A．承包人   B．承、发包双方
   C．发包人   D．建设单位

4. 在建筑工程概预算中，材料预算价格是指材料由其来源地运到（   ）的价格。
   A．施工工地   B．施工操作地点
   C．工地仓库   D．施工工地仓库后出库

5. 工程造价控制的重点阶段是（   ）。
   A．设计阶段   B．招投标阶段
   C．施工阶段   D．结算审核阶段

6. 某砌砖班组有10名工人，砌筑某办公楼1.5砖混水外墙需10天完成，砌砖墙的时间定额为0.5工日/m^3，该班组完成的砌筑工程量为（   ）m^3。
   A．50   B．200   C．100   D．150

7. 某瓦工班组20人，砌1砖厚砖基础，基础埋深1.3 m，5天完成89 m^3的砌筑工程量，砌筑砖基础的时间定额是（   ）。
   A．0.89 工日/m^3 B．1.12 m^3/工日
   C．0.89 m^3/工日   D．1.12 工日/m^3

8. 某砌筑工程，工程量为20 m^3，每m^3砌体需要基本用工0.8工日，辅助用工和超运距用工分别是基本用工的20%和10%，人工幅度差系数为15%，则该砌筑工程的人工工日消耗量是（   ）工日。
   A．19.20   B．23.92
   C．23.20   D．20.80

9. 根据我国《税法》规定，从国外进口的设备，其增值税按照（   ）计算其应纳税额。
   A．离岸价格   B．到岸价格
   C．组成计税价格   D．交货价

10. 某砌砖班组有 12 名工人，砌筑某办公楼 1.5 砖混水外墙需 8 天完成，砌砖墙的时间定额为 1.25 工日 /m³，该班组完成的砌筑工程量是（　　）m³。

　　A. 80　　　　　　B. 76.8　　　　　　C. 115.2　　　　　　D. 120

11. 关于招标控制价审查的意义，下列不正确的选项是（　　）。

　　A. 发现错误，修正错误，保证招标控制价的正确率

　　B. 促进工程造价人员提高业务素质

　　C. 提供正确的工程造价基准，保证投标招标工作的顺利进行

　　D. 提供正确的工程造价标准，保证投标招标工作的顺利进行

12. 预算定额水平以绝大多数施工单位的施工水平定额为基础，贯彻的是预算定额编制原则中的（　　）。

　　A. 按社会平均先进水平确定预算定额的原则

　　B. 简明实用的原则

　　C. 坚持统一性和差别性相结合的原则

　　D. 按社会平均水平确定预算定额的原则

13. 在计算木楼梯工程量时不需扣除的楼梯井的宽度范围应为（　　）mm。

　　A. <300　　　　　B. ≥300　　　　　C. <500　　　　　D. ≥500

14. 屋面排水管未标注尺寸时，（　　）。

　　A. 以檐口至设计室外散水上表面垂直距离计算

　　B. 以檐口至设计室内地面垂直距离计算

　　C. 以外墙墙身高度计算

　　D. 以外墙墙身高度另加 100 mm 计算

15. 低合金钢筋采用后张混凝土自锚时，预应力钢筋增加（　　）m 计算。

　　A. 0.15　　　　　B. 0.3　　　　　　C. 0.35　　　　　　D. 1.8

16. 平整场地的工程量按设计图示尺寸以（　　）计算。

　　A. 实际平整面积

　　B. 建筑物首层面积

　　C. 建筑物首层面积加 2 m²

　　D. 建筑物底层外围外边线以外各放出 2 m 后所围的面积

17. 在计算水泥砂浆楼地面时，扣除（　　）所占面积。

　　A. 间壁墙　　　　　　　　　　　　　　B. 单个面积 0.3 m² 以内的空洞

　　C. 凸出地面的构筑物、设备基础　　　　D. 单个面积 0.3 m² 以内柱、垛

18. 工程量清单计价采用（　　）。

　　A. 基本单价法　　　　　　　　　　　　B. 完全单价法

　　C. 工料单价法　　　　　　　　　　　　D. 综合单价法

19. 下列属于措施费的是（　　）。

　　A. 脚手架　　　　　　　　　　　　　　B. 差旅交通费用

　　C. 工程排污费　　　　　　　　　　　　D. 公积金

20. 内墙面抹灰工程，无墙裙的，其高度为（　　）。
   A．室内楼地面至天棚
   B．踢脚板上边线至天棚
   C．室内楼地面至天棚另加 100 mm
   D．踢脚板上边线至天棚加 100 mm

二、多项选择题（每小题2分，共20分）

在下列每小题的五个备选答案中有 2～5 个正确答案，请将正确答案全部选出，并将其字母标号填入括号内。

1. 建筑单位工程概算可采用的编制方法有（　　）。
   A．预算单价法　　　　B．扩大单价法　　　　C．概算指标法
   D．造价指标法　　　　E．类似工程预算法

2. 施工图预算是在施工图设计完成后，以施工图为依据，根据（　　）进行编制的。
   A．预算定额　　　　B．经批准的设计概算文件　　　　C．概算定额
   D．工程费用定额　　E．地区人工、材料、机械台班的预算价格

3. 建筑安装工程投资由（　　）所组成。
   A．分部分项工程费　　B．措施项目　　　　C．规费
   D．其他项目费　　　　E．税金

4. 建安工程材料费内的费用有（　　）。
   A．材料运杂费　　　　B．材料二次搬运费　　　C．材料运输损耗费
   D．材料原价　　　　　E．材料采购及保管费

5. 应列入人工费的有（　　）。
   A．流动施工津贴　　　B．加班加点工资
   C．离退休职工的退职金　D．劳动竞赛奖　　　　E．职工教育经费

6. 时间定额包括（　　）。
   A．工作时间　　　　　B．辅助工作时间
   C．准备与结束工作时间　D．等待时间
   E．不可避免的中断时间

7. 在计算实心砖墙工程量时，有关外墙高度，下列说法正确的是（　　）。
   A．斜（坡）屋面无檐口无棚者算至屋面板底
   B．有屋架且室内外均有天棚者算至屋架下弦底另加 100 mm
   C．有屋架且室内外均无天棚者算至屋架下弦底另加 300 mm
   D．出檐宽度超过 600 mm 时按照实砌高度计算
   E．平屋面算至钢筋混凝土板底

8. 工程量清单计价时投标人完成由招标人提供的工程量清单所需的全部费用，包括（　　）。
   A．分部分项工程费　　B．措施项目费　　　　C．其他项目费
   D．规费　　　　　　　E．税金

9. 关于天棚抹灰，下列说法正确的有（　　）。
   A．按设计图示尺寸以水平投影面积表示

243

B. 按设计图示尺寸以展开面积表示

C. 不扣除附墙烟囱,检查口和管道所占面积

D. 扣除间壁墙、垛、柱所占面积

E. 带梁天棚,梁两侧抹灰面积并入天棚面积内

10. 以下(　　)属于通用措施项目。

A. 垂直运输机械　　　　B. 室内空气污染测试

C. 脚手架　　　　　　　D. 大型机械设备进出场及安拆

E. 混凝土、钢筋混凝土模板及支架

三、判断改错题(每小题2分,共20分)

1. 一个总体设计中分期分批进行建设的主体工程、附属配套工程、综合利用工程、供水供电工程,应分为几个建设项目。(　　)

2. 暂估价是指建设单位在工程量清单中提供的用于支付可能发生但暂时不能确定价格的材料的单价以及专业工程的金额,包括材料暂估价和专业工程暂估价。(　　)

3. 暂列金额是建设单位在工程量清单中暂定并包括在工程合同价款中的一笔款项。施工过程中由施工单位掌握使用,扣除合同价款调整后如有余额,归建设单位。(　　)

4. 分部分项工程项目清单必须根据相关工程现行国家计量规范规定的项目编码、项目名称、项目特征、计量单位、工程量计算规则和工作内容进行编制,并达到"六统一"的要求。(　　)

5. 分部分项工程量清单"项目名称"栏应严格按照相关专业工程量计算规范附录给定的项目名称填写,不得作任何修改。(　　)

6. 执行工程量清单计价时,材料(工程设备)暂估单价应进入清单项目综合单价中,不计入暂估价汇总。(　　)

7. 工程造价咨询人接受招标人委托编制招标控制价,不得再就同一工程接受投标人委托编制投标报价。(　　)

8. 根据2013版清单计价规范规定,综合单价是指完成一个规定清单项目所需的人工费、材料和工程设备费、施工机具使用费和企业管理费、利润以及一定范围内的风险的费用。(　　)

9. 发承包双方或一方在收到工程造价管理机构书面解释或认定后仍可按照合同约定的争议解决方式提请仲裁或诉讼。(　　)

10. 单价合同是指合同当事人约定以工程量清单及其综合单价进行合同价格计算、调整和确认的建设工程施工合同,在约定的范围内合同单价不作调整。(　　)

四、简答题(每小题5分,共20分)

1. 国际工程投标报价的策略有哪些?

2. 竣工决算的编制要求有哪些？

3. 简述混水墙及其内墙设置。

4. 我国现阶段对预算定额如何确定？

五、案例分析题（每小题10分，共20分）

1. 已知某单层房屋平面和剖面图（题图3-1），计算该房屋建筑面积。

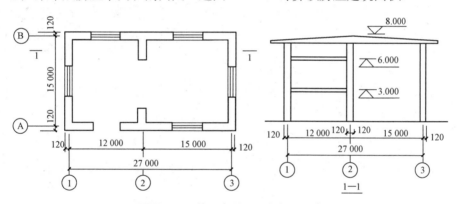

题图 3-1　单层房屋平面和剖面示意

2. 某建筑物外墙为条形毛石基础，基础平均截面面积为 2.5 m²。基槽深为 1.5 m，底宽为 2.0 m，边坡坡度为 1∶0.5。地基为粉土，K_s=1.25；K_s'=1.05。计算 100 m 长的基槽挖方量、需留填方用的松土量和弃土量。

模拟试题（四）

一、单项选择题（每小题1分，共20分）

在下列每小题的四个备选答案中选出一个正确的答案，并将其字母标号填入括号内。

1. 某项目设备工器具购置费为3 000万元，建筑安装工程费为2 000万元，工程建设其他费用为700万元，基本预备费为250万元，涨价预备费为120万元，建设期贷款利息为150万元，铺底流动资金为100万元，则该项目的动态投资为（　　）万元。

　　A. 520　　　　　　　　B. 620
　　C. 270　　　　　　　　D. 370

2. 投资决策过程可进一步分为规划阶段、项目建议书阶段、可行性研究阶段、评审阶段。由于不同阶段所具备的条件和掌握的资料不同，因而投资估算的准确程度也不同，在正常情况下可行性研究阶段的投资估算误差率在（　　）。

　　A. ±30%　　　　　　　B. ±20%
　　C. ±10%　　　　　　　D. ±10%以内

3. 某项目中建筑安装工程费用560万元，设备工器具购置费用为330万元，工程建设其他费用为133万元，基本预备费为102万元，建设期贷款利息59万元，涨价预备费为55万元，则静态投资为（　　）万元。

　　A. 1 023　　　　　　　B. 1 125
　　C. 1 180　　　　　　　D. 1 239

4. 不平衡报价法又称为（　　）。

　　A. 前重后轻法　　　　　B. 前轻后重法
　　C. 突然降价法　　　　　D. 增加建议法

5. 建设工期在12个月以内的小型建设项目适合采用（　　）结算方式。

　　A. 按月结算　　　　　　B. 竣工后一次结算
　　C. 分段结算　　　　　　D. 其他结算方式

6. 包工包料的预付款应按合同约定拨付，原则上预付比例不低于合同金额的（　　），不高于合同金额的（　　）。

　　A. 10%，20%　　　　　B. 20%，30%
　　C. 10%，30%　　　　　D. 15%，25%

7. 在建筑安装工程造价中，营业税的税额为营业额的（　　）。

　　A. 3.00%　　　　　　　B. 3.41%
　　C. 5.00%　　　　　　　D. 5.50%

8. 工程造价控制的重点阶段是（　　）。

　　A. 设计阶段　　　　　　B. 招投标阶段

C. 施工阶段　　　　　　　D. 结算审核阶段

9. 建设工程承包价格是对应于（　　）而言的。
    A. 承包人　　　　　　　　B. 承、发包双方
    C. 发包人　　　　　　　　D. 建设单位

10. 在《建设工程工程量清单计价规范》（GB 50500—2013）中，其他项目清单一般包括（　　）。
    A. 预备金、分包费、材料费、机械使用费
    B. 预留金、材料购置费、总承包服务费、零星工作项目费
    C. 总承包管理费、材料购置费、预留金、风险费
    D. 预留金、总承包费、分包费、材料购置费

11. 按《建设工程工程量清单计价规范》（GB 50500—2013）规定，工程量清单计价应采用（　　）。
    A. 工料单价法　　　　　　B. 综合单价法
    C. 扩大单价法　　　　　　D. 预算单价法

12. 某进口设备的离岸价为20万美元，到岸价为22万美元，人民币与美元的汇率为8.3∶1，进口关税税率为7%，则该设备的进口关税为（　　）万元人民币。
    A. 1.54　　B. 2.94　　C. 11.62　　D. 12.78

13. 进口设备外贸手续费=（　　）×人民币外汇牌价×外贸手续费率。
    A. 到岸价　　　　　　　　B. 离岸价
    C. 出厂价　　　　　　　　D. 组成计税价格

14. 在建设工程投资估算中，建设期贷款利息按（　　）×年利率计算。
    A. 年初借款本息累计+本年借款额　　B. 年初借款本息累计+本年借款额/2
    C. 年初借款本息累计－本年借款额　　D. 年初借款本息累计－本年借款额/2

15. 某工程的设备及工器具购置费为1 000万元，建筑安装工程费为1 300万元，工程建设其他费为600万元，基本预备费费率为5%。该项目的基本预备费为（　　）万元。
    A. 80　　B. 95　　C. 115　　D. 145

16. 有混凝土楼板隔层的内墙高度应（　　）。
    A. 自地面或楼面算至天棚底另加200 mm
    B. 自地面或楼面算至上一层的板顶
    C. 按照实际高度计算
    D. 自地面或楼面算至上一层的板底

17. 计算预制钢筋混凝土桩的工程量时，其计量单位为（　　）。
    A. 桩长（含桩尖）或根数　　B. 桩长（含桩尖）
    C. 桩长（不含桩尖）　　　　D. 体积

18. 格架式抱杆属于（　　）。
    A. 市政工程　　　　　　　B. 通用项目
    C. 安装工程　　　　　　　D. 装饰装修工程

19. 关于钢管铺设的工程量计算，下列说法错误的是（   ）。
    A. 按照设计图示管道中心长度以延长米计算
    B. 扣除管件、阀门所占的长度
    C. 新旧管连接时，计算到碰头的阀门中心处
    D. 支管长度从主管中心到支管末端交接处的中心
20. 实心砖墙的长度，外墙按照中心线长计算，内墙按照（   ）计算。
    A. 中心长   B. 基础地面之间中心线
    C. 净长线   D. 基础底面之间净长度加工作面

二、多项选择题（每小题2分，共20分）
在下列每小题的五个备选答案中有2～5个正确答案，请将正确答案全部选出，并将其字母标号填入括号内。

1. 江苏省2014版费用定额规定，人工单价组成包括（   ）。
   A. 劳动保险费   B. 计时计件工资
   C. 奖金   D. 特殊情况下支付的工资
   E. 劳动保护费
2. 工程量计算规则包括（   ）。
   A. 工程量的项目划分   B. 工程量的计算内容
   C. 工程量计算范围   D. 工程量计算公式
   E. 工程量的大小
3. 建筑安装工程含税造价等于不含税造价加上（   ）。
   A. 营业税   B. 增值税
   C. 城市维护建设税   D. 车船使用税
   E. 教育附加费
4. 按《建设工程工程量清单计价规范》（GB 50500—2013）规定，分部分项工程量清单应按统一的（   ）进行编制。
   A. 项目编码   B. 项目名称   C. 项目特征
   D. 计量单位   E. 工程量计算规则
5. 在下列各项中，属于工程项目建设投资的有（   ）。
   A. 建设期利息   B. 设备及工器具购置费   C. 预备费
   D. 流动资产投资   E. 工程建设其他费用
6. 工程竣工结算方式分为（   ）。
   A. 单位工程竣工结算   B. 单项工程竣工结算
   C. 建设项目竣工总结算 D. 分项工程竣工结算
   E. 单体工程竣工结算
7. 发、承包双方发生工程造价合同纠纷时，应通过（   ）解决。
   A. 双方协商   B. 提请调解   C. 申请仲裁
   D. 向人民法院起诉   E. 申请司法鉴定

8. 招标控制价的编制程序有（　　）。

   A．确定招标控制价的编制单位

   B．搜集审阅编制依据

   C．取定市场要素价格

   D．确定工程计价要素消耗量指标

   E．勘察施工现场

9. 发包人供应的材料设备与约定不符时，应按（　　）情况在专用条款中约定进行处理。

   A．材料设备单价与约定不符时，由发包人承担所有差价

   B．材料设备品种、规格、型号、数量、质量等级与一览表约定不符时，承包人可以拒绝接收保管，由发包人运出施工场地并重新采购

   C．发包人供应材料的规格、型号与一览表约定不符时，承包人可以代为调剂串换，发包人承担相应的费用

   D．到货地点与一览表约定不符时，发包人负责运至一览表约定的地点

   E．到货时间早于一览表约定时间，承包人承担因此发生的保管费用；到货时间迟于一览表的约定时间，由发包人承担由此造成的承包人损失，工期延误，相应顺延工期

10. 招标控制价审查的内容有（　　）。

    A．符合性

    B．计价基础资料合理性

    C．招标控制价整体价格水平

    D．符合性包括计价价格对招标文件的符合性，对工程量清单项目的符合性，对招标人真实意图的符合性·

    E．计价基础资料的合理，是招标控制价合理的前提。计价基础包括工程施工规范、工程验收规范、企业生产要素消耗水平、工程所在地生产要素价格水平

三、判断改错题（每小题2分，共20分）

1. 施工合同索赔是指在合同履行过程中，对于并非自己的过错，而是应由对方承担责任的情况造成的实际损失，向对方提出经济补偿和时间补偿要求的工作。（　　）

2. 根据最高院司法解释规定，承发包双方就同一建设工程另行订立的建设工程施工合同与经过备案的中标合同实质性内容不一致的，应当以实际履行的合同为结算工程价款的根据。（　　）

3. 民事法律责任中涉及经济赔偿的，赔偿金额可以高于受害人所受到的损失。（　　）

4. 依照《江苏省建设工程造价管理办法》给予单位处罚的，可以同时对直接责任人员和单位直接负责的主管人员给予警告，并处以罚款。（　　）

5. 《江苏省建设工程造价管理办法》规定，注册造价工程师和建设工程造价员在非实际工作单位注册，县级以上地方人民政府建设行政主管部门应当责令其改正，并可以给予警告和对个人处以1千元以上3千元以下的罚款。（　　）

6. 恶劣天气导致施工中断，工期延误，承包商不能提出费用索赔。（　　）

7. 施工单位在施工中发生如下事件：完成业主要求的合同外用工花费3万元；由于设计图纸延误造成工人窝工损失1万元；施工电梯机械故障造成工人窝工损失2万元。施工单位可向业主索赔的人工费为4万元。（   ）

8. 法律地位由高到低的顺序是：宪法→法律→行政法规→地方性法规→行政规章。（   ）

9. 法人是具有民事权利能力和民事行为能力，依法独立享有民事权利和承担民事义务的自然人。（   ）

10. 法人是相对于自然人而言的社会组织，法人的分支机构不能履行义务时，该法人组织不承担连带责任。（   ）

四、简答题（每小题5分，共20分）

1. 举例说明非周转性材料。

2. 土方工程中平整场地如何确定？

3. 简述工程单价及其包含的内容。

4. 简述工程量清单组成。

五、案例分析题（每小题10分，共20分）

1. 某建设项目业主与承包商签订了工程施工承包合同，根据合同及其附件的有关条文，对索赔内容有如下规定：

（1）因窝工发生的人工费以 25 元 / 工日计算，监理方提前一周通知承包方时不以窝工处理，以补偿费支付 4 元 / 工日。

　　（2）机械设备台班费。塔式起重机 300 元 / 台班；混凝土搅拌机 70 元 / 台班；砂浆搅拌机 30 元 / 台班。因窝工而闲置时，只考虑折旧费，按台班费 70% 计算。

　　（3）因临时停工一般不补偿管理费和利润。

　　在施工过程中发生了以下情况：

　　（1）于 6 月 8 日至 6 月 21 日，施工到第七层时因业主提供的模板未到而使一台塔式起重机、一台混凝土搅拌机和 35 名支模工停工（业主已于 5 月 30 日通知承包方）。

　　（2）于 6 月 10 日至 6 月 21 日，因公用网停电停水使进行第四层砌砖工作的一台砂浆搅拌机和 30 名砌砖工停工。

　　（3）于 6 月 20 日至 6 月 23 日，因砂浆搅拌机故障而使在第二层抹灰的一台砂浆搅拌机和 35 名抹灰工停工。

　　问题：承包商在有效期内提出索赔要求时，监理工程师认为合理的索赔金额应是多少？

　　2. 某建设工程的建设单位自行办理招标事宜。由于该工程技术复杂且需采用大型专用施工设备，经有关主管部门批准，建设单位决定采用邀请招标，共邀请 A、B、C 三家国有特级施工企业参加投标。招标文件中规定：6 月 30 日为投标截止日；投标有效期到 7 月 30 日为止；投标保证金统一定为 100 万元，投标保证金有效期到 8 月 30 日为止；评标采用综合评估法，技术标和商务标各占 50 %。在评标过程中，鉴于各投标人的技术方案大同小异，建设单位决定将评标方法改为经评审的最低投标价法。问题：招标人自行组织招标需具备什么条件？要注意什么问题？

模拟试题（五）

一、单项选择题（每小题1分，共20分）

在下列每小题的四个备选答案中选出一个正确的答案，并将其字母标号填入括号内。

1. 下列不属于《施工合同文本》的组成部分的是（　　）。
   A. 协议书　　　　　　　B. 通用条款
   C. 专用条款　　　　　　D. 工程量清单

2. 计算灰土挤密桩的工程量时，其计量单位为（　　）。
   A. 桩长（不含桩尖）　　B. 桩长（含桩尖）
   C. 桩长（含桩尖）或根数　　D. 体积

3. 因工程师指令错误发生的追加合同价款和给承包人造成的损失由（　　）承担。
   A. 承包人　　　　　　　B. 监理单位
   C. 发包人　　　　　　　D. 发包人和监理单位共同

4. 下列说法不正确的是（　　）。
   A. 现浇混凝土梁，梁与柱连接时，梁长算至柱侧面
   B. 现浇混凝土梁，伸入墙内的梁头体积不计算
   C. 现浇混凝土梁，主梁与次梁连接时，次梁长算至主梁侧面
   D. 现浇混凝土梁，不扣除预埋铁件所占体积

5. 在某工程土方开挖过程古建筑遗址，经文物部门勘察，须进行保护处理，由此增加费用由（　　）承担，工期（　　）。
   A. 发包人，不顺延　　　B. 承包人，顺延
   C. 承包人，不顺延　　　D. 发包人，顺延

6. 在计算木楼梯项目的制作、安装、运输等工程量按（　　）计算。
   A. 体积　　　　　　　　B. 垂直投影面积
   C. 水平投影面积　　　　D. 数量

7. 挖土方是指（　　）的竖向布置的挖土或山坡切土。
   A. ±30 cm以内　　　　B. ±30 cm以外
   C. ±50 cm以内　　　　D. ±50 cm以外

8. 某工程有预应力管桩220条，平均桩长为20 m，桩径为ϕ400，按设计要求进入强风化岩石0.5 m，则预应力管桩的工程量为（　　）。
   A. 552.64 m³　　　　　B. 566.46 m³
   C. 4 400 m　　　　　　D. 4 510 m

9. 锚杆支护、土钉支护的工程量以（　　）为计量单位。
   A. 根数　　B. 长度　　C. 面积　　D. 体积

10. 有墙裙的内墙抹灰工程量计算时，其高度为（　　）。

   A．墙裙顶至天棚底面之间的距离

   B．墙裙底至天棚底面之间的距离另加 100 mm

   C．墙裙顶至天棚底面之间的距离另加 100 mm

   D．墙裙底至天棚底面之间的距离

11. 一般来说，有下列情形之一的招标项目，承包商宜参加投标（　　）。

   A．本企业业务范围和经营能力以外的工程

   B．本企业现有工程任务比较饱满，而招标工程风险大或盈利水平较低的工程

   C．本企业资源投入量适宜的工程

   D．有技术等级、信誉度和实力等方面具有明显优势的潜在竞争对手参加竞标的工程

12. 因百年未遇的暴雨，导致在建工程基坑坍塌，由此产生的工程修复费用和工期延误如何处理（　　）。

   A．发包人承担、不顺延　　　B．承包人承担、顺延

   C．承包人承担、不顺延　　　D．发包人承担、顺延

13. 发生索赔时，不属于解决索赔的处理方式的是（　　）。

   A．协商解决　　　　　　　　B．邀请中间人调解

   C．向仲裁机构申请仲裁　　　D．向人民法院提起诉讼

14. 甲乙双方就借款事宜签订了相关协议，明确了双方的权利和义务，则甲乙是该法律关系的（　　）。

   A．主体　　B．客体　　C．内容　　D．法人

15. 法人是具有民事权利能力和民事行为能力，依法独立享有民事权利和承担民事义务的（　　）。

   A．自然人　　B．公民　　C．组织　　D．法定代表人

16. 下列工程承发包模式，（　　）适用于简单、明确的常规性工程和一些专业性较强的工业建筑工程。

   A．平行承发包　　　　　　　B．设计或施工总分包

   C．设计施工一揽子承包　　　D．工程项目总承包管理

17. 招标人向预先选择的若干家具备承担招标项目能力、资信良好的特定法人或其他组织发出投标邀请函，请他们参加投标竞争。邀请对象的数目以 5～7 家为宜，但不应少于（　　）家。

   A．2　　B．3　　C．4　　D．5

18. 甲方致函乙方，欲订购 1 000 套女士西服，并提供规格、单价，询问乙方是否同意，同月同日，乙方也致函甲方，表示现有 1 000 套女士西服，提供规格、单价，询问甲方是否接受。双方收信后均未给对方回复，数月后，乙方向甲方发货，甲拒绝收货。本案中，双方关系是（　　）。

   A．合同关系成立　　　　　　B．合同关系未成立

   C．合同关系成立且生效　　　D．合同关系成立不生效

19. 在计算水泥砂浆楼地面时，扣除（　　）所占面积。

　　A．间壁墙　　　　　　　　　　　B．单个面积 0.3 m² 以内的空洞

　　C．凸出地面的构筑物、设备基础　　D．单个面积 0.3 m² 以内柱、垛

20. 深夜，急于分娩的孕妇万某在丈夫的搀扶下准备乘出租车去医院，司机要求其支付相当于正常乘车费 10 倍的车费。万某的丈夫考虑到情况紧急，只好答应。双方达成的合同是（　　）。

　　A．可撤销合同，理由是显失公平　　B．可撤销合同，理由是乘人之危

　　C．无效合同，理由是受欺诈　　　　D．无效合同，理由是受胁迫

二、多项选择题（每小题 2 分，共 20 分）

在下列每小题的五个备选答案中有 2～5 个正确答案，请将正确答案全部选出，并将其字母标号填入括号内。

1. 石材楼地面、块料楼地面工程量的计算，不扣除（　　）等所占面积。

　　A．间壁面

　　B．0.3 m² 以内的空洞

　　C．0.3 m 以内的柱、垛、附墙烟囱

　　D．凸出底面的设备基础

　　E．上述均不正确

2. 有关现浇混凝土矩形柱工程量的计算，下列说法正确的是（　　）。

　　A．有梁板的柱高，应自柱基（或楼板）下表面至上一层楼板下表面之间的高度

　　B．无梁板的柱高，应自柱基（或楼板）上表面至柱帽下表面之间的高度

　　C．框架柱的柱高，应自柱基上表面至柱顶高度

　　D．构造柱按全高计算，嵌接墙体部分并入柱身体积

　　E．依附在柱上的牛脚和升板的柱帽并入柱身体积计算

3. 在计算实心砖墙工程量时，有关内墙高度，下列说法正确的有（　　）。

　　A．无屋架者算至天棚底另加 100 mm

　　B．位于屋架下弦者，算至屋架下弦顶

　　C．有框架梁时算至板顶

　　D．有钢筋混凝土楼板图层者算至楼板顶

　　E．有框架梁时算至板底

4. 《建设工程工程量清单计价规范》（GB 50500—2013）中规定的其他项目费包括（　　）。

　　A．零星工程项目费　　　B．预留金　　　　　C．材料购置费

　　D．设备采购费　　　　　E．总承包服务费

5. 工程量清单是表现拟建工程的（　　）名称和相应数量的明细清单。

　　A．单位工程项目　　　　B．单项工程项目

　　C．分部分项工程项目　　D．措施项目

　　E．其他项目

6. 有梁板和无梁板工程量的计算，下列说法不正确的是（　　）。

　　A．按设计图示尺寸以体积计算

　　B．扣除构件内钢筋、预埋铁件所占体积

　　C．不扣除单个面积0.3 m²以内的孔洞所占体积

　　D．有梁板按梁、板体积分别计算

　　E．无梁板按板和柱帽体积之和计算

7. "土（石）方回填"项目适用于（　　）。

　　A．回填　　　　　　　　B．室内回填　　　　　　　　C．场地回填

　　D．场外回填　　　　　　E．基础回填

8. 关于块料楼梯面工程量计算，下列说法正确的是（　　）。

　　A．按设计图示尺寸以楼梯水平投影面积计算

　　B．包括踏步、休息平台及500 mm以内的楼梯井

　　C．包括踏步、休息平台及300 mm以内的楼梯井

　　D．楼梯与楼地面相连时，算至梯口梁内侧边沿

　　E．无梯口梁者，算至最上一层踏步边沿加300 mm

9. 关于保温隔热墙的工程量计算，下列说法正确的是（　　）。

　　A．按照设计图示尺寸以面积计算

　　B．按照设计图示尺寸以体积计算

　　C．扣除门窗所占工程量

　　D．门窗洞口侧壁需要做保温时，不增加

　　E．门窗洞口侧壁需做保温时，并入保温墙体工程量内

10. 分部分项工程的综合单价包括（　　）。

　　A．分部分项工程主项的一个清单计量单位的人工费、材料费、机械费、管理费、利润

　　B．与该主项一个清单计量单位所组合的各项工程的人工费、材料费、机械费、管理费、利润

　　C．在不同条件下施工需增加的人工费、材料费、机械费、管理费、利润

　　D．人工、材料、机械动态价格调整与相应的管理费、利润调整

　　E．与该主项一个清单计量单位相关的措施项目费及其他项目费

三、判断题（每小题2分，共20分）

1. 建设工程总承包商将部分项目分包给专业企业时，分包合同与总承包合同的约定应当一致。（　　）

2. 初步设计阶段按照有关规定编制的初步设计总概算，经有关机构批准，即为控制拟建项目工程造价的最高限额。（　　）

3. 建设单位委托工程造价咨询企业审核工程结算，其工程造价咨询费属于工程建设其他费用。（　　）

4. 时间定额和产量定额的关系可以表示为：时间定额×产量定额=1。（　　）

5. 当事人就同一建设项目另行订立的建设工程施工合同与经过备案的中标合同实质性内容不一致的，应当以备案的中标合同作为结算工程价款的依据。（   ）

6. 当事人约定按照固定价结算工程价款，一方当事人请求对建设工程造价进行司法鉴定的，人民法院不予支持。（   ）

7. 建设工程竣工前，当事人对工程质量发生争议，工程质量经鉴定合格的，鉴定期间为顺延工期期间。（   ）

8. 清单计价规范规定，凡工程内容中未列全的其他具体工程，投标人可以按照招标文件或图纸要求补充列入，并综合考虑到报价中。（   ）

9. 分部分项工程量清单以"个""项"为计量单位的工程数量应取整数。（   ）

10. 劳动生产率水平越高，施工定额水平也越高。（   ）

四、简答题（每小题5分，共20分）

1. 费用索赔的计算方法有哪几种？

2. 施工图预算的编制依据有哪些？

3. 简述中标人的中标条件。

4. 工程学索赔产生的原因是什么？

五、案例分析题（每小题10分，共20分）

1. 已知标准砖尺寸为 240 mm×115 mm×53 mm，灰缝宽度为 1 cm，砖和砂浆的损耗率均按 1% 考虑。试计算每立方米 1 砖墙中标准砖和砂浆的消耗量。

2. 某沟槽长为 25.5 m，挖土深度为 2.1 m，三类土，混凝土垫层宽度为 1.2 m，计算人工挖沟槽土方工程量（注：查表得工作面 c=0.3 m；放坡系数 k=0.33）。

模拟试题（六）

一、单项选择题（每小题1分，共20分）
在下列每小题的四个备选答案中选出一个正确的答案，并将其字母标号填入括号内。

1. 某工程有独立设计的施工图纸和施工组织设计，但建成后不能独立发挥生产能力，此工程应属于（　　）。
   A．分部分项工程　　　　B．单项工程
   C．分项工程　　　　　　D．单位工程

2. 一个建设项目往往包含多项能够独立发挥生产能力和工程效益的单项工程，一个单项工程又由多个单位工程组成。这体现了工程造价（　　）特点。
   A．个别性　　B．差异性　　C．层次性　　D．动态性

3. 关于工程量清单概念，下列表述不正确的是（　　）。
   A．工程量清单是包括工程数量的明细清单
   B．工程量清单也包括工程数量相应的单价
   C．工程量清单由招标人提供
   D．工程量清单是招标文件的组成部分

4. 我国工程造价管理体制改革的最终目标是（　　）。
   A．加强政府对工程造价的管理　　　B．企业自主报价，国家定额只作参考
   C．实行工程量清单计价　　　　　　D．建立以市场形成价格为主的价格机制

5. 下列（　　）属于静态投资。
   A．建筑安装工程费用　　B．价差预备费
   C．投资方向调节税　　　D．建设期贷款利息

6. 计算木楼梯项目的制作、安装、运输等工程量按（　　）计算。
   A．体积　　　　　　　　B．垂直投影面积
   C．水平投影面积　　　　D．数量

7. （　　）是控制工程造价最有效的手段。
   A．采用先进技术　　　　　　　　B．招标竞价
   C．实施工程造价全过程控制　　　D．技术与经济相结合

8. 工程造价咨询业的首要功能是（　　）。
   A．服务功能　　B．引导功能
   C．联系功能　　D．审核功能

9. 《全国建设工程造价员管理暂行办法》规定，造价员每三年参加继续教育的学时原则上不少于（　　）学时。
   A．20　　　　B．30　　　　C．40　　　　D．60

10. 预算定额的水平较施工定额的水平（   ）。
    A．高   B．低   C．相同   D．不确定
11. 一般来说，有下列情形之一的招标项目，承包商宜参加投标（   ）。
    A．本企业业务范围和经营能力以外的工程
    B．本企业现有工程任务比较饱满，而招标工程风险大或盈利水平较低的工程
    C．本企业资源投入量适宜的工程
    D．有技术等级、信誉度和实力等方面具有明显优势的潜在竞争对手参加竞标的工程
12. 在有毒有害气体和有放射性物质区域范围内的施工人员的保健费，施工企业享受人数根据现场实际完成的工程量的计价表耗工数，并加计（   ）的现场管理人员的人工数确定。
    A．2%   B．3%   C．%   D．10%
13. 我国进口设备采用最多的一种货价是（   ）。
    A．装运港船上交货价（FOB）
    B．目的港船上交货价（FOS）
    C．离岸价加运费（C&F）
    D．到岸价（CIF）
14. 某瓦工班组 15 人，砌 1.5 砖厚砖基础，需 6 天完成，砌筑砖基础的定额为 1.25 工日 /m³，该班组完成的砌筑工程量是（   ）。
    A．112.5 m³   B．90 m³/工日
    C．80 m³/工日   D．72 m³
15. 地砖规格为 200 mm×200 mm，灰缝 1 mm，其损耗率为 1.5%，则 100 m² 地面地砖消耗量为（   ）块。
    A. 2 475   B. 2 513
    C. 2 500   D. 2 462.5
16. 工程量清单计价规范规定，对清单工程量以外的可能发生的工程量变更应在（   ）费用中考虑。
    A．分部分项工程费   B．零星工程项目费
    C．预留金   D．措施项目费
17. 工程量清单编制原则归纳为"四统一"，下列说法错误的是（   ）。
    A．项目编码统一   B．项目名称统一
    C．计价依据统一   D．工程量清单计算规则统一
18. 采用工程量清单计价，规费计取的基数为（   ）。
    A．分部分项工程费   B．人工费
    C．人工费+机械费   D．分部分项工程费+措施项目费+其他项目费
19. 分部分项工程量清单项目编码为 040403003001，该项目为（   ）工程项目。
    A．装饰装修工程   B．建筑工程
    C．安装工程   D．市政工程

20. 对建筑结构较简单、工程规模较小、分部分项较少的施工图预算工程宜采用（　　）。
　　A．标准预算审查法　　　　B．对比审查法
　　C．筛选审查法　　　　　　D．全面审查法

二、多项选择题（每小题2分，共20分）

在下列每小题的五个备选答案中有2～5个正确答案，请将正确答案全部选出，并将其字母标号填入括号内。

1. 建设工程分类有多种形式，按建设工程性质可分为（　　）。
　　A．迁建项目　　　　　B．自筹资金　　　　　C．新建项目
　　D．中外合资　　　　　E．改建项目

2. 工程造价的特殊职能表现在（　　）。
　　A．预测职能　　　　　B．控制职能　　　　　C．评价职能
　　D．监督职能　　　　　E．调控职能

3. 清单计价法的分部分项工程费包括（　　）。
　　A．人工费　　　　　　B．材料费　　　　　　C．机械费
　　D．措施项目费　　　　E．规费

4. 材料采购保管费包括（　　）。
　　A．采购费　　　　　　B．场外运输费　　　　C．工地保管费
　　D．仓储损耗　　　　　E．仓储费

5. 清单计价法的施工机械费构成包括（　　）。
　　A．折旧费　　　　　　B．大修理费　　　　　C．人工费
　　D．燃料动力费　　　　E．管理费

6. 承包人具有（　　）情形之一，发包人请求解除合同，法院应予支持。
　　A．将承包的建设工程非法转包的
　　B．将承包的建设工程违法分包的
　　C．已经完成的建设工程质量不合格并拒绝修复的
　　D．超越资质等级承包的
　　E．工期延误的

7. 工程建设定额具有（　　）的特征。
　　A．计划性　　　　　　B．科学性　　　　　　C．系统性
　　D．强制性　　　　　　E．时效性

8. 施工定额的作用表现在（　　）。
　　A．施工定额是企业计划管理的依据
　　B．施工定额是企业提高劳动生产率的手段
　　C．施工定额是企业计算工人劳动报酬的依据
　　D．施工定额是编制施工预算、加强企业成本管理的基础
　　E．施工定额是企业组织和指挥施工生产的有效工具

9. 在正常的施工条件下，预算定额中的人工工日消耗量是由（　　）组成的。
   A．基本用工　　　　　B．人工幅度差　　　　　C．辅助用工
   D．其他用工　　　　　E．超运距运费用工
10. 工程量清单计价方法的作用是（　　）。
   A．有利于"逐步建立以市场形成价格为主的价格机制"工程造价体制改革的目标
   B．有利于将工程的"质"与"量"紧密结合起来
   C．有利于业主获得最合理的工程造价
   D．有利于国家对建设工程造价的宏观调控
   E．有利于中标企业精心组织施工，控制成本，充分体现本企业的管理优势

三、判断改错题（每小题2分，共20分）

1．根据《中华人民共和国合同法》的规定，构成违约责任的核心要件是违约方当事人客观上存在违约行为。（　　）

2．对于可撤销的建设工程施工合同，当事人有权请求建设行政主管部门撤销该合同。（　　）

3．法律、行政法规规定必须要经过招标投标的建设工程，当事人实际履行的建设工程施工合同与备案的中标合同实质性内容不一致的，应当以备案的中标合同作为工程价款的结算根据；未经过招标投标的，该建设工程施工合同为无效合同，应当参照实际履行的合同作为工程价款的结算根据。（　　）

4．《江苏省建设工程造价管理办法》规定，必须是司法机关有权查阅工程造价咨询企业和造价从业人员的信用档案。（　　）

5．建设工程施工合同约定工程价款实行固定价结算的，一方当事人要求按定额结算工程价款的，人民法院不予支持，但合同履行过程中原材料价格发生重大变化的除外。（　　）

6．具有下列情形的，人民法院不予支持：建设工程竣工并验收合格后，承包人要求发包人支付工程价款，发包人对工程质量提出异议并要求对工程进行鉴定的。（　　）

7．承包人具有将承包的建设工程违法分包的情形之一，发包人请求解除合同，法院应予支持。（　　）

8．当事人约定按照固定价结算工程价款，一方当事人请求对建设工程造价进行司法鉴定的，人民法院不予支持。（　　）

9．对施工工期较长，承包方为减少由于通货膨胀引起工程成本增加的风险，应尽可能采用固定总价合同。（　　）

10．实行工程量清单计价的工程，宜采用单价合同，但并不排斥总价合同。（　　）

四、简答题（每小题5分，共20分）

1．属于无效合同的情况包括哪些？（列举四条）

2．简述工程单价及其包含的内容。

3．简述预算定额与施工定额的区别。

4．简述基础断面计算方法。

五、案例分析题（每小题10分，共20分）

1．某工程外墙墙厚240 mm，墙高6 m，外墙中心线长度为90 m。已知外墙有C-2窗6樘，规格为1 800 mm×1 500 mm，窗上过梁6根，规格为240 mm×1 200 mm×2 500 mm；M-2门2樘，规格为1 000 mm×2 100 mm，门上过梁，规格为240 mm×240 mm×2 000 mm，求该外墙砖砌体工程量。

2．某公司办公室装修，室内净尺寸为4.56 m×3.96 m，四周一砖墙上设有1 500 mm×1 500 mm单层空腹钢窗3樘（框宽40 mm，居中立樘），1 500 mm×2 700 mm单层全玻门1樘（框宽90 mm，门框靠外侧立樘），门为外开。木墙裙高1.2 m，方木格吊顶天棚，以上项目均刷调和漆。试计算相应项目油漆工程量。

模拟试题（七）

一、单项选择题（每小题1分，共20分）

在下列每小题的四个备选答案中选出一个正确的答案，并将其字母标号填入括号内。

1. 可调价格合同中对一周内非承包人原因停水、停电、停气造成停工累计超过（　　）小时可调整合同价款。

    A. 6　　　　B. 12　　　　C. 8　　　　D. 10

2. 不平衡报价法又称为（　　）。

    A. 先盈后亏法　　　　B. 前重后轻法
    C. 突然降价法　　　　D. 增加建议法

3. 对施工工期较长，承包方为减少由于通货膨胀引起工程成本增加的风险，应尽可能采用（　　）合同。

    A. 固定总价　　　　B. 固定单价
    C. 调值总价　　　　D. 成本加酬金

4. 竣工后承包人向发包人递交了竣工结算金额1 200万元的报告及完整的结算资料，发包人应当在（　　）天内进行核对审查并提出审查意见。

    A. 20　　　　B. 30　　　　C. 45　　　　D. 60

5. 包工包料的预付款应按合同约定拨付，原则上预付比例不低于合同金额的（　　），不高于合同金额的（　　）。

    A. 10%，20%　　　　B. 20%，30%
    C. 10%，30%　　　　D. 15%，25%

6. 某土建工程实行按月结算和采用公式法结算预付备料款，施工合同总额为1 200万元，主要材料金额的比重为60%，预付备料款为25%，当累计结算工程款为（　　）万元时，开始扣回备料款。

    A. 180　　　　B. 600　　　　C. 700　　　　D. 720

7. 合同的变更是指合同依法成立后，在尚未履行或未完全履行时，当事人双方依法经过协商，对合同的（　　）进行修订或调整所达成的协议。

    A. 形式　　　B. 内容　　　C. 主体　　　D. 客体

8. 根据确认的竣工结算报告，承包人向发包人申请支付工程结算款，发包人应在收到申请后（　　）天内支付结算款，到期没有支付的应承担违约责任。

    A. 7　　　　B. 14　　　　C. 15　　　　D. 10

9. 实行工程量清单计价（　　）。

    A. 业主承担工程价格波动的风险，承包商承担工程量变动的风险
    B. 业主承担工程量变动风险，承包商承担工程价格波动的风险

C. 业主承担工程量变动和工程价格波动的风险

D. 承包商承担工程量变动和工程价格波动的风险

10. 中标通知书发出后（　　）内，双方应按照招标文件和投标文件订立书面合同。

　　A. 15天　　　B. 30天　　　C. 45天　　　D. 3个月

11. 《合同法》规定，当事人一方不履行合同义务或者履行合同义务不符合约定，给对方造成损失的，应当予以赔偿。损失赔偿额应为（　　）。

　　A. 相当于因违约所造成的损失，包括合同履行后可以获得的利益

　　B. 等于因违约所造成的损失

　　C. 等于合同履行后可以获得的利益

　　D. 原则上应超过违反合同一方订立合同时预见到或者应当预见到的因违反合同可能造成的损失

12. 不属于当事人承担违约责任的方式的是（　　）。

　　A. 继续履行合同　　　　　　B. 采取补救措施

　　C. 赔偿损失　　　　　　　　D. 赔礼道歉

13. 施工合同文件正确的解释顺序是（　　）。

　　A. 施工合同协议书→施工合同专用条款→施工合同通用条款→工程量清单→工程报价单或预算书

　　B. 施工合同协议书→中标通知书→施工合同通用条款→施工合同专用条款→工程量清单

　　C. 施工合同协议书→中标通知书→施工合同专用条款→施工合同通用条款→工程量清单

　　D. 施工合同协议书→中标通知书→投标书及其附件→施工合同通用条款→施工合同专用条款

14. 施工合同示范文本规定，发包人供应的材料设备与约定不符时，由（　　）承担所有差价。

　　A. 承包人　　　　　　　　　B. 发包人

　　C. 承包人与发包人共同　　　D. 承包人与发包人协商

15. 当投标单位在审核工程量时发现工程量清单上的工程量与施工图中的工程量不符时，应（　　）。

　　A. 以工程量清单中的工程量为准

　　B. 以施工图中的工程量为准

　　C. 以上面A、B两者的平均值为准

　　D. 在规定时间内向招标单位提出，经招标单位同意后方可调整

16. 财政部、原建设部制订的《建设工程价款结算办法》规定，根据确定的工程计量结果，发包人支付工程进度款的比例为（　　）。

　　A. 不低于工程价款30%，不高于工程价款60%

　　B. 不低于工程价款40%，不高于工程价款70%

C．不低于工程价款40%，不高于工程价款80%

D．不低于工程价款60%，不高于工程价款90%

17．根据我国《合同法》规定，构成违约责任的核心要件是（   ）。

A．违约方当事人客观上存在违约行为

B．违约方当事人主观上有过错

C．守约方当事人客观上存在损失

D．由合同当事人在法定范围内自行约定

18．以国有资金投资为主的招投标工程，建设单位拟单独发包专业性较强的分部分项工程时，应该（   ）。

A．作为独立费列入主体工程工程量清单中

B．建设单位与专业工程承包人单独签订施工合同

C．作为招标人预留金列入主体工程招标文件的工程量清单中

D．建设单位与主体结构承包商签订指定分包合同

19．原建设部制订的《建筑工程安全防护、文明施工措施费用及使用管理规定》，合同期在一年以内的，建设单位应按不低于该费用总额的（   ）预付安全防护、文明施工措施费。

A．30%　　　　B．40%　　　　C．50%　　　　D．60%

20．建设单位领取施工许可证后因故不能按期开工的，应当向发证机关申请延期。申请延期的次数和每次延期的时限分别为（   ）。

A．2次，每次不超过3个月　　　　B．3次，每次不超过2个月

C．2次，每次不超过2个月　　　　D．3次，每次不超过3个月

二、多项选择题（每小题2分，共20分）

在下列每小题的五个备选答案中有2～5个正确答案，请将正确答案全部选出，并将其字母标号填入括号内。

1．《建设工程工程量清单计价规范》（GB 50500—2013）的特点有（   ）。

A．强制性　　　　B．市场性　　　　C．实用性

D．竞争性　　　　E．通用性

2．从事工程造价活动应当遵循（   ）的原则，不得损害社会公共利益和他人的合法权益。

A．公开透明　　　　B．合法　　　　C．公正

D．客观　　　　E．诚实信用

3．设计概算的主要作用可归纳为（   ）。

A．是编制建设项目投资计划、确定和控制建设项目投资的依据

B．是控制施工图设计和施工图预算的依据

C．是衡量设计方案技术经济合理性和选择最佳设计方案的依据

D．是考核建设项目投资效果的依据

E．是建设项目签订贷款合同的依据

4. 按计价方式划分合同形式，一般分为（　　）。
   A．总价合同　　　　　　　B．成本加酬金合同　　　　C．风险包干合同
   D．固定费率合同　　　　　E．单价合同
5. 法律责任的类别包括（　　）。
   A．行政法律责任　　　　　B．连带法律责任　　　　　C．刑事法律责任
   D．民事法律责任　　　　　E．经济法律责任
6. 合同法的基本原则是（　　）。
   A．平等、自愿的原则
   B．权利与义务相统一的原则
   C．遵守法律、维护社会公共利益的原则
   D．公平、诚实信用的原则
   E．依法成立的合同对当事人具有约束力的原则
7. 《中华人民共和国担保法》规定的担保方式有（　　）。
   A．保函　　　　　　　　　B．抵押　　　　　　　　　C．保证
   D．留置　　　　　　　　　E．定金
8. 财政部、原建设部制定的《建设工程价款结算办法》规定，可调价格合同的调整因素包括（　　）。
   A．法律、行政法规和国家有关政策变化影响合同价款
   B．工程造价管理机构的价格调整
   C．经批准的设计变更
   D．发包人更改经审定批准的施工组织设计（修正错误除外）造成费用增加
   E．双方约定的其他因素
9. 我省依法必须招标的建设工程项目规模标准为（　　）。
   A．勘察、设计、监理等服务的采购，单项合同估算价在50万元人民币以上的
   B．施工合同估算价在200万元人民币以上的
   C．重要设备和材料等货物的采购，单项合同估算价在100万元人民币以上的
   D．总投资在3 000万元人民币以上的
   E．政府投资、融资金额在50万元以上的
10. 预算定额中的人工工日消耗量是指在正常施工条件下生产单位合格产品所需消耗的人工工日数量，一般包括（　　）。
    A．基本用工　　　　　　　B．其他用工　　　　　　　C．超运距用工
    D．辅助用工　　　　　　　E．人工幅度差

三、判断改错题（每小题2分，共20分）

1. 经发、承包双方确定调整的工程价款，作为追加合同价款与工程进度款同期支付。（　　）
2. 竣工结算时，暂估价应减去工程价款调整与索赔、现场签证金额计算，如有余额归发包人。若出现差额，则由发包人补足并反映在相应项目的工程价款中。（　　）

3. 竣工结算办理完毕，承包人应将竣工结算书报送工程所在地工程造价管理机构备案。竣工结算书作为工程竣工验收备案、交付使用的必备文件。（   ）

4. 经发、承包双方确定调整的工程价款，作为追减合同价款与工程进度款同期支付。（   ）

5. 竣工结算时，暂列金额应减去工程价款调整与索赔、现场签证金额计算，如有余额归发包人。若出现差额，则由发包人补足并反映在相应项目的工程价款中。（   ）

6. 竣工结算办理完毕，发包人应将竣工结算书报送工程所在地工程造价管理机构备案。竣工结算书作为工程竣工验收备案、交付使用的必备文件。（   ）

7. 某单位拟建一浴室，预计工期为4个月，土建工程合同价款为90万元，该工程采用竣工后一次结算方式较为合理。（   ）

8. 实行工程量清单招标的工程建设项目应当采用固定单价合同，量的风险由承包人承担。（   ）

9. 如单项工程的分类已详细而明确，但实际工程量与预计的工程量可能有较大出入时，宜优先选择总价合同。（   ）

10. 施工合同文件正确的解释顺序是：施工合同协议书→中标通知书→施工合同专用条款→施工合同通用条款→工程量清单。（   ）

四、简答题（每小题5分，共20分）

1. 简述工程造价的计价特点。

2. 简述工程单价的定义及其内容。

3. 简述劳动时间定额的定义及其形式。

4. 简述建筑面积的定义及其意义。

五、案例分析题（每小题10分，共20分）

1. 某实施监理的工程项目，采用以直接费为计算基础的全费用单价计价，施工过程中，按建设单位要求，设计单位提出了一项工程变更，施工单位认为该变更使混凝土分项工程量大幅减少，要求对合同中的单价作相应调整。建设单位则认为应按原合同单价执行，双方意见分歧，要求监理单位调解。如果建设单位和施工单位未能就工程变更的费用等达成协议，监理单位应如何处理？该项工程款最终结算时应以什么为依据？

2. 某供水公司投资一供水水源项目。为了避免售水的市场风险，在项目建设初期，与甲用户依照法定程序以价格 0.35 元 $/m^3$ 依法签订了供水合同。考虑到该供水工程建设难度较大，合同约定：若供水工程建成，则供水公司应按照合同约定价格给甲用户供水；若供水工程项目取消，则所签合同不发生任何效力。

在项目建设过程中，随着供水市场水资源紧缺，同时，又不涉及供水线路改造，该供水公司又以 0.5 元 $/m^3$ 的价格将水全部售于乙用户。签订合同时，乙用户并不知道供水公司已与甲用户签订了供水合同。

问题：

（1）根据《合同法》有关规定，供水公司与甲用户签订的合同属于哪种合同生效的情形？

（2）供水公司供水工程完工后，甲用户要求供水，供水公司的解释是，在供水工程完工前，与甲用户所签供水合同并未生效，因此，供水公司不受此约束，将水以更高的价格售于乙用户是合情合理的，试根据《合同法》的有关规定，说明供水公司的说法是否正确？

（3）若甲用户坚持要求供水的主张，法院是否应予以支持？

（4）若供水公司供水给甲用户，应向乙用户承担什么责任？

模拟试题答案

模拟试题一

一、单项选择题（每小题1分，共20分）

1. A 2. D 3. B 4. B 5. A 6. B 7. C 8. A 9. A 10. D 11. B 12. D 13. D 14. C 15. C 16. B 17. A 18. C 19. B 20. C

二、多项选择题（每小题2分，共20分）

1. ABDE 2. BCDE 3. ABCDE 4. ABE 5. ABCD 6. ABDE
7. ABD 8. ABCD 9. BCD 10. ABCD

三、判断改错题（每小题2分，共20分）

1. × 2. × 3. × 4. × 5. √ 6. √ 7. √ 8. √ 9. × 10. √

修改：

1. 将工程建设项目由大到小划分为建设项目、单项工程和单位工程。单位工程由分部工程组成，分项工程又可分解为若干个单元工程。

2. 某土方工程，工程量为 400 m³，时间定额为 0.1 工日/m³，每天有 10 名工人负责施工，则完成该分项工程的天数为 4 天。

3. 工程量清单应作为招标文件的组成部分。

4. 标底是招标人根据招标项目的具体情况编制的完成招标项目所需的全部费用，是根据国家规定的计价依据和计价方法计算出来的工程造价。

9. 某分项工程产量定额提高了 10%，则时间定额并非就减少了 10%。

四、简答题（每小题5分，共20分）

1. 单位工程是指具有单独设计，可以独立组织施工，但竣工后不能独立发挥生产能力或使用效益的工程。

2. 建设工程项目的造价、质量、进度三大目标是一个相互关联的统一整体，三大目标之间对立统一、相互制约，在工程管理过程中，应注意统筹兼顾，合理确定三大目标。

3. （1）建筑安装工程费；（2）设备、工器具费用；（3）工程建设其他费；（4）预备费；（5）固定资产投资方向调节税；（6）建设期贷款利息。

4. （1）按月结算；（2）竣工后一次结算；（3）分段结算；（4）其他结算方式。

五、案例分析题（共20分）

1. 【解】（1）因为台班产量为480 m²/台班，所以完成该土方工程所需要的台班数为 5 800/480=12.08 台班 =13（台班）；

（2）因为是两班制施工，所以每天挖方量为480×2=960 m³，因此，需要的天数为 5 800/960=6.04 天 =7（天）。

2. 【解】S=（27+0.24）×（15+0.24）+（12+0.24）×（15+0.24）×2=788.21（m²）

3. 【解】（1）工程预付款 =720×20%=144（万元）

起扣点 =720−144/60%=480（万元）

（2）各月支付工程款、累计支付工程款分别为：（5分）

2月份，支付工程款65万元，累计支付工程款65万元；

3月份，支付工程款120万元，累计支付工程款185万元；

4月份，支付工程款185万元，累计支付工程款370万元；

5月份，5月份完成产值220万元，因此220+370=590（万元）＞480万元；

5月份应扣回预付备料款 =（590−480）×60%=66（万元）；

5月份应支付工程款 =220−66=154（万元）；

5月份累计支付 =154+370=524（万元）

（3）工程结算总造价 =720+720×60%×10%=763.2（万元）；（5分）

工程保证金 =763.2×5%=38.16（万元）；

甲方应付工程结算款 =763.2−524−144−38.16=57.04（万元）

模拟试题二

一、单项选择题（每小题1分，共20分）

1．B 2．A 3．A 4．D 5．D 6．A 7．C 8．D 9．A 10．B 11．C 12．B 13．D 14．A 15．A 16．D 17．A 18．D 19．A 20．D

二、多项选择题（每小题2分，共20分）

1．BCDE 2．ABCDE 3．ABCDE 4．ABE 5．ABCD 6．ABCDE 7．ABCDE 8．ACD 9．ABC 10．ABCE

三、判断题（每小题1分，共10分）

1．× 2．× 3．× 4．× 5．√ 6．× 7．√ 8．× 9．× 10．√

四、简答题（每小题5分，共20分）

1. 建筑面积是指房屋建筑的水平面面积，包括地上、地下各层外围结构内的水平面面积之和，以m²为计量单位。它不仅是一个重要的建筑技术指标，同时也是一个重要的建筑经济指标。

2. 两算对比是指施工图预算和施工预算的比较。其内容包括：人工数量和人工费的对比分析；主要材料数量和材料费的对比分析；机械台班数量和材料费的对比分析；周转材料摊销费的对比分析。

3. (1) 确定工程造价的依据；

(2) 实行建筑工程预算包干的依据；

(3) 企业进行经济核算的基础；

(4) 拨付工程价款的依据；

(5) 加强成本核算的依据。

4. 以同一性质的施工过程或工序为测定对象，确定建筑工人在正常的施工条件下，为完成一定计量单位的某一施工过程或工序所需人工、材料和机械台班消耗的数量标准。

五、案例分析题（30分）

1. 【解】①工程预付款 =780×20%=156（万元）

起扣点 =780-156/60%=520（万元）

②工程结算总造价 =780+780×60%×10%=826.8（万元）

工程保证金 =826.8×5%=41.34（万元）

56-41.34=61.46（万元）

甲方应付工程结算款 =826.8-568-（156-72）-41.34=133.46（万元）

2. 【解】两个大房间面积 S_1=（3.3×2+0.24）×（5.4+0.24）=38.58（m²）

一个小房间面积 S_2=（3.3-0.12+0.12）×（4.8+0.24）=16.63（m²）

合计　　　　　$S=S_1+S_2$=38.58+16.63=55.21（m²）

外墙脚手架：S=（3.3×3+0.24+5.4+0.24）×2×（2.9+0.45）=105.7

模拟试题三

一、单项选择题（每小题1分，共20分）

1. B　2. A　3. B　4. C　5. A　6. B　7. D　8. B　9. C　10. B　11. D　12. D　13. A　14. A　15. C　16. B　17. C　18. D　19. A　20. A

二、多项选择题（每小题2分，共20分）

1. CE　2. ABDE　3. ABCDE　4. ACDE　5. ABD　6. ABCE

7. ACDE　8. ABCDE　9. ACE　10. CDE

三、判断改错题（每小题2分，共20分）

1. ×　2. ×　3. ×　4. ×　5. ×　6. √　7. √　8. √　9. √　10. √

修改：

1. 作为一个建设项目。

2. 必然发生。

3. 由建设单位掌握使用。

4. 五统一，无"工作内容"。

5. 结合实际。

四、简答题（每小题5分，共20分）

1．生存策略、补偿策略、开发策略、竞争策略、盈利策略。

2．按照规定组织竣工验收，保证竣工决算的及时性；积累、整理竣工项目资料，保证竣工决算的完整性；清理、核对各项账目，保证竣工决算的正确性。

3．混水墙及其内墙设置：是指墙的两面均为抹灰或块料装饰。一般房屋内墙大多为混水。

4．预算定额是指在正常合理的施工条件下，规定完成一定计量单位的分项工程或结构构件所必需的人工、材料和机械台班以及价值的消耗量标准。

五、案例分析题（共20分）

1．【解】$S=（27+0.24）×（15+0.24）+（12+0.24）×（15+0.24）×2$
$=788.21（m^2）$

2．【解】挖方量 $V_1=\dfrac{2+（2+2×1.5×0.5）}{2}×1.5×100=412.5（m^3）$

填方量 $V_3=412.5-2.5×100=162.5（m^3）$

填方需留松土体积 $V_{2留}=\dfrac{V_3}{K'_s}·K_s=\dfrac{162.5×1.25}{1.05}=193.5（m^3）$

弃土量（松散）$V_{2弃}=V_{1Ks}-V_{2留}=412.5×1.25-193.5=322.1（m^3）$

模拟试题四

一、单项选择题（每小题1分，共20分）

1．D 2．C 3．B 4．A 5．B 6．C 7．A 8．A 9．B 10．B 11．B
12．D 13．A 14．B 15．D 16．B 17．A 18．C 19．B 20．C

二、多项选择题（每小题2分，共20分）

1．ABCD 2．ABCD 3．ACE 4．ABD 5．ABCDE 6．ABC 7．ABCD
8．ACDDE 9．ABC 10．ABCDE

三、判断改错题（每小题2分，共20分）

1．√ 2．× 3．× 4．√ 5．× 6．√ 7．√ 8．√ 9．× 10．√

2．以白合同作依据。

3．只能等于。

5．500～3 000。

9．组织。

四、简答题（每小题5分，共20分）

1．举例说明非周转性材料：是指在建筑工程施工中，一次性消耗并直接构成工程实体的材料，如砖、瓦、砂、石、钢筋、水泥等。

2．土方工程中平整场地确定：是指土层标高在±30 cm以内的挖填找平的土方工程。

3. 工程单价及其包含内容：一般是指单位假定建筑安装产品的不完全价格。通常指建筑安装工程的预算定额基价和概算定额基价，所包含的仅仅是某一单位工程直接费中的直接工程费，即由人工、材料和机械费组成。

4. 工程量清单：是表现拟建工程的分部分项工程项目、措施项目、其他项目、规费项目、税金项目名称和相应数量等的明细清单。

五、案例分析题（共20分）

1. 合理的索赔金额分项计算如下：

（1）窝工机械闲置费：按合同机械闲置只计取折旧费。

塔式起重机1台：300×70%×14=2 940（元）

混凝土搅拌机1台：70×70%×14=686（元）

砂浆搅拌机1台：30×70%×12=252（元）

因砂浆搅拌机机械故障闲置4天，不应给予补偿。

小计：2 940+686+252=3 878（元）

（2）窝工人工费：因业主已于1周前通知承包商，故只以补偿费支付。

支模工：4×35×14=1 960（元）

砌砖工：25×30×12=9 000（元）

因砂浆搅拌机机械故障造成抹灰工停工，不予补偿。

小计：1 960+9 000=10 960（元）

（3）临时个别工序窝工一般不补偿管理费和利润。

故合理的索赔金额应为：3 878+10 960=14 838（元）

2. 招标人具有编制招标文件和组织评标能力的，可以自行办理招标事宜。依法必须进行招标的项目，招标人自行办理招标事宜的，应当向有关行政监督部门备案。

模拟试题五

一、单项选择题（每小题1分，共20分）

1. D 2. B 3. C 4. B 5. D 6. C 7. B 8. B 9. C 10. A 11. C 12. D 13. D 14. A 15. C 16. C 17. B 18. B 19. C 20. A

二、多项选择题（每小题2分，共20分）

1. ABC 2. BCDE 3. AD 4. ABCE 5. CDE 6. BD 7. ACE 8. ABDE 9. ACE 10. ABCD

三、判断题（每小题2分，共20分）

1. √ 2. √ 3. √ 4. √ 5. √ 6. √ 7. √ 8. √ 9. √ 10. √

四、简答题（每小题5分，共20分）

1. 费用索赔的计算分为实际费用法和修正的总费用法。

2. （1）施工图纸及说明书和标准图集。

（2）适用的预算定额或专业工程计价表。
（3）施工组织的设计或施工方案。
3．中标人的中标条件。
（1）能够最大限度地满足招标文件中规定的各项综合评价标准。
（2）能够满足招标文件的实质性要求，并且经评审的投标价格最低；但是投标价格不低于成本的除外。
4．工程索赔产生的原因是：
（1）当事人违约。
（2）不可抗力事件。
（3）合同缺陷。
（4）合同变更。
（5）工程师指令。
（6）其他第三方原因。

五、案例分析题（共 20 分）

1．【解】（1）净用量：

$$砖数 = \frac{1}{（砖宽+灰缝）×（砖厚+灰缝）×砖长}$$

$$= \frac{1}{（0.115+0.01）×（0.053+0.01）×0.24}$$

=529.10（块）

砂浆用量 =（1−529.10×0.24×0.115×0.053）×1.07=0.242（m³）

（2）消耗量：

砖数 =529.1×（1+1%）=534.39（块）；砂浆用量 =0.242×（1+1%）=0.244（m³）

2．【解】a=1.2；h=2.1；l=25.5；c=0.3；k=0.33

人工挖沟槽土方工程量 =$(a+2c+kh)hl$

=（1.2+2×0.3+0.33×2.1）×2.1×25.5

=133.50（m³）

模拟试题六

一、单项选择题（每小题 1 分，共 20 分）

1．D 2．C 3．B 4．D 5．A 6．C 7．D 8．A 9．B 10．B 11．C
12．D 13．A 14．D 15．B 16．C 17．C 18．D 19．D 20．D

二、多项选择题（每小题 2 分，共 20 分）

1．ACE 2．ABCE 3．ABC 4．ACDE 5．ABCD 6．ABC
7．BCE 8．ACDE 9．ABCDE 10．ABCE

三、判断改错题（每小题 2 分，共 20 分）

1．√ 2．× 3．√ 4．× 5．√ 6．√ 7．√ 8．√ 9．× 10．√

修改：

2．人民法院

4．任何单位和个人

9．调值总价

四、简答题（每小题 5 分，共 20 分）

1．（1）一切以欺诈的手段订立合同损害对方当事人的利益；（2）以不合理的低价将破产企业的财产卖给他人；（3）合同标明实现损害社会公共利益；（4）与对方恶意串通损害第三方利益。

2．工程单价及其包含内容：工程单价一般是指单位假定建筑安装产品的不完全价格。通常指建筑安装工程的预算定额基价和概算定额基价，所包含的仅仅是某一单位工程直接费中的直接工程费，即由人工、材料和机械费组成。

3．预算定额与施工定额比较：预算定额是以施工定额为基础的，但是预算定额不能简单地套用施工定额，必须考虑到它比施工定额包含更多的可变因素，需要保留一个合理的幅度差。此外，确定两个定额水平的原则是不同的。预算定额是社会平均水平（在现实的平均中等生产条件、平均熟练程度、平均劳动强度下，多数企业能够达到少数企业经过努力也能达到的水平），施工定额则是平均先进水平。预算定额低于施工定额 10% 左右。

4．基础断面计算：大放脚的体积要并入所附基础墙内，可根据大放脚的层数、所附基础墙的厚度及是否等高放阶等因素，查表或计算。计算砖基础工程量时，应扣除基础墙内的圈梁、单个面积在 0.3 m^2 以上的孔洞的体积；但不应扣除嵌入砖石基础的钢筋、铁件、管子、基础防潮层、大放脚 T 形接头重叠部分，以及单个面积在 0.3 m^2 以下的孔洞的体积；也不另算靠墙取暖气沟的挑砖；但要并入附墙垛、附墙烟囱等基础宽出部分的体积。

五、案例分析题（共 20 分）

1．【解】外墙长 =90 m，外墙厚 =0.24 m，外墙高 =6 m

V=90×0.24×6-1.8×1.5×0.24×6-0.24×0.12×2.5×6-1×2.1×0.24×2-0.24×0.24×2×2=124.04（m^3）

2．【解】$S_{木墙裙}$＝（4.56+3.96）×2×1.2-1.5×0.3×3-1.5×1.2×1+（0.24-0.04）/2×0.3×2×3+0.24×0.09×2×1.2=17.53（m^2）

$S_{木吊顶}$=4.56×3.96=18.06（m^2）

$S_{调和漆}$=17.53+18.06=35.59（m^2）

模拟试题七

一、单项选择题（每小题 1 分，共 20 分）

1．C 2．B 3．C 4．B 5．C 6．C 7．B 8．C 9．B 10．B 11．A 12．D 13．C 14．B 15．D 16．D 17．A 18．B 19．C 20．A

二、多项选择题（每小题2分，共20分）

1．ACDE 2．BCDE 3．ABCD 4．ABE 5．ACDE 6．ACDE
7．BCDE 8．ABCDE 9．ABCD 10．ABCD

三、判断改错题（每小题2分，共20分）

1．√ 2．√ 3．√ 4．√ 5．√ 6．√ 7．√ 8．× 9．× 10．√

修改：

8．发包人

9．单价合同

四、简答题（每小题5分，共20分）

1．工程造价计价特点：建设工程的生产周期长、规模大、造价高、可变因素多。因此工程造价具有下列特点：1）单件计价；2）多次计价与动态计价；3）组合计价；4）市场定价。

2．工程单价及其包含内容：工程单价一般是指单位假定建筑安装产品的不完全价格。通常指建筑安装工程的预算定额基价和概算定额基价，所包含的仅仅是某一单位工程直接费中的直接工程费，即由人工、材料和机械费组成。

3．劳动时间定额及其形式：劳动时间定额以劳动力的工作时间消耗为计量单位来反映劳动力的消耗，其形式表现为完成单位合格工程建设产品所需消耗生产工人的工作时间标准。

4．建筑面积及其意义：建筑面积是指房屋建筑的水平面面积，包括地上、地下各层外围结构内的水平面积之和，以㎡为计量单位。它不仅是一个重要的建筑技术指标，同时也是一个重要的建筑经济指标。

五、案例分析题（20分）

1．如果建设单位和施工单位未能就工程变更的费用达成协议，监理机构应提出一个暂定的价格，作为临时支付工程进度款的依据。该项工程款最终结算时，应以建设单位和承包单位达成的协议为依据。

2．（1）该合同属于附生效条件的合同情形。

（2）供水公司的说法不正确。尽管在供水工程完工前，与甲用户所签供水合同并未生效，但是，合同已经依法成立。《合同法》规定：依法成立的合同具有法律约束力，当事人不得擅自变更与解除。

（3）法院应予以支持。《合同法》规定：当事人一方不履行非金钱债务或者履行非金钱债务不符合约定的，对方可以要求履行。

（4）供水公司违背诚实信用原则与乙用户签订合同，应向乙用户承担缔约过失责任。

参考文献

[1] 王雪青．工程估价［M］．北京：中国建筑工业出版社，2013．

[2] 孙昌龄，张国华．土木工程造价［M］．北京：中国建筑工业出版社，2011．

[3] 中华人民共和国住房和城乡建设部．GB 50500—2013 建设工程工程量清单计价规范［S］．北京：中国计划出版社，2013．

[4] 中华人民共和国住房和城乡建设部．GB 50854—2013 房屋建筑与装饰工程工程量计算规范［S］．北京：中国计划出版社，2013．

[5] 江苏省住房和城乡建设厅．江苏省建筑与装饰工程计价定额［M］．江苏：凤凰科学技术出版社，2014．

[6] 江苏省建设工程造价管理总站．工程选修基础理论［M］．2014．

[7] 江苏省建设工程造价管理总站．建筑与装饰工程技术与计价［M］．2014．

[8] 全国二级建造师执业资格考试用书编写委员会．建设工程施工管理［M］．北京：中国建筑工业出版社，2013．

[9] 刘钟莹．建筑工程工程量清单与报价［M］．南京：东南大学出版社，2010．

[10] 刘钟莹．工程估价［M］．南京：东南大学出版社，2011．

[11] 袁建新．建筑工程预算［M］．北京：中国建筑工业出版社，2015．

[12] 关于做好建筑业营改增建设工程计价依据调整准备工作的通知（建办标〔2016〕4号）．北京：中华人民共和国住房和城乡建设部办公厅发布，2016．

[13] 财政部、国家税务总局《关于全面推开营业税改征增值税试点的通知》（财税〔2016〕36号）．

[14] 全国造价工程师执业资格考试培训教材编审委员会．工程造价计价与控制［M］．北京：中国计划出版社，2013．

[15] 陈建国．工程计量与造价管理［M］．上海：同济大学出版社，2011．

[16] 谭大璐．工程造价［M］．2版．北京：中国建筑工业出版社，2015．

[17] 许程洁，周晓静．建筑工程估价［M］．北京：机械工程出版社，2011．

[18] 郑君君，杨学英．工程造价［M］．武汉：武汉大学出版社，2011．

[19] 江苏省住房城乡建设厅关于建筑业实施营改增后江苏省建设工程计价依据调整的通知（苏建价〔2016〕154号）．南京：江苏省住房和城乡建设厅，2016．

[20] 沈祥华．建筑工程概预算（第2版）［M］．武汉：武汉工业大学出版社，2012．

[21] 赫桂梅，周雯雯，占征杰，等．建筑工程估价［M］．南京：东南大学出版社，2016．

[22] 刘富勤，程瑶．建筑工程概预算［M］．武汉：武汉理工大学出版社，2014．

[23] 李泉，陈冬梅，陈红秋，等．市政工程工程量清单计价［M］．南京：东南大学出版社，2016．

[24] 余璠璟，李泉．仿古建筑与园林工程工程量清单计价［M］．南京：东南大学出版社，2015．

[25] 史天兴．土木建筑工程估价［M］．北京：五洲传播出版社，2015．

[26] 陈金洪，刘芳．土木工程估价［M］．武汉：武汉理工大学出版社，2015．

[27] 严玲．工程估价［M］．北京：机械工业出版社，2019．

[28] 张建平．工程估价（第三版）［M］．北京：科学出版社，2012．

[29] 刘泽俊．工程估价［M］．北京：北京理工大学出版社，2016．

[30] 刘泽俊．工程项目管理［M］．南京：东南大学出版社，2019．

[31] 邓学才．建筑工程施工组织设计的编制与实施［M］．北京：中国建材工业出版社，2011．

[32] 成虎．工程项目管理［M］．南京：东南大学出版社，2011．

[33] 任宏，张巍．工程项目管理［M］．北京：高等教育出版社，2011．

[34] 曹吉鸣，徐伟．网络计划技术与施工组织设计［M］．上海：同济大学出版社，2011．

[35] 俞国凤，吕茫茫．建筑工程概预算与工程量清单［M］．上海：同济大学出版社，2011．

[36] Odwyn Jones，Eric Lilford，Felix Chan．The Business of Mining：Mineral Project Valuation［M］．Boca Raton：CRC Press，2018．